しっかり見わけ観察を楽しむ
きのこ図鑑

監修 吹春俊光

著 中島淳志

写真 大作晃一

ナツメ社

はじめに

きのこの識別や同定（きのこの名前を調べること）は容易ではありません。経験者が多く集まる観察会でも、最後まで名前がわからないままのきのこが、相当の割合で残ってしまうことはふつうです。「わからないことだらけ」のフィールドで正しい答えにたどり着くためには、個々の種の「目のつけ所」を見極めることが大切です。

本書では、国内の代表的なきのこを豊富な写真と文章で紹介しています。各種について、書名に「しっかり見わけ」とあるように、「識別」と「同定」という観点を重視しているのが特徴です。

あるきのこがもつ、さまざまな形質（特徴）のなかには、同定に有用なものとそうでないものがあります。たとえば、あなたが自分自身の特徴を挙げるとき、「目が２つ、鼻と口が１つずつ……」という情報には、ほとんど価値がありませんが、「性別」や「年齢」、「身長」や「体重」、「髪の色」、「眼鏡の有無」などは、個人を特定するために、より価値のある情報です。

本書では生物図鑑としてはおそらく世界初の試みとして、多数の論文を解析した結果をもとに、同定における「形質の価値」を数値化した指標（陽性尤度比[pLR]→p.4, 313）を掲載しました。この指標は、医学分野における病気の「診断」で用いられているものです。この数値を見てみると、たとえば「傘の色」よりも「胞子紋の色」のほうが、種を絞り込む上でずっと効果的であることがわかります。これは従来、きのこの分類の専門家や、きのこ狩りの名人が「目のつけ所」にしていた形質と一致するかもしれませんし、あるいはこのような解析で初めて、重要性が浮き彫りになった形質かもしれません。

また、従来の多くの図鑑が個々の「種」の解説を中心としていたのに対し、本書では「科」や「属」など、上位のグループの特徴を理解できるようになることを重視しました。ほかの図鑑にはあまりない、グループごとの解説ページを設けているのはその一環です。本書のようなコンパクトな図鑑はもちろん、より大型の図鑑であっても、野外で出会うすべてのきのこをカバーすることは到底できないのが現状です。ただ、「〇〇のなかま」という、そのグループを定義し、特徴づける「概念」を把握していれば、目の前のきのこが少なくともそれに該当するかどうかはわかります。きのこの分類を体系的に学ぶことは非常に重要ですが、教科書に載っているような階層図をながめているだけでは、なかなかイメージが湧かないものです。本書による各グループの「可視化」が、その理解の一助になればと思います。

2017年7月
中島淳志

きのこの食毒についての注意事項

そのきのこが食用に向くか、有毒であるかはマークで示しました。しかし、有毒とされていなくても、きのこの状態や体質、体調などにより中毒する危険があります。図鑑に食用マークの記されているきのこと紛らわしい有毒種を誤食する可能性も高く、きのこをよく知らない人が食毒の判断をするのはたいへん危険です。

また、きのこの研究は途上のものが多く、その性質が十分にわかっているわけではありません。野生のきのこを採取する場合には図鑑を見ただけで判断をせず、必ず専門家に確認して指示を仰ぎ、**安全性の確認ができたきのこ以外は絶対に食べないでください。**

万が一、本書の記載内容によって不測の事故などが起こった場合、監修者、著者、出版社はその責を負いかねますことをご了承ください。

目次

＊本書の分類は国際菌学会（IMA）が運営するデータベース「MycoBank」（→ p.4）に基づいています。

■本書の使い方

生物の分類は研究者によって意見が異なることもあり、どの説を採用するかで、分類や学名が異なることがあります。本書の説明文やデータ解析は、国際菌学会（IMA）が運営するデータベース「MycoBank」（以下 MB）の 2017 年 6 月時点のデータに基づいています。日本の図鑑ではイギリスのキュー王立植物園のデータベース「Index Fungorum」（以下 IF）も広く用いられていることから、IF での学名も併記しました。

MBとIFの大きな違いとしては、たとえば「アカヤマタケ属」はMBではキシメジ科、IFではヌメリガサ科としているほか、「モエギタケ科」の一部をIFでは「ヒメノガステル科」としていることなどが挙げられます。

グループのページ

グループの概要を紹介するページです。原則としてハラタケ目は「科」、イグチやベニタケなど、それ以外のグループはおおむね「目」のまとまりで紹介しています。

●重要な特徴

日本産だけではなく、世界中のきのこを対象として算出した陽性尤度比（ようせいゆうどひ）pLR [positive Likelihood Ratio] を、高い順に1～5位まで紹介しています。

数字は必ずしも順番に並んでいません。顕微鏡がないと確認できない形質もありますが、きのこの観察には顕微鏡は欠かせません。いずれは顕微鏡での観察にも挑戦してみるとよいでしょう。

世界中のきのこを対象としているため、なかには日本産と乖離のある形質もありますが、グループ全体を世界規模で把握するのに役立ててください。

グループのページの文中、きのこの名前に「＊」がついているものはこの図鑑に掲載のないものです。

【陽性尤度比 pLR について】

きのこのさまざまな特徴（形質）には、識別に有用な情報もあれば、そうでない情報もあります。本書では筆者が世界中の記載文（約 1 万 5000 件）から一定のルールで収集したデータを用いて、グループごとに形質の陽性尤度比（pLR）という指標を算出しています。pLR が 1 よりも大きいほど、そのグループの識別に有用な形質といえます。

図鑑ページ

約300種をMBの分類に基づいて紹介しています。

●キャッチ
そのきのこの特徴を簡単に説明しました。

●マーク
季節（春・夏・秋・冬）、大きさ（大型・中型・小型）、食毒（食・注・毒）、おもに発生する場所（基質）です。

●種名と分類
種名は標準和名、学名と分類は、MB と IF で異なっているときは併記しました。

●メイン写真
きのこの生える環境も写り込んだ生態写真です。

●パーツ写真
傘上面、傘下面、柄表面について原寸大で示しています。原寸大でないものはおよその倍率を示しています。特徴がわかる写真を掲載していることもあります。

サツマツモドキと同じく傘の鱗片が特徴

夏秋　中　枯れ木・倒木

ハラタケ目キシメジ科

キサマツモドキ

Tricholomopsis decora ハラタケ目キシメジ科

傘上面　傘下面　柄表面

おもな特徴
- ●傘は①中央部が褐色、それ以外が黄色でほぼ平らに開く②全体が濃色の細鱗片に覆われる
- ●ひだは傘とほぼ同色で直生～湾生し、密
- ●柄は①傘とほぼ同色で細長い②表面は繊維状
- ●子実体は単生～群生する

亜高山帯のモミ、トウヒ、ツガなどの針葉樹の枯れ木や倒木などに発生する。傘表面を濃色の細かい鱗片が覆うことなどが特徴。同じグループの「サツマツモドキ」（p.40）とは傘の色がまったく異なることのほか、本種より大きく、低地でもよく見られる点なども異なる。海外にも広く分布するが稀で、発生したとしても量が少ないといわれる。また、本種は国内では食毒不明とされるが、海外では生命に関わるほどの中毒を引き起こした事例が知られている。

41

●おもな特徴
きのこの特徴を、傘上面、傘下面、柄などを中心に列挙しています。

●解説文
種を紹介するとともに、類似種との識別点を記しました。

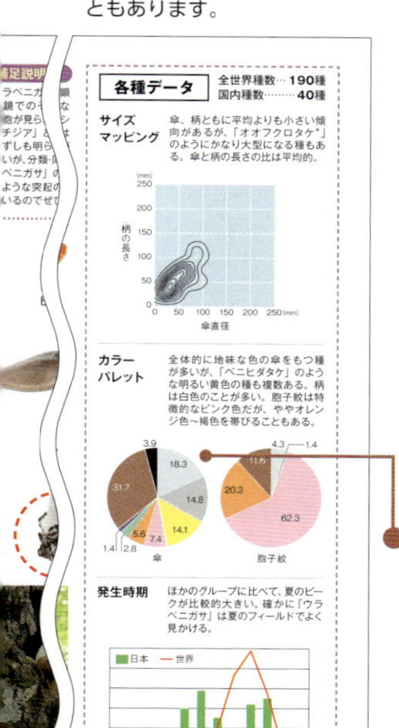

●各種データ
世界中のきのこを対象に、そのグループのサイズ、色（傘の色と胞子紋）、発生時期について、グラフで示しています。世界と日本の種数もおよその数字を示しています。
※発生時はGBIFから取得したデータを集計した。

注意　食毒について

そのきのこが食用に向くか、有毒であるかはマークで示しました。しかし、有毒とされていなくても、きのこの状態や体質、体調などにより中毒する危険があります。紛らわしい有毒種を誤食する可能性も高く、きのこをよく知らない人が食毒の判断をするのはたいへん危険です。また、きのこの研究は途上のものが多く、その性質が十分にわかっているわけではありません。野生のきのこを安易に食べないよう、くれぐれも慎重に判断してください。万一本書の記載内容によって不測の事故などが起こった場合、監修者、著者、出版社はその責を負いかねますことをご了承ください。

きのこって何？

きのこは、菌類が胞子をつくり散布する器官で、専門用語で「**子実体**（しじつたい)」とよびます。菌類はふだんは菌糸の状態で地中や材、落ち葉などの中でくらしていますが、発生時期になるときのこが地上に現れます。傘の下面は、ひだ、管孔(かんこう)、しわひだ、針(はり)などですが、どれもその表面に、胞子をつくる「**子実層**（しじつそう）」という細胞の層があります。子実層ができる、ひだや管孔などは「**子実層托**(しじつそうたく)」とよびます。子実層には胞子をつくる器官があり、「**担子器**(たんしき)」で胞子をつくるグループを**担子菌類**(たんしきんるい）、「**子嚢**(しのう)」という袋の中につくるグループを**子嚢菌類**（しのうきんるい）とよびます。

部位の名称と解説

●担子菌類
ひだや管孔にある担子器の先に胞子ができるグループ。子実体の形が棍棒状や球状でも、必ず担子器をもつ。

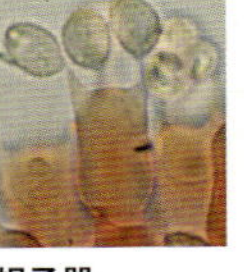

担子器
先端は多くは4つの突起があり、その1つ1つに胞子をつくる。

●子嚢菌類
頭部の表面や茶椀の内側の表面にある子嚢という袋の中に胞子ができるグループ。

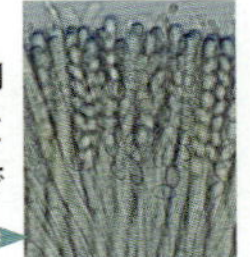

子嚢
袋の中には、原則として8つの胞子ができる。

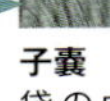

いぼ
成長して破れた外被膜の破片が傘に残ったもの。

傘

子実層托
胞子がつくられるところ。ひだ、管孔、針などの形状がある。

幼菌

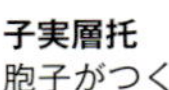

つば
成長して、はがれた内被膜が柄に残ったもの。

タマゴタケモドキ

アミガサタケ
くぼみの内側が子実層托。

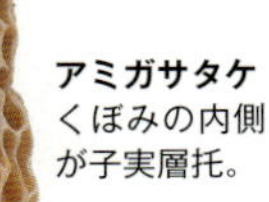

外被膜
（がいひまく）
幼菌のとき、きのこ全体を覆っている膜。

ベニテングタケ

内被膜
（ないひまく）
幼菌のとき、子実層托を覆って保護している膜。

アラゲコベニチャワンタケ
くぼみの内側が子実層托。

つぼ
成長して破れた外被膜の名残が柄の根元に残ったもの。

グレバ
胞子や胞子のまわりの菌糸などの総称で、スッポンタケ類の頭部に見られる粘液状の部分など。

スッポンタケ
（担子菌類）

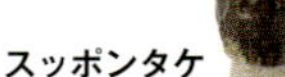

菌蕾（きんらい）
スッポンタケなどの幼菌が、まだ卵のような状態のもの。成長後も柄の基部に残る。

托（たく）
スッポンタケなどの柄のこと。柄分かれして伸びるものは「腕（うで)」ともよばれる。

特徴の表現のいろいろ

●傘の下面

ひだ以外の形状として、管孔、しわひだ、針などがある。

管孔
孔の入り口のことを「孔口(こうこう)」とよぶ。
(アミハナイグチ)

しわひだ
子実層托にひだ状のしわが生じたもの。
(アンズタケ)

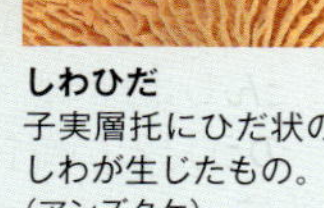

針
針のように細長い棒状のものが下がる。
(カノシタ)

クモの巣膜
クモの巣を張ったような内被膜。
(ツバフウセンタケ)

●ひだの密度

決まった基準はないが、多いと「密」、少ないと「疎」とよぶ。管孔も、孔口が小さいものと大きいものとがある。

密(みつ)
(ツチカブリ)

疎(そ)
(スジオチバタケ)

●柄の表現

表面の模様は、傘と同様に平面的なものと立体的なものがある。

鱗片
(りんぺん)
表皮がはがれてささくれたもの。
(スギタケ)

だんだら模様
段を重ねたようなまだらな模様。
(タマゴタケ)

中空
(ちゅうくう)
中が空洞の柄。中が詰まっているものは「中実(ちゅうじつ)」。
(ヤマヒガサ)

●ひだのつき方

ひだや管孔のつき方も、見分けの手がかりになる。

垂生(すいせい)
柄に広く付着し、長く伸びる。(オウギタケ)

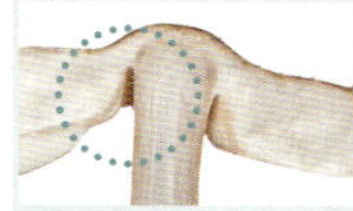

離生(りせい)
柄と少し離れてつく。
(カラカサタケ)

直生(ちょくせい)
柄とほぼ直角をなしてつく。(キサマツモドキ)

湾生(わんせい)
ひだのつけ根が、少しえぐれる。
(シモコシ)

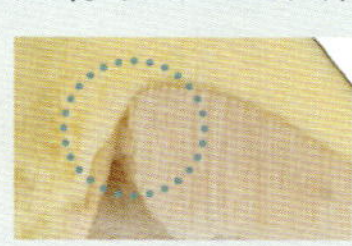

上生(じょうせい)
ひだの上のほうだけ柄につく。
(ミドリニガイグチ)

●傘の模様

平面的なものと立体的なものがある。付着したものによる模様の場合、雨などで消失することがある。

条線(じょうせん)
傘の縁の平面的な線だが、溝線のことも条線とよぶこともある。
(ベニヒダタケ)

繊維状鱗片(せんいじょうりんぺん)
成長して表皮がはがれたもの。(マツタケ)

溝線(みぞせん)
傘の縁の立体的な線。
(タマゴタケ)

環紋(かんもん)
傘全体に同心円状に見られる輪の模様。
(チョウジチチタケ)

パッチ状の破片
外被膜の名残が、平面的に付着。
(カラカサタケ)

きのこ直感インデックス

きのこの形質を手がかりにした検索表です。特徴をよく観察し、しっかり見わけましょう。検索に際しては以下の点に注意し、複数のポイントを慎重に確認して総合的に判断しましょう。

- **柄を途中で折らない、にぎらない**……つぼやつばの有無がわからなくなります
- **傘のいぼ**……なくなっている可能性もあるので、慎重に見極めましょう
- **ひだの色**……胞子の成熟の度合いで色が変わります

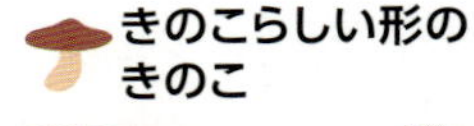

きのこらしい形のきのこ

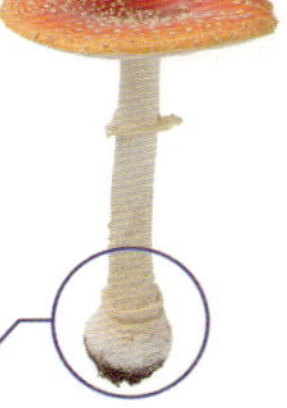

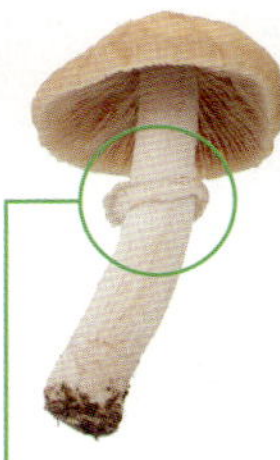

①傘の裏がひだで、つぼがある
➡ p.9

②傘の裏がひだで、つばがある（つぼはない）
➡ p.10～11

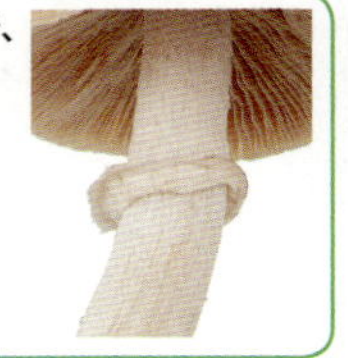

③傘の裏がひだで、つぼもつばもない
➡ p.11～14

④傘の裏が管孔で、質感がやわらかい
➡ p.15

⑤傘の裏が管孔で、質感がかたい
➡ p.16

⑥傘の裏が針状
➡ p.16

変わった形のきのこ ➡ p.16～17

① 傘の裏がひだで、つばがある

ドクツルタケ ➡ p.185

コタマゴテングタケ ➡ p.186

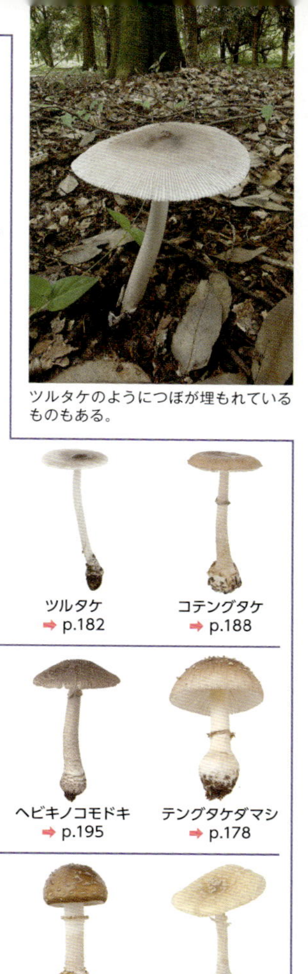

ツルタケのようにつぼが埋もれているものもある。

シロテングタケ ➡ p.189

フクロツルタケ ➡ p.190

タマシロオニタケ ➡ p.191

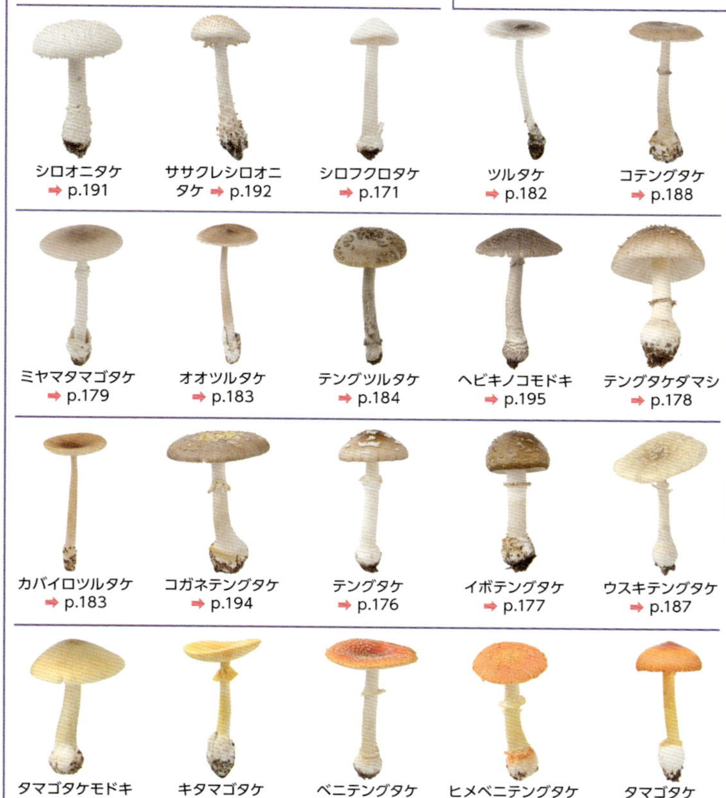

シロオニタケ ➡ p.191

ササクレシロオニタケ ➡ p.192

シロフクロタケ ➡ p.171

ツルタケ ➡ p.182

コテングタケ ➡ p.188

ミヤマタマゴタケ ➡ p.179

オオツルタケ ➡ p.183

テングツルタケ ➡ p.184

ヘビキノコモドキ ➡ p.195

テングタケダマシ ➡ p.178

カバイロツルタケ ➡ p.183

コガネテングタケ ➡ p.194

テングタケ ➡ p.176

イボテングタケ ➡ p.177

ウスキテングタケ ➡ p.187

タマゴタケモドキ ➡ p.181

キタマゴタケ ➡ p.181

ベニテングタケ ➡ p.174

ヒメベニテングタケ ➡ p.175

タマゴタケ ➡ p.180

②
傘の裏がひだで、つばがある（つぼはない）
ツキヨタケ ➡ p.152
モミタケ ➡ p.53
ササクレヒトヨタケ ➡ p.85
ヌメリツバタケ ➡ p.109
キウロコテングタケ ➡ p.193
オオシロカラカサタケ ➡ p.69
カラカサタケ ➡ p.70
ナカグロモリノカサ ➡ p.65
ザラエノハラタケ ➡ p.65
ワライタケ ➡ p.81
ヒトヨタケ ➡ p.84
ハイカグラテングタケ ➡ p.196
ワタカラカサタケ ➡ p.67
ムジナタケ ➡ p.80
ジンガサタケ ➡ p.81
ヒカゲシビレタケ ➡ p.131
ショウゲンジ ➡ p.95
ナラタケ ➡ p.104
ツバナラタケ（オニナラタケ） ➡ p.106
ツチナメコ ➡ p.123
ウラベニホテイシメジ ➡ p.56
オオモミタケ ➡ p.53
キツネノハナガサ ➡ p.66
ウスキモリノカサ ➡ p.64
ニガクリタケ ➡ p.124
カオリツムタケ ➡ p.130
ナメコ ➡ p.126
アカツムタケ ➡ p.127
チャナメツムタケ ➡ p.127

コガネタケ
➡ p.48
オオツガタケ
➡ p.94
ツバフウセンタケ
➡ p.96
ニセアブラシメジ（クリ
フウセンタケ）➡ p.97
ヌメリササタケ
➡ p.100
シイタケ
➡ p.154
マツタケ
➡ p.34
マツタケモドキ
➡ p.35
ヌメリスギタケ
モドキ ➡ p.128
スギタケ
➡ p.129
ハナガサタケ
➡ p.129
オオワライタケ
➡ p.132
ミドリスギタケ
➡ p.133
アカキツネガサ
➡ p.68
ジンガサドクフウ
センタケ ➡ p.101
モエギタケ
➡ p.120
ムラサキアブラシメ
ジモドキ ➡ p.99
ムレオオフウセン
タケ ➡ p.98
サケツバタケ
➡ p.121
ミヤマムラサキフウ
センタケ ➡ p.100
③
傘の裏が
ひだで、
つぼも
つばもない
スギヒラタケ
➡ p.149
ワサビタケ
➡ p.140
スエヒロタケ
➡ p.159
カイガラタケ
➡ p.249
ウスヒラタケ
➡ p.21
ムキタケ
➡ p.141
ヒラタケ
➡ p.20
キヒラタケ
➡ p.47
トキイロヒラタケ
➡ p.22

③傘の裏がひだで、つぼもつばもない

オオキツネタケ
➡ p.88
キツネタケ
➡ p.89
カレバキツネタケ
➡ p.90
エノキタケ
➡ p.110
クリタケ
➡ p.125
チャツムタケ
➡ p.133
オウギタケ
➡ p.200
ニワタケ
➡ p.201
キヒダタケ
➡ p.224
クサハツ
➡ p.233
チチタケ
➡ p.238
ドクササコ
➡ p.43
ウスタケ
➡ p.273
マツオウジ
➡ p.260
タモギタケ
➡ p.23
キサマツモドキ
➡ p.41
シモコシ
➡ p.37
アイシメジ
➡ p.38
ハエトリシメジ
➡ p.38
キイボカサタケ
➡ p.60
ダイダイガサ
➡ p.111
タマアセタケ
➡ p.117
ヒメカバイロタケ
➡ p.142
ハナオチバタケ
➡ p.147
モリノカレバタケ
➡ p.155
キヌメリガサ
➡ p.165
ベニヒダタケ
➡ p.169
ウコンハツ
➡ p.232
アンズタケ
➡ p.278
トキイロラッパタケ
➡ p.279

③傘の裏がひだで、つぼもつばもない

④ 傘の裏が管孔で、質感がやわらかい

アミヒカリタケ ➡ p.143

アケボノアワタケ ➡ p.217

アシナガイグチ ➡ p.220

セイタカイグチ ➡ p.221

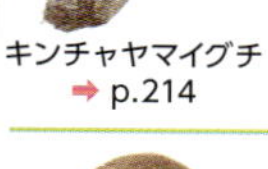

キンチャヤマイグチ ➡ p.214

ドクヤマドリ ➡ p.208

ヤマドリタケ ➡ p.209

コガネヤマドリ ➡ p.207

アカヤマドリ ➡ p.213

クロアザアワタケ ➡ p.211

コショウイグチ ➡ p.218

ハナイグチ ➡ p.202

ヌメリイグチ ➡ p.203

スミゾメヤマイグチ ➡ p.214

アミタケ ➡ p.204

チチアワタケ ➡ p.205

ミドリニガイグチ ➡ p.216

キアミアシイグチ ➡ p.212

キイロイグチ ➡ p.220

ベニハナイグチ ➡ p.204

ベニイグチ ➡ p.219

アミハナイグチ ➡ p.206

オオキノボリイグチ ➡ p.222

キクバナイグチ ➡ p.222

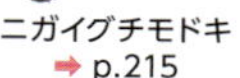

ニガイグチモドキ ➡ p.215

ムラサキヤマドリタケ ➡ p.210

ウラグロニガイグチ ➡ p.215

オニイグチ ➡ p.223

クロカワ ➡ p.255

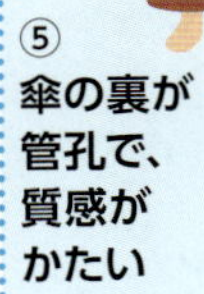

⑤ 傘の裏が管孔で、質感がかたい

コフキサルノコシカケ ➡ p.250

カンバタケ ➡ p.254

カワラタケ ➡ p.248

シロカイメンタケ ➡ p.254

ヒイロタケ ➡ p.248

マスタケ ➡ p.253

カンゾウタケ ➡ p.158

マンネンタケ ➡ p.251

マゴジャクシ ➡ p.251

⑥ 傘の裏が針状

カノシタ ➡ p.281

コウタケ ➡ p.258

ケロウジ ➡ p.259

ブナハリタケ ➡ p.256

変わった形のきのこ

ショウロ ➡ p.226

オニフスベ ➡ p.72

ノウタケ ➡ p.73

イボセイヨウショウロ ➡ p.307

ツチグリ ➡ p.225

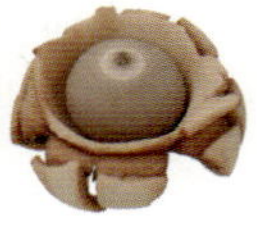
エリマキツチグリ ➡ p.275

ホコリタケ ➡ p.74

ハタケチャダイゴケ ➡ p.75

カゴタケ ➡ p.269

スッポンタケ ➡ p.264

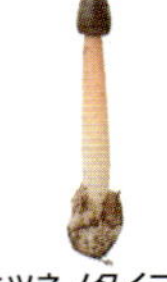
キツネノタイマツ ➡ p.265

キヌガサタケ ➡ p.266

サンコタケ ➡ p.267

カニノツメ ➡ p.268

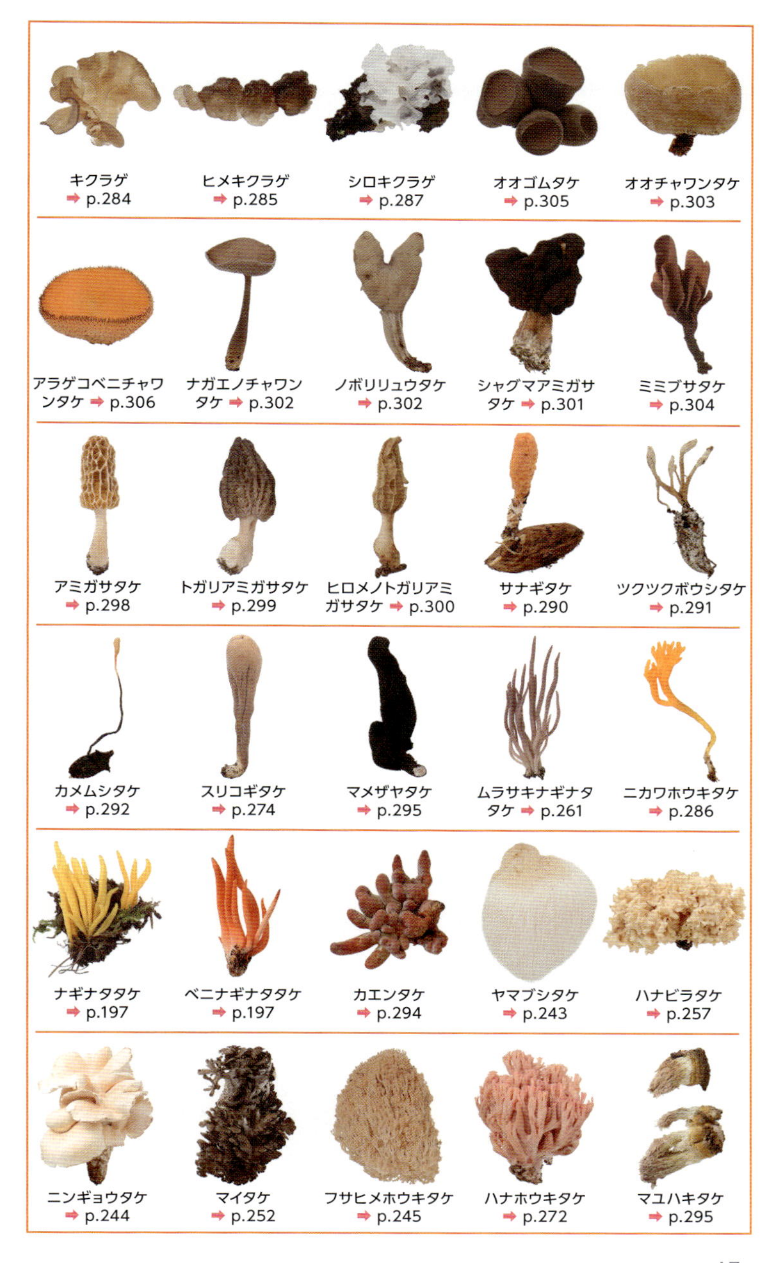
キクラゲ
➡ p.284
ヒメキクラゲ
➡ p.285
シロキクラゲ
➡ p.287
オオゴムタケ
➡ p.305
オオチャワンタケ
➡ p.303
アラゲコベニチャワンタケ ➡ p.306
ナガエノチャワンタケ ➡ p.302
ノボリリュウタケ
➡ p.302
シャグマアミガサタケ ➡ p.301
ミミブサタケ
➡ p.304
アミガサタケ
➡ p.298
トガリアミガサタケ
➡ p.299
ヒロメノトガリアミガサタケ ➡ p.300
サナギタケ
➡ p.290
ツクツクボウシタケ
➡ p.291
カメムシタケ
➡ p.292
スリコギタケ
➡ p.274
マメザヤタケ
➡ p.295
ムラサキナギナタタケ ➡ p.261
ニカワホウキタケ
➡ p.286
ナギナタタケ
➡ p.197
ベニナギナタタケ
➡ p.197
カエンタケ
➡ p.294
ヤマブシタケ
➡ p.243
ハナビラタケ
➡ p.257
ニンギョウタケ
➡ p.244
マイタケ
➡ p.252
フサヒメホウキタケ
➡ p.245
ハナホウキタケ
➡ p.272
マユハキタケ
➡ p.295

ヒラタケのなかま Pleurotaceae ハラタケ目ヒラタケ科

大型で平ら、ろうと状から開いて貝殻形に

柄がほとんどなく、傘が平らに広がるグループ。「ヒラタケ」「エリンギ」などの食用きのこを含むが、きのこの形はツキヨタケ科（→ p.150）のきのことやや類似しており、「ツキヨタケ」などの毒きのことの誤食事例もある。おもに広葉樹に発生し、枯れ木などの材を腐らせて栄養にしているが、生きた線虫を菌糸で捕らえ、養分とするものもある。

重要な特徴

1 傘がろうと状

pLR ＝ 3.9

このなかまのきのこは平たいイメージがあるが、特に若いきのこはろうと状になることが多い。めずらしい特徴ではないが、材上生・軟質のきのこにはあまり多くない。

タモギタケ*

ヒラタケ（栽培種）

3 傘が大きい

pLR ＝ 3.0（150～200 mm）

傘はしばしば極めて大型になる。集まって巨大な株をなすこともあり、直径50cm を超えるヒラタケの株も記録されている。

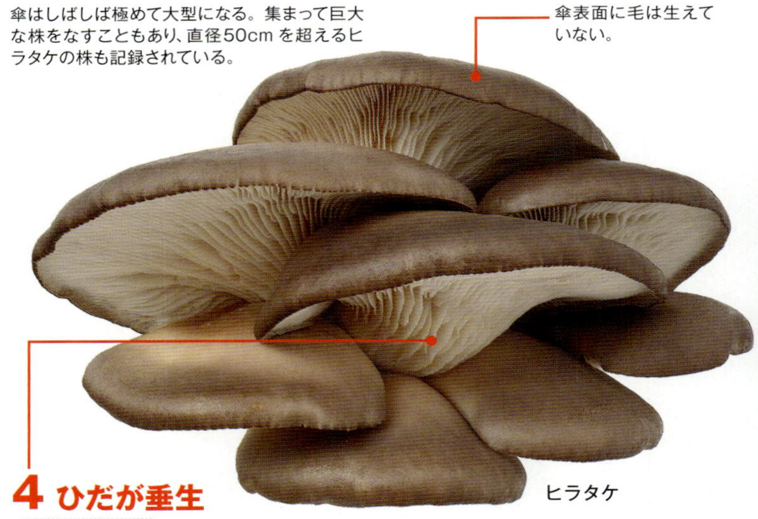

ヒラタケ

4 ひだが垂生

pLR ＝ 2.7

エリンギがわかりやすいが、柄のない種でも垂生とわかる。

補足説明

ヒラタケとその近縁種は容易に栽培できるのも特徴のひとつである。ほかの大部分のきのこよりも成長が旺盛で、子実体を形成しやすい。高温でもよく成長し、古紙やコーヒーかすのような廃資源で栽培することもできる。人間が食用にするだけでなく、クワガタの餌として栽培されることもある。

エリンギは、ヨーロッパ原産のヒラタケ属の一種。

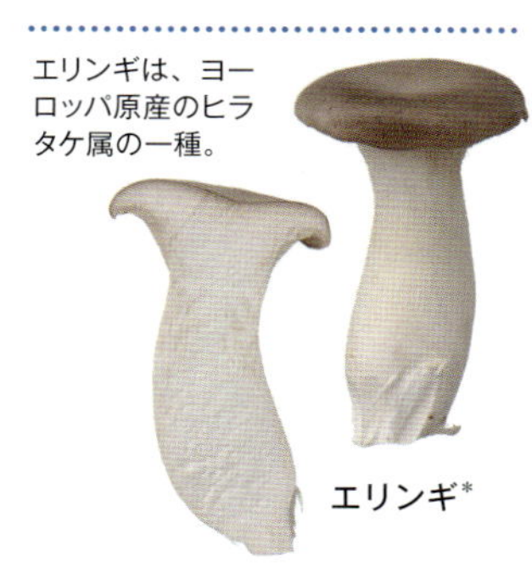

エリンギ*

2 柄がごく短い

pLR = 3.2（10 mm 未満）

傘の大きさに比して柄がほとんどないのが、このなかまの最もわかりやすい特徴といえる。ほぼすべての柄がかたよってつき、中心につくことはほとんどない。

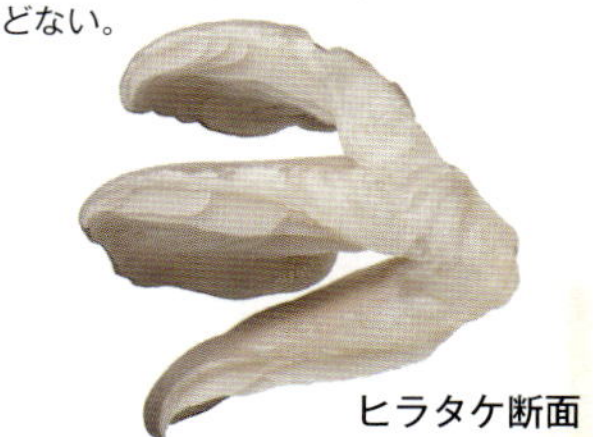

ヒラタケ断面

5 柄表面が毛状

pLR = 2.5

ヒラタケのような柄がほとんどない種でも基部に毛がある。

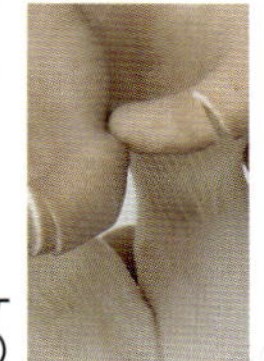

ヒラタケ（栽培種）

各種データ

全世界種数…190種
国内種数………15種

サイズマッピング

平たいきのこが多いことが一目でわかる。右上にある離れた値は、例外的に長い柄をもつヒラタケ属の「P. トゥベル - レギウム」。

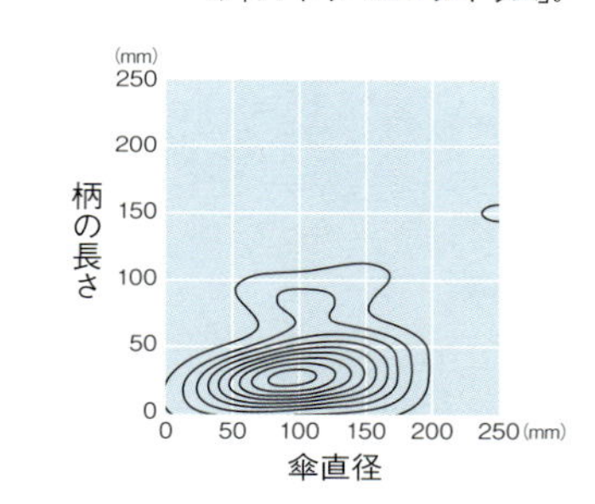

カラーパレット

きのこ全体が白色に近い傾向があるグループだが、トキイロヒラタケのような鮮やかな色の種もある。胞子紋は基本的に白色だが、やや色づいて見えることもある。

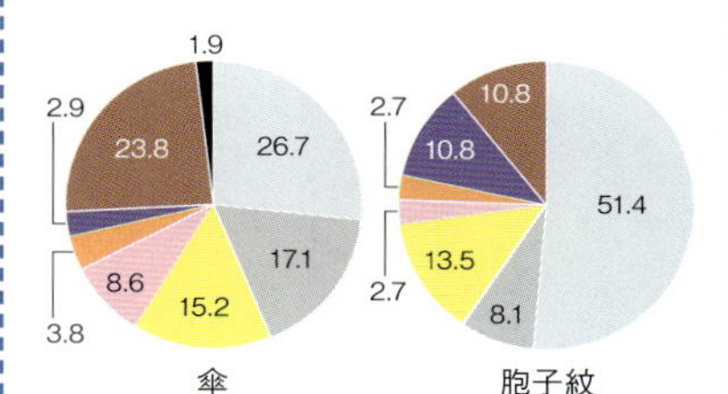

発生時期

ほかのグループよりも年間を通じてまんべんなく発生しているが、これはヒラタケなど、冬にも発生が見られる種があることを反映している。

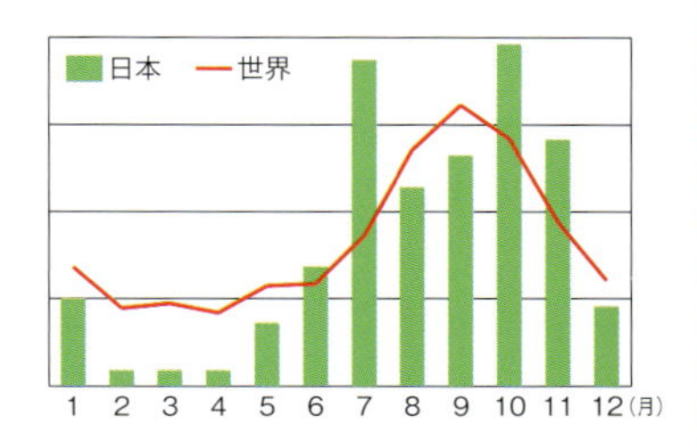

世界中で食用にされる冬の代表種

ヒラタケ

Pleurotus ostreatus ハラタケ目ヒラタケ科

春、秋冬
大
食
枯れ木・倒木

傘上面

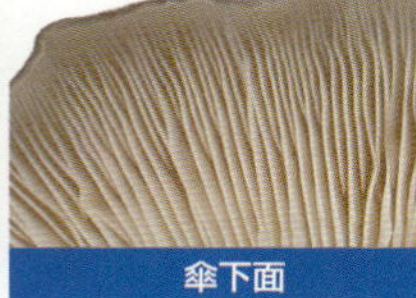
傘下面

柄表面

おもな特徴

- 傘は①灰色でときに青色を帯びる②特徴的な貝殻形で扁平③表面は平滑で鱗片はない（ツキヨタケとの相違点）
- ひだは白色～淡灰色で長く垂生する
- 柄はごく短いか、ほとんど欠く
- ひだの各所に多数のこぶが見られることがあるが、これは線虫に対する反応として菌糸が分化してできたもので、内部に線虫が産卵する（白こぶ病）

「寒茸（カンタケ）」の別名の通り、きのこにはめずらしく冬に発生する。樹木の幹に折り重なるように多数発生する。柄が傘の中央ではなく端から生じ（側生）、ごく短いのが重要な特徴。「ウスヒラタケ」（p.21）は本種によく似ており、ときに同定に迷うこともあるが、サイズ、色、肉の厚さ、発生時期などで区別される。食用きのことして市販されている「バイリング」「エリンギ」はヒラタケのなかまであり、傘の色や肉質などに違いがあるが、形態は、ときに区別が難しいほど類似している。

春と晩秋にヒラタケとバトンタッチ

ウスヒラタケ

Pleurotus pulmonarius ハラタケ目ヒラタケ科

春〜秋
中
食
枯れ木・倒木

傘上面

傘下面

柄表面

おもな特徴

- 傘は①白色〜淡灰色または褐色（ヒラタケより一般に淡色）②特徴的な貝殻形で扁平
- ひだは白色で密、長く垂生する
- 柄はごく短いか、ほとんど欠く
- 傘の厚みはヒラタケよりも薄い

広葉樹の幹に折り重なるように発生し、ときに大群生する。「ヒラタケ」(p.20）は子実体の形状や発生の様子などが本種によく似ており、フィールドでの識別は困難なこともある。しかし、発生時期が夏〜秋ではなく冬〜春であり、傘がより濃色で、より大きく肉厚であることなどで識別される。ただし、傘の色は発生環境によってさまざまで、ときには本種のほうが色が濃いように見えることもある。人工栽培された本種は天然よりも大型になり、外見上ヒラタケと区別がつきにくいこともある。

発生時期も生息環境も「異色」のヒラタケ

トキイロヒラタケ

夏秋
中
食
枯れ木・倒木

Pleurotus djamor ハラタケ目ヒラタケ科

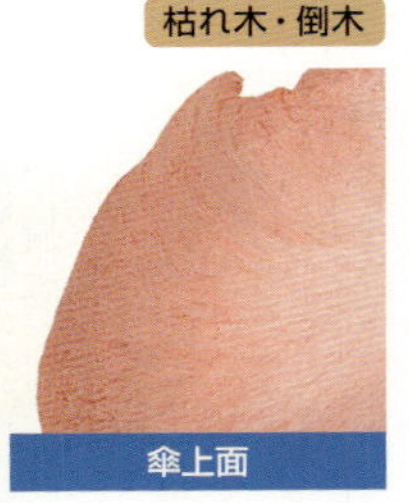

傘上面

傘下面

柄表面

おもな特徴

- 傘は①鮮やかなピンク色だが、ややくすんだような印象があり、老成すると退色し、ほぼ白色②扁平で縁部が不規則に波打つ
- ひだは傘表面とほぼ同色で密、長く垂生する
- 柄はごく短いか、ほとんど欠く
- 肉が薄い
- 子実体は白色型も知られている

ピンク色の傘が何より特徴的なきのこ。和名ではこの色は「朱鷺（トキ）」にたとえられるが、海外では「鮭」や「フラミンゴ」にたとえられることもある。形状は他のヒラタケ類に似るが、似た色の種はないので、同定は非常に容易である。雑木林でもよく見られるほか、フジの木に発生する傾向があるので、藤棚が意外な採集ポイントである。古くなると退色し、ほぼ白色に近くなることもある。また、加熱しても色が消えてしまう。

アイヌ語でも「タモの木に生えるきのこ」

タモギタケ

Pleurotus citrinopileatus ハラタケ目ヒラタケ科

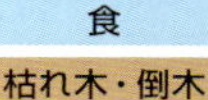

枯れ木・倒木

傘上面

傘下面

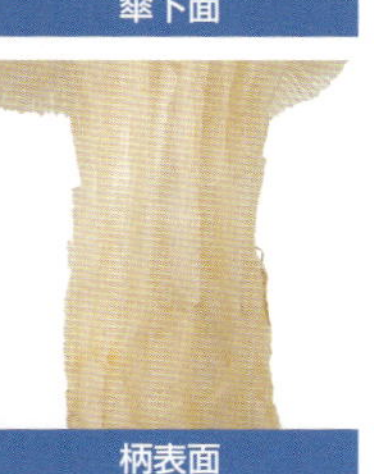
柄表面

おもな特徴

- 傘は①明るい黄色②上から見ると比較的整った円形③中央部がややろうと状にくぼむ
- ひだは白色〜淡黄色で長く垂生する
- 柄は①ほぼ直立し細長い②白色で表面は平滑③ときに枝分かれする
- 複数の子実体が株をなす。よい香りは、採集後まもなく消えてしまう

北方系の分布を示し、特に北海道では一般的に食用として親しまれているきのこである。ニレ（別名：タモ）の倒木に発生することが多く、アイヌ語名の「チキサニ・カルシ」も、ニレのなかまに発生するきのこであることを意味している。傘が鮮やかな黄色であること、ヒラタケのなかまにしては明瞭な柄を有することなどが特徴といえる。この色は加熱すると退色してしまう。「シロタモギタケ」は本種とはまったく別のグループに含まれ、似ても似つかない種である。

シメジのなかま Lyophyllaceae. ハラタケ目ヒラタケ科

派手な特徴はないが生き方は多様

「ホンシメジ」「ブナシメジ」「ハタケシメジ」などの有名な食用きのこが含まれる。キシメジ科とは形態的に類似し、以前は同じグループに含まれていた。腐生菌も菌根菌も含み、地上や材から発生するものが多いが、シロアリの巣に発生したり（オオシロアリタケ属）、動物の排尿場所に発生したり（サガラネラ属）、ほかのきのこに発生したり（ヤグラタケ属）する変わったものもある。

重要な特徴

日本産のオオシロアリタケ属のきのこ。地下のシロアリの巣から発生し、柄が長い。

1 柄が根のように地中に伸びる

pLR ＝ 5.6

柄が地中のシロアリの巣につながるオオシロアリタケは、この科のきのこである。シメジ属にも、それほど目立たないが柄の基部がやや根状になるものが複数ある。

2 柄が長い

pLR = 3.4 (200 mm 以上)

これもオオシロアリタケのなかまの影響が強い。柄が 20 cm 以上になるきのこは、同じく地中深くに柄を伸ばす種を含めてもほとんどない。

3 傘に吸水性

pLR ＝ 2.4

傘に吸水性（水を吸うと色が濃くなったり薄くなったりする性質）をもつ種が多いが、それほど大きな色の変化はなく、目立つ性質とはいえないだろう。

4 ひだが黒色

pLR ＝ 2.4

胞子ではなく、ひだ自体の色が黒色。おもに海外産のシメジ属の特徴。

5 胞子紋がピンク色

pLR ＝ 2.4

あまりこのグループの胞子紋をとる機会はなく、意外な特徴といえる。

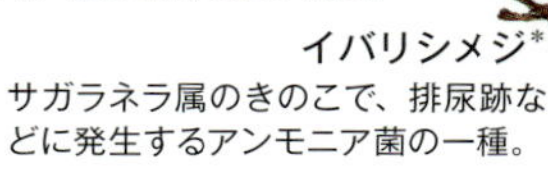

イバリシメジ*
サガラネラ属のきのこで、排尿跡などに発生するアンモニア菌の一種。

補足説明

このなかまは肉眼だけでなく、顕微鏡で見ても特に目立った特徴がなく、科レベルの同定も難しいことがある。手軽に確認できる形質ではないが、担子器が酢酸カーミン中で熱すると着色する小粒（シデロフィラス・グラニュール）を含む点がこの科に共通しており、分類上有用とされている。

日本産のおもな種は、左の特徴に必ずしも合わない。

ハタケシメジ

シャカシメジ

ブナシメジ

各種データ

全世界種数… **160種**
国内種数……… **20種**

サイズマッピング

傘と柄のある典型的なきのこの形をしており、種によって柄が長く伸びる以外は、あまり形態的に目立った特徴がない。しばしば非常に大型になる。

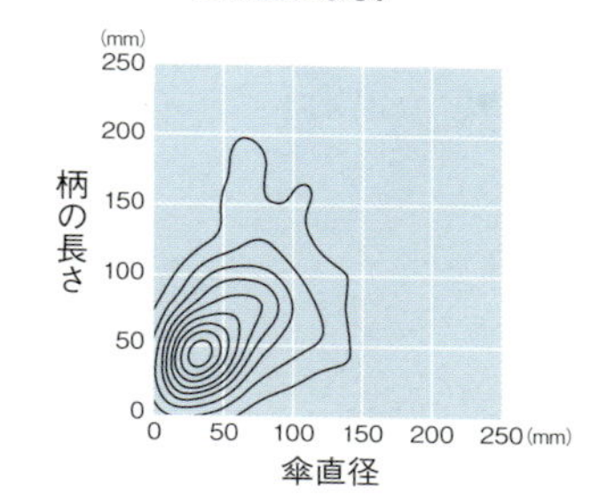

カラーパレット

白や灰色、黒色などモノトーンのきのこが多く、あまり色がつかない。特に、オレンジ色、緑色、紫色を帯びることはまずない。胞子紋はややピンク色を帯びることもある。

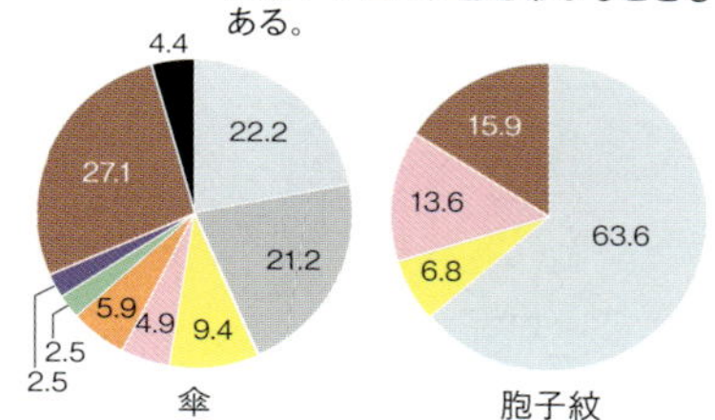

発生時期

日本ではおもに秋～晩秋に発生するが、海外には初夏にピークのある種もあり、たとえば「ユキワリ」は，ドイツ語では「マイピルツ（5月のきのこ）」とよばれている。

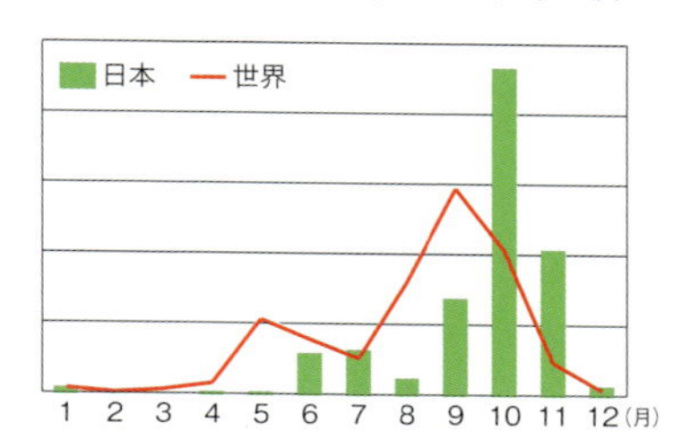

ホンシメジと瓜二つだが、より身近

ハタケシメジ

Lyophyllum decastes ハラタケ目シメジ科

秋
中
食
地面

傘上面

傘下面

柄表面

おもな特徴

- 傘は①灰褐色で平らに開き、波打つこともある②表面が粉を吹いたように見えることもある
- ひだは白色で直生。わずかに垂生し密
- 柄は①白色〜淡褐色で直立する②表面は平滑
- 通常多数の子実体が株をなす
- 子実体にはやや粉臭さがある

畑地、道ばた、草地など比較的開けた環境で見られる。有毒の「クサウラベニタケ」(p.57) に類似し誤食事例もあるが、クサウラベニタケは成熟すると、ひだがピンク色。「ホンシメジ」(p.27) とは近縁で酷似するが、本種は道ばたなどに生える腐生菌、ホンシメジは林に生える菌根菌で、発生環境や栄養の摂り方が違うことなどで分けられてきた。このなかまの分類には未解決の問題が多いが、少なくとも交配試験やDNAの塩基配列では明瞭に区別されるという (山田ら、2012)。

堂々の風格は本家本元の名に恥じぬ

ホンシメジ

Lyophyllum shimeji ハラタケ目シメジ科

秋
中
食
地面

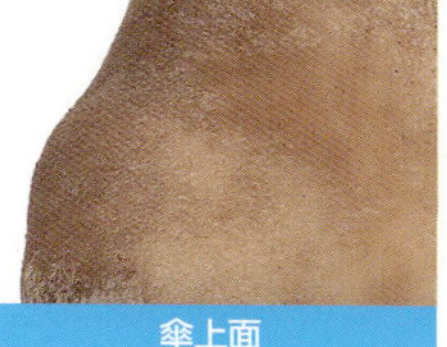

傘上面

傘下面

柄表面

おもな特徴

- 傘は①灰褐色でまんじゅう形からほぼ平らに開く②表面に繊維状の模様
- ひだは白色～淡黄色で、やや疎～やや密
- 柄は①白色で表面は平滑②下部が棍棒状に太まる
- 「シロ」とよばれる土壌中の菌糸の層から発生する。山火事やたき火の跡から発生することもある

おいしいきのこで、古くから珍重されてきた。野外では「シロ」とよばれる発生場所を知らなければ滅多に見つけられないが、最近は人工栽培もされている。「シャカシメジ」(p.28)「ハタケシメジ」(p.26) とはごく近縁であり、同一視もされる。3種は発生環境や子実体の発生の仕方などで分けられている。本種およびシャカシメジが生きた樹木と「菌根」とよばれる構造をつくって共生するのに対して、ハタケシメジは埋没した木片などを栄養にする傾向があり、これが発生環境の違いに影響している。

独特な株立ちをあらわす秀逸な和名

シャカシメジ

Lyophyllum fumosum (MB)/*Lyophyllum decastes* (IF) ハラタケ目シメジ科

秋
中
食
地面

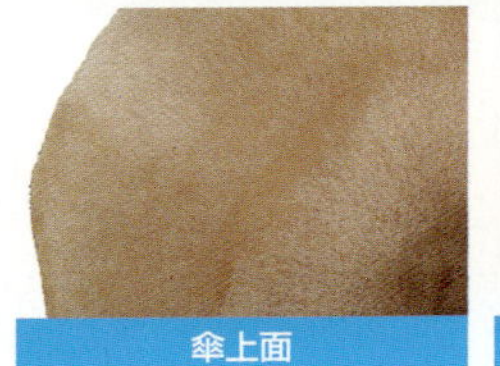
傘上面

傘下面

柄表面

おもな特徴

- 傘は①灰色〜灰褐色でまんじゅう形からほぼ平らに開く②表面は繊維状
- ひだは傘とほぼ同色で垂生し、密
- 柄は①白色で表面は平滑②下部が太まらない
- 基部の菌糸塊から多数発生する
- 肉はもろく傷みやすい

菌糸の塊から比較的サイズの小さい多数の子実体が発生し、全体として大きな株をなすのが特徴。発生の様子がお釈迦さまの「螺髪（らほつ）」に似ていることが和名の由来。古くから「シメジ」の名称で親しまれてきたきのこは地域によって呼び方がさまざまで、形状のバリエーションも多いことから分類が混乱していた。しかし、大きく「千本系」と「大黒系」の２つに分けられることが示され、前者にシャカシメジ、後者に「ホンシメジ」（p.27）の名があてられた（今関、1952）。

ブナ林で天然ものに出会えるかも

ブナシメジ

Hypsizygus tessulatus ハラタケ目シメジ科

秋
中
食
枯れ木・倒木

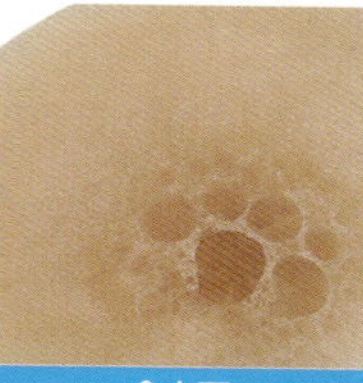

傘上面

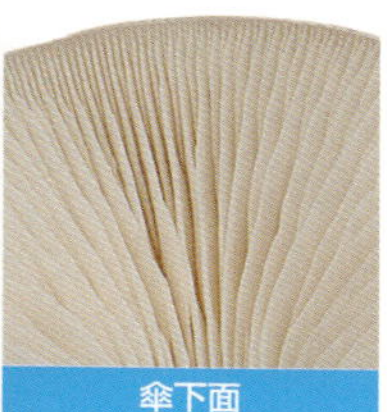
傘下面

柄表面

おもな特徴

- 傘は①淡褐色〜褐色で平らに開き、波打つ②表面に大理石模様をあらわす
- ひだは白色で直生〜やや垂生し、密
- 柄は①白色で細長く、屈曲する②表面は平滑③基部は菌糸体におおわれる
- 肉は白色で弾力がある
- 多数の子実体が株をなす

人工栽培のものが親しまれているが、天然のものに遭遇する機会はあまりない。和名の通りブナの倒木などに発生するが、その他の広葉樹に出ることもある。傘表面に大理石のような模様が生じるのが最大の特徴で、学名 *tessulatus* もその様子を表すが、傘が大きいと模様は目立たないこともある。天然のものは栽培品ほど明瞭な株をなさず、個々の子実体の肉質がよりしっかりとしている。「シロタモギタケ」は本種に近縁で、色合いなどが似ているが、大理石模様がないことなどで識別可能とされる。

朽ちたきのこを踏み台にして生える

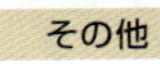

夏秋
中
その他

ヤグラタケ

Asterophora lycoperdoides ハラタケ目シメジ科

傘上面（厚壁胞子）（約8倍）

傘下面（約4倍）

柄断面（約4倍）

おもな特徴

- 傘は①白色～淡褐色でややまんじゅう形②中央部から縁部にかけて、厚壁胞子により顕著な褐色粉状
- ひだは①傘とほぼ同色でやや疎②小ひだが目立つ
- 柄は①傘とほぼ同色で表面は繊維状②肉は濃褐色

「クロハツ」（p.234）や「クロハツモドキ」（p.235）などの成熟した子実体に生える。「他種の上に生える」という特徴から同定は容易。本種が生えたきのこは黒くなり、ミイラ化する。傘表面の褐色の粉は「厚壁胞子（こうへきほうし）」という特殊な胞子で、これを形成するきのこは稀。この胞子を顕微鏡で見ると金平糖のようで、ひだにつくられる通常の胞子と形が異なる。「ナガエノヤグラタケ」という近縁種も他種に生えるが本種より小さく、厚壁胞子を形成せず、ひだは褐色で、柄はより細長い。

食用か毒か、図鑑によって記述が分かれる

オシロイシメジ

Leucocybe connata ハラタケ目所属未確定

夏秋
中
注意
地面

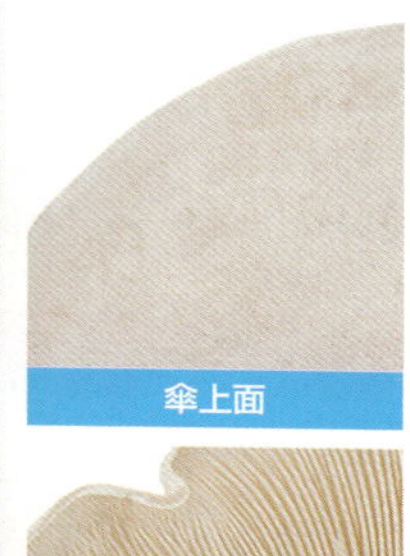

傘上面

傘下面

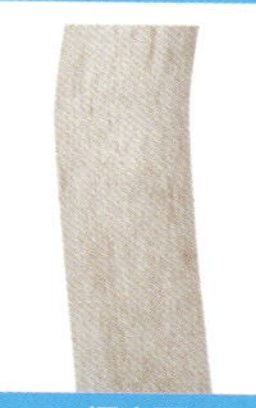

柄表面

おもな特徴

- 傘は①白色で平らに開き、ときに波打つ②表面は平滑で独特の光沢がある③環状の段差を生じることが多い
- ひだは白色で、やや垂生し密
- 柄は白色で細長い
- 数本が株をなすことが多い
- 塩化鉄、硫酸鉄などで鮮やかな青紫色に変色する

ほぼ純白で、「つや消しの塗料を塗ったような」と表現される独特の光沢が特徴。傘全体に同心円状の模様があり、縁部に放射状のしわが生じる。また、縁部は成熟するとゆがんだり波打ったりする傾向がある。柄は傘の直径に対してしばしば非常に長い。食用になるが中毒を起こすこともある。本種を「シロシメジ」とよぶ地方があるが、キシメジ属（*Tricholoma*）の「シロシメジ」（食）とは別物で、誤食による中毒事例がある。類似の白色の未知種にも有毒種があるといわれている。

キシメジのなかま Tricholomataceae ハラタケ目キシメジ科

特徴がないのが特徴!?

典型的なきのこ型をしているが、これといった共通の特徴がなく、顕微鏡で見ても得られる情報はあまりない。歴史的に際だった特徴がないきのこがキシメジ科に放り込まれてきた経緯があり、さながら「分類のゴミ箱」であったが、DNAを用いた研究により、分類の再編が進んでいる。「マツタケ」「ムラサキシメジ」などの食用きのこを含む一方、毒きのこの「カキシメジ」なども含む。

重要な特徴

1 柄が極めて細い

pLR = 3.1 (0.1 mm 以下)

この科に極細の柄をもつ「シラウメタケモドキ属 (*Hemimycena*)」が含まれることを反映。これほど細い柄のきのこはめったにない。しかし、太い柄をもつ種も多い。

2 傘中央がへそ状

pLR = 2.1

この科には傘の中央がへそ状にくぼむ種が多いが、特定の属にかたよらず、まんべんなく分布している印象である。あまり識別に役立つ形質ではない。

オオイチョウタケ

垂生

3 ひだが白色

pLR = 2.1

胞子が無色（胞子紋が白色）であることを反映し、多くの種はひだが白色に近いが、「キサマツモドキ」のように、ひだが明るい黄色のものもある。

4 ひだが湾生

pLR = 1.9

柄に近い部分に、えぐりとられたような切れ込みのあるひだを湾生という。マツタケ、ミネシメジ、シモコシ、ハエトリシメジ、ネズミシメジ、シモフリシメジ、カキシメジなどに見られる。

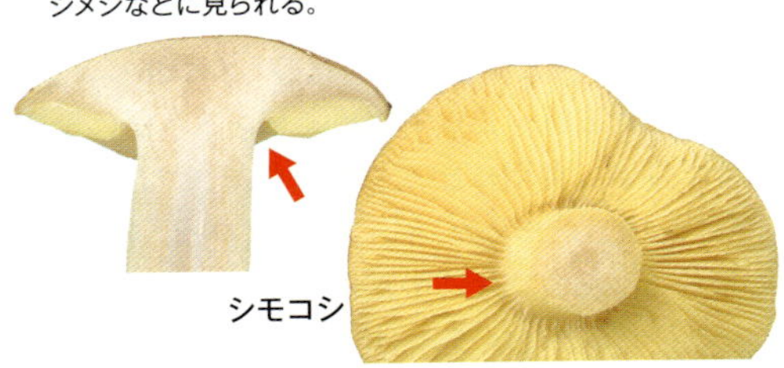

5 ひだが垂生

pLR = 1.8

ひだが、柄に広く付着して垂れてついているものを垂生という。アオイヌシメジ、ドクササコ、コムラサキシメジ、オオイチョウタケ、ホテイシメジなどに見られる。

補足説明

キシメジ属（*Tricholoma*）は顕微鏡で見ても「のっぺらぼう」のように特徴がない。担子胞子は表面が平滑で、メルツァー液で染まることもなく、ひだにはシスチジアもなく、傘表皮は菌糸が平行に並んでいるだけである。しかし、本書には掲載していないが、ザラミノシメジ属（*Melanoleuca*）は胞子表面に装飾模様をもつなど、属によっては明瞭な特徴があることもある。

日本産でなじみが深いものは、太い柄のものが目立つ。

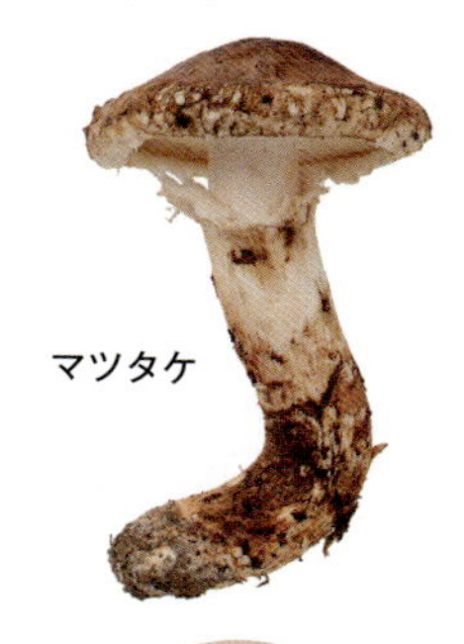

マツタケ

ムラサキシメジ

カキシメジ

各種データ

全世界種数…730種
国内種数……170種

サイズマッピング　サイズは極めて多様。「ニオウシメジ」や「モウコシメジ*」のような巨大な種が含まれる一方、傘も柄も5cmに満たない種も非常に多い。

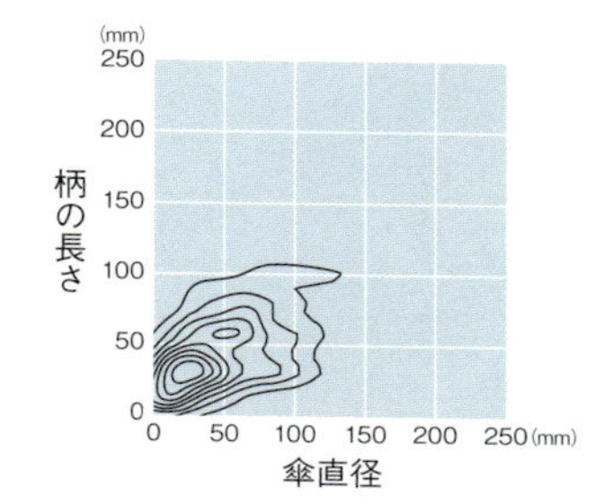

カラーパレット　きのこの色には際だった特徴はない。「キシメジ」の名の通り、黄色を帯びる種が、たとえばシメジ科と比べてもやや多めの印象。胞子紋は白色が基本だが、わずかに色がついていることもある。

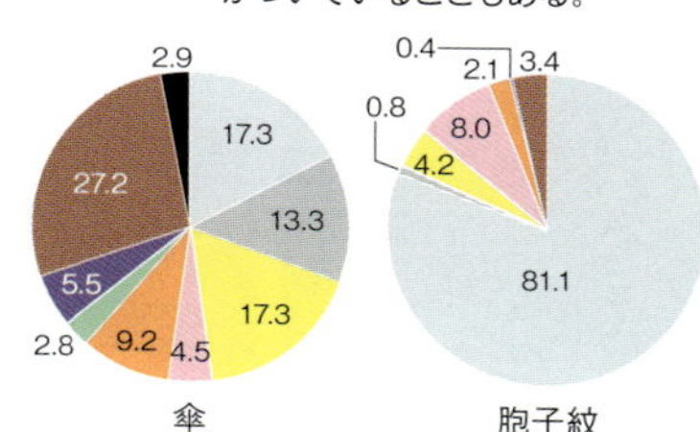

発生時期　発生時期もきのこ類の典型的パターンといえる。夏にも発生するが、秋により大きな発生のピークがある。

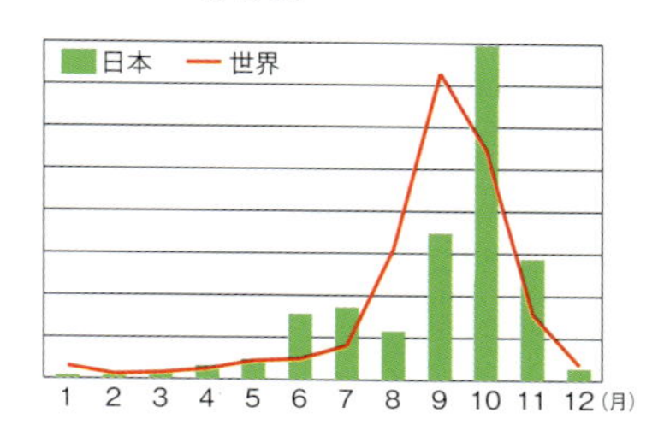

いわずと知れたマツ林の高級きのこ

マツタケ

Tricholoma matsutake ハラタケ目キシメジ科

秋
中
食
地面

傘上面

傘下面

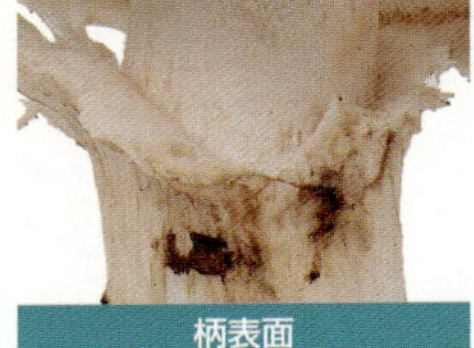
柄表面

おもな特徴

- 傘は①白色で全体が褐色の粗い繊維または鱗片に覆われる
- ひだは淡褐色で、直生～湾生し密
- 柄は①傘とほぼ同色で太め、しばしば屈曲する②傘表面と同様に顕著な繊維状～鱗片状③褐色繊維状の永続性のつばをもつ
- 特有の香気（マツタケ臭）がある

誰もが知っているマツ林の代表的なきのこ。おもにアカマツなどのマツ属樹木と共生して「シロ」とよばれるコロニーを形成し、そこから毎年発生する。ときに菌輪を描いて発生することもある。貧栄養の環境を好むので、やせて乾燥した尾根筋に発生することが多く、手入れされずに落ち葉が堆積して養分が多くなると、ほかの菌との競争に負けてしまい発生しなくなる。ツガ林に発生することもあり、その場合「ツガマツタケ」ともよばれることもある。

小柄なマツタケと思いきや、香りがない

マツタケモドキ

Tricholoma robustum ハラタケ目キシメジ科

秋
中
食
枯れ木・倒木

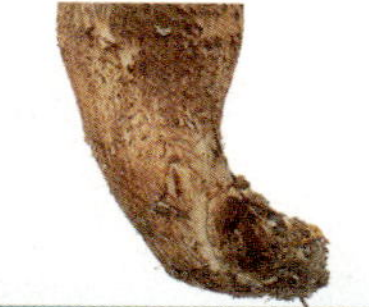

柄表面

- 傘は褐色で表面は繊維状〜鱗片状
- ひだは褐色のしみを生じ、密
- 柄は褐色で、傘同様の鱗片に覆われる

マツタケと同じくアカマツと関係をもつが、発生が遅く、より小型で赤みが強く、柄の基部が急に細まる。マツタケの香りがない。加熱すると黒変。同じ環境に発生することもある「カキシメジ」(p.44) との混同に注意。

バカマツタケ

Tricholoma bakamatsutake
ハラタケ目キシメジ科

秋
中
食
地面

マツタケよりも小型で黄色味を帯び、マツ林ではなくブナ科の広葉樹林に発生。発生時期はマツタケより早く、地方によってはサマツ(早松)の名でよばれる。香りはマツタケより強い。

ニセマツタケ

Tricholoma fulvocastaneum
ハラタケ目キシメジ科

秋
中
食
地面

バカマツタケと同じくブナ科の広葉樹林に発生。食用になるが、マツタケの香りがない。柄の基部が急に細まる。

傘や柄の変異が大きいが、独特のにおいが特徴的

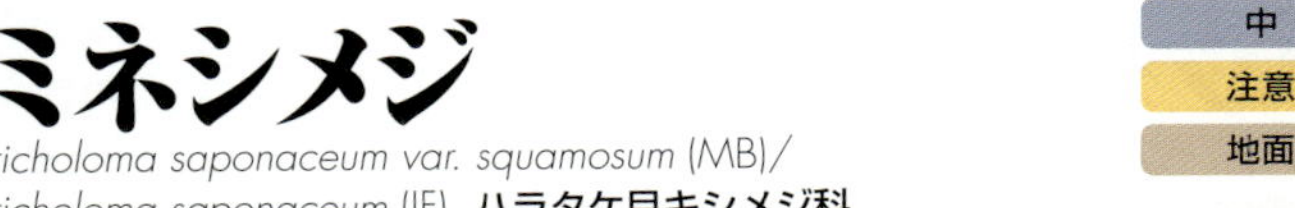

ミネシメジ

Tricholoma saponaceum var. *squamosum* (MB)/
Tricholoma saponaceum (IF) ハラタケ目キシメジ科

秋
中
注意
地面

傘上面

傘下面

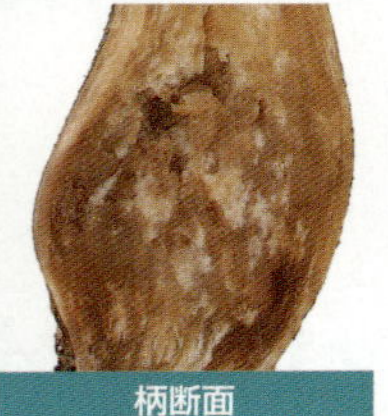

柄断面

おもな特徴

- 傘は①灰褐色～褐色でややオリーブ色を帯びることもある②表面に微細な点状模様あり
- ひだは①白色で湾生、やや疎②柄に広く付着③傷つくとしみを生じることがある
- 柄は①傘とほぼ同色で表面は繊維状②肉は褐色

傘が独特のオリーブ色で、中央部に細かい鱗片があるのが特徴。学名の通り「石鹸」のにおいがするともいわれるが、むしろ「青臭い」と表現されることが多く、におい自体がはっきりしないこともある。特徴的なオリーブ色が見られない灰色や褐色のタイプも知られており、いくつかの異なる種からなる可能性もある。柄の鱗片や苦味の有無にも変異があるようである。食用になるが生食は中毒する。「アイシメジ」（p.38）は本種によく似るが、本種より傘と柄が黄色を帯びる。

古くから親しまれてきた海岸マツ林の代表種

シモコシ

Tricholoma auratum ハラタケ目キシメジ科

秋冬
中
毒
地面

傘上面

傘下面

柄表面

おもな特徴

- 傘は①鮮やかな黄色〜黄褐色でほぼ平らに開く②表面には暗色小型の亀甲状模様あり
- ひだは傘よりやや淡色でやや密
- 柄は白色系で表面はほぼ平滑〜やや鱗片状
- 肉は白色で緻密、苦味はない
- 幼時はしばしば土や落ち葉に埋もれた状態である

晩秋に海岸のクロマツ林に発生する。傘、ひだ、柄のいずれも硫黄色なのが特徴。同じく全体が黄色の「キシメジ」と同種ともいわれるが、柄の鱗片などで区別されている。日本では昔から食用にされてきたが、ヨーロッパ産の近縁種で死亡事例があることから、毒きのことして扱う日本の図鑑もある。従来ヨーロッパ産の種と同じ学名があてられてきたが、近年の研究（Moukha et al., 2013）により、日本産のものが未知種であることが示唆された。

ひだの色が識別ポイント

アイシメジ

Tricholoma sejunctum ハラタケ目キシメジ科

秋
中
食
地面

傘下面

- 傘は黄色で、表面に暗色の放射状繊維紋
- ひだは白色で、黄色の縁取りがあり、やや疎
- 柄は淡黄色で表面は繊維状

和名の「間占地」は「キシメジ」と「シモフリシメジ」(p.39) または「ハエトリシメジ」(下) の中間的性質をもつという意味だとされる。特にシモフリシメジとは発生環境が重なることもあり混同される。

ハエにとっては致命的な猛毒きのこ

ハエトリシメジ

Tricholoma muscarium ハラタケ目キシメジ科

秋
中
毒
地面

傘下面

- 傘は黄色〜褐色、円錐形で中央部が突出
- ひだは傘とほぼ同色、やや疎
- 柄は傘より淡色で表面は繊維状

傘表面がオリーブ色を帯びる繊維状で、中央部は「アセタケ」のなかま (p.112) のように突出する。成長して傘を開き切っても中央部の形状はそのままである。ハエを死に至らしめるトリコロミン酸という成分をもち、昔はハエ捕りに利用された。

ネズミの鼻のようにツンと尖る傘

ネズミシメジ

Tricholoma virgatum ハラタケ目キシメジ科

秋
中
毒
地面

傘下面

- 傘は灰色～黒色で表面は繊維状
- ひだは傘とほぼ同色で、やや密
- 柄は白色で無毛平滑

和名の通りネズミ色で、傘中央部がしばしば顕著に尖る。高地の針葉樹林に発生する「シモフリシメジ」（下）に似るが、本種は有毒。シモフリシメジは本種ほど傘が尖らず、ひだが黄色を帯び、肉に苦味がない。

霜が降りる頃、旬を迎える人気の食用きのこ

シモフリシメジ

Tricholoma portentosum ハラタケ目キシメジ科

秋冬
中
食
地面

傘断面

- 傘は白色～淡黄色で黒色繊維紋に覆われ、湿時粘性
- ひだは白色でやや疎
- 柄は白色～淡黄色で無毛平滑

針葉樹林や混交林に発生し、発生時期が遅い（晩秋）。和名の「シモフリ」は霜の降りる時期に出ることを指すともいわれる。地域によっては「マツタケ」（p.34）よりも珍重され、高値で取引される優秀な食菌である。

傘と柄が非常に細かい鱗片に覆われる

サマツモドキ

夏秋
大
枯れ木・倒木

Tricholomopsis rutilans ハラタケ目キシメジ科

傘上面

傘下面

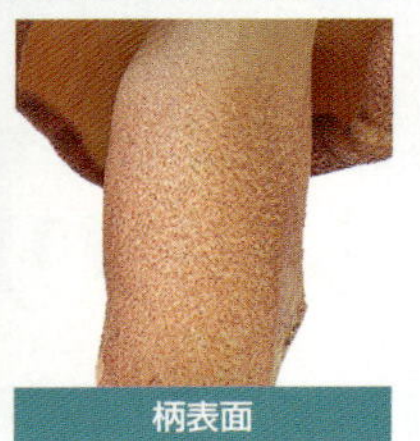

柄表面

おもな特徴

- 傘は①ほぼ平らに開く②表面は白色系の地のほぼ全体を極めて微細な赤褐色の鱗片が覆う
- ひだは淡黄色で直生〜湾生し、非常に密
- 柄は①傘と同様、白色系の地を極めて微細な赤褐色の鱗片が覆う②基部は鱗片に覆われず褐色を帯びる

スギやマツなど針葉樹の枯れ木や倒木などに発生する。赤紫色の傘と黄色のひだの独特のコントラスト、傘表面の細かい鱗片の様子などから、比較的覚えやすい。肉はクリーム色〜黄色。「キサマツモドキ」(p.41)は本種と近縁で、傘の鱗片の様子が似ているが、亜高山帯の針葉樹に発生し、傘の色がまったく異なる(黄色)ので識別は容易。「サマツ(早松)」とはマツタケより発生時期の早いきのこの呼称で、地方によりどのきのこを指すかは異なり、本種の和名の基となった「サマツ」の正体は定かでない。

サマツモドキと同じく傘の鱗片が特徴

キサマツモドキ

Tricholomopsis decora ハラタケ目キシメジ科

夏秋
中
枯れ木・倒木

傘上面

傘下面

柄表面

おもな特徴

- 傘は①中央部が褐色、それ以外が黄色でほぼ平らに開く②全体が濃色の細鱗片に覆われる
- ひだは傘とほぼ同色で直生～湾生し、密
- 柄は①傘とほぼ同色で細長い②表面は繊維状
- 子実体は単生～群生する

亜高山帯のモミ、トウヒ、ツガなどの針葉樹の枯れ木や倒木などに発生する。傘表面を濃色の細かい鱗片が覆うことなどが特徴。同じグループの「サマツモドキ」(p.40) とは傘の色がまったく異なることのほか、本種より大きく、低地でもよく見られる点なども異なる。海外にも広く分布するが稀で、発生したとしても量が少ないといわれる。また、本種は国内では食毒不明とされるが、海外では生命に関わるほどの中毒を引き起こした事例が知られている。

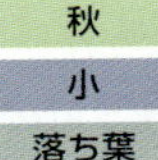

やわらかな青色の傘に甘い桜餅の香り

アオイヌシメジ

Clitocybe odora ハラタケ目キシメジ科

傘上面

傘下面

柄表面

おもな特徴

- 傘は①青灰色で中央部がかなり濃色②ややろうと状に窪む③表面は無毛平滑に近い
- ひだは白色でやや垂生し、やや密
- 柄は①白色でやや青みを帯びる②細長く、屈曲する③基部に白色菌糸体
- 子実体には揮発性成分による桜餅のようなにおいがある

めずらしい青色のきのこのひとつ。新鮮なときは美しいが、退色しやすい。柄の基部が白色綿毛状の菌糸で覆われるのも特徴。「P. アニスアルデヒド」などの香気成分を含み、桜餅のような独特のにおい(アニス臭)がある。なお、このにおいはきのこ全体で見ると本種特有のものではなく、ハラタケ属やミミナミハタケ属などにも似た香りの種が含まれる。「コカブイヌシメジ」は本種に近縁でかつ同じ桜餅の香りがあるが、色がまったく異なるので混同することはない。

絶対に食べたくない毒きのこナンバーワン？

ドクササコ

Paralepistopsis acromelalga ハラタケ目キシメジ科

傘上面

傘下面

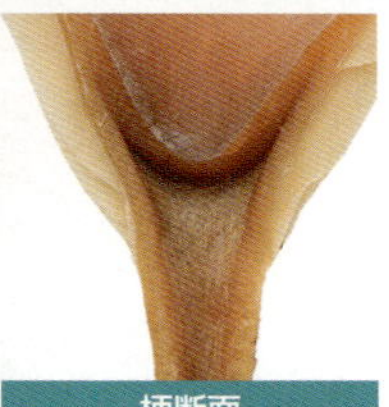
柄断面

おもな特徴

- 傘は①褐色でろうと状に深くぼむ②表面には鈍い光沢があり、斑紋を生じることもある
- ひだは黄色～褐色を帯び、垂生し密
- 柄は①傘とほぼ同色②基部に菌糸体をともない、しばしば菌糸マットを形成する
- 子実体はしばしば多数叢生～群生

竹やぶに発生することが多いが、広葉樹または針葉樹の落葉上に発生することもある。新潟県など日本海側からの報告が多い。全体が褐色で地味な印象だが、肢端紅痛症という、激痛をともなう症状を引き起こす恐ろしい毒きのこである。傘がろうと状にくぼみ、光沢をもつのがおもな特徴。日本固有種とされてきたが、近年韓国からも報告された。「チチタケ」（p.238）は色や形状がやや似るが、質感が大きく異なるほか、本種ほど傘中央がくぼまず、縁部が波打たず、傷つくと乳液を出す点などが異なる。

「地味なきのこは食用可」とは、まさしく迷信

カキシメジ

Tricholoma ustale ハラタケ目キシメジ科

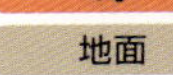

秋
中
毒
地面

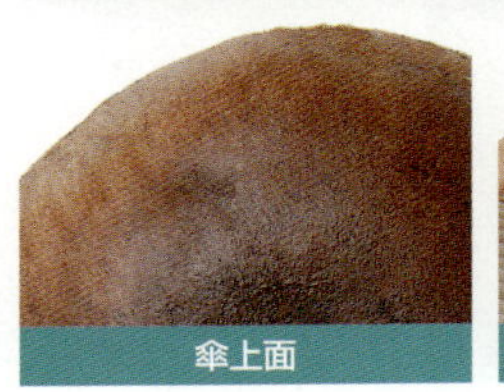

傘上面

傘下面

柄表面

おもな特徴

- 傘は①赤褐色でほぼ平らに開く②表面には湿時粘性あり
- ひだは①白色で、古くなると赤褐色のしみを生じることがある②湾生し密
- 柄は①白色で、表面は褐色の微細な繊維状鱗片に覆われる②ひだと同様の変色性をもつ
- 胞子紋は白色

広葉樹林に発生する。平凡な見かけをしているが、中毒件数の非常に多い毒きのこであり、食用の「チャナメツムタケ」（p.127）や「ニセアブラシメジ」（p.97）などとの混同に注意を要する。本種の傘表面も鱗片状だが、チャナメツムタケほど大きく顕著な鱗片ではない。また、グアヤク脂という試薬をかけると本種は緑色になるが、チャナメツムタケは変色しない。マツ林に発生するものは「マツシメジ」とよばれ、別種とする意見もある。

きのこシーズンのトリを飾る大型きのこ

ムラサキシメジ

Lepista nuda ハラタケ目キシメジ科

秋冬
中
注意
地面

傘下面

- 傘は淡紫色で、縁部は内側に巻く
- ひだは紫色で密
- 柄は淡紫色で、基部に菌糸体をともなう

きのこシーズンの終わる晩秋に発生。林内の落ち葉が深く積もったところに生え、しばしば菌輪を描く。子実体がしっかりしていて柄の基部が太くなる点はフウセンタケのようだが、成熟してもひだは褐色を帯びない。

汚い場所に生えるが優秀な食菌

コムラサキシメジ

Lepista sordida ハラタケ目キシメジ科

秋
中
食
地面
ウッドチップ

傘下面

- 傘は淡紫色で平らに開き、吸水性あり
- ひだは淡紫色で、わずかに垂生
- 柄は繊維状

堆積物の多い畑地などに発生。しばしば菌輪を描く。本種は芝生を輪状に枯らす「フェアリーリング病」を起こし、ゴルフ場では害菌扱い。「ムラサキシメジ」より小型で淡色、柄の基部は太くならない。

大発生することもある超大型きのこ

オオイチョウタケ

Leucopaxillus giganteus ハラタケ目キシメジ科

秋
大
食
地面

傘上面

傘下面

柄表面

おもな特徴

- 傘は①白色系で漏斗状に窪む②表面には絹糸状光沢がある③褐色のしみを生じることがある④非常に大型で、直径 40cm を超えることもある
- ひだは傘と同色、垂生し非常に密
- 柄は①傘と同色、下部が次第に細まる②基部に菌糸マットを形成しない
- 都市部の公園などかく乱された場所にもよく発生する

ときに数百本単位で大発生し、菌輪をなすこともある。個々の子実体が大型なので、食用目的の人にとっては大収穫となる。通常目立ったきのこが少ない、竹林やスギ林などが発生環境である。菌輪が巨大であっても毎年発生するとは限らない。「ムレオオイチョウタケ」は同じく超大型だが、傘やひだがより褐色を帯び、傘表面が成熟するとひび割れることが多い。また、ひだが垂生せず直生～上生し、柄の基部が細まるのではなく太くふくらみ、不快臭がある点などが異なる。

明るい黄色でヒラタケよりもずっと硬い質感

キヒラタケ

夏秋
中
枯れ木・倒木

Phyllotopsis nidulans ハラタケ目キシメジ科

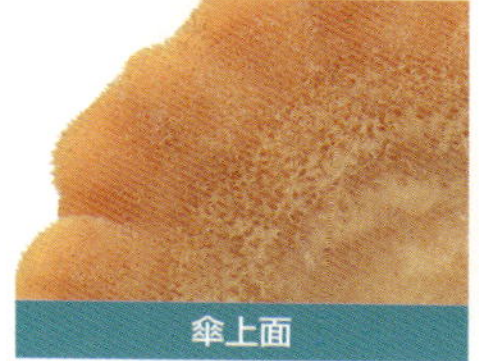

傘上面

傘下面

柄表面

おもな特徴

- 傘は①黄色〜橙色で扁平②円錐形で先端が暗色の粗毛の束がいくぶん同心円状に配列する③表面は吸水性がある
- ひだは傘表面と同色でやや疎
- 柄を欠くが、基部に菌糸体をともなう
- 傘の肉は傘と同色で薄いが、かたくて強靱
- 新鮮な子実体には強い悪臭がある

冬でも出会うことができるきのこで、倒木などに重なり合って発生する。子実体全体が明るい黄色で、傘表面に粗い毛が密生し、柄を欠くことなどが特徴である。似たきのこがないので同定は容易。「チャヒラタケ」のなかまには「フジチャヒラタケ」など、本種に色や形が似ているものがあるが、一般にひだが褐色で、本種ほど肉が強靱でない。「サケバタケ」は全体が黄色で柄を欠く点が共通するが、ひだが明瞭に波打つのではっきりと区別できる。

黄金色の粉に覆われ、生え方も豪勢

コガネタケ

夏秋
大
注意
地面

Phaeolepiota aurea ハラタケ目キシメジ科(MB)/ハラタケ科(IF)

傘上面

傘下面

柄表面

おもな特徴

- 傘は①黄色～黄褐色でほぼ平らに開く②表面は全体が粉状
- ひだは傘よりも淡色で、ほぼ離生し、やや密
- 柄は①傘とほぼ同色で基部はやや淡色②表面は傘と同様に粉状
- つばは大型膜質
- 肉は傷つけるとしだいに暗色になる。不快臭を発することがある

傘と柄にきな粉をまぶしたようなきのこ。ときに群生する。表面の粉は容易に剥落し、触れると手につき、雨の後などは完全に失われることもある。有毒の「オオワライタケ」(p.132)に似る食用菌として挙げられることがあるが、全体の色以外はそれほど似ていない。本種は枯れ木などの材ではなく地上に生えることからまず異なる。もっぱら本種に寄生すると考えられている「ニオイオオタマシメジ」というきのこがあり、見つかるとしたら当然本種の生えている場所となるが、発生はごく稀。

美しいが「やはり野に置け」の変色性きのこ

アカヤマタケ

Hygrocybe conica ハラタケ目キシメジ科(MB)/ヌメリガサ科(IF)

秋
中
注意
枯れ木・倒木

傘上面

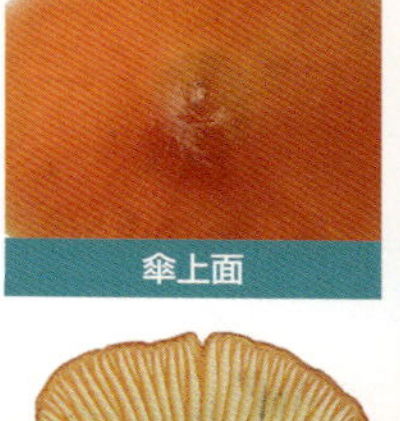
傘下面

柄断面（約2倍）

おもな特徴

- 傘は①橙黄色～赤色で円錐形②先端が、やや乳頭状のこともある
- ひだは白色～淡黄色で離生に近い
- 柄は①黄色で直立する②表面は平滑に近いがねじれた繊維状の模様をあらわす
- 触れたり傷ついたりすると黒変する
- しばしばコケの上に生える

森林にも発生するが、公園の芝生などの都市環境にも発生することがある普通種。手で触れるとあっという間に真っ黒になってしまうが、この変色性が最大の特徴で、同定は容易である。また、英名の「魔女の帽子」が表すように、傘の頂部が急につんと尖るのも特徴である。色や形に変異が多く、10を超える変種や品種が記載されている。「トガリツキミタケ」は同じグループで子実体のサイズや形状、質感などが似ているが、より黄色であり、黒変しないので区別できる。

くすんだ朱色の傘と柄が特徴的

ヤマヒガサタケ

秋
中
枯れ木・倒木

Hygrocybe subcinnabarina ハラタケ目キシメジ科(MB)/ヌメリガサ科(IF)

傘上面（約2倍）

傘下面（約2倍）

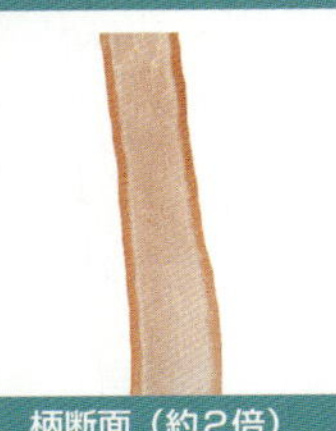

柄断面（約2倍）

おもな特徴

- 傘は①鈍い朱色で円錐形～鐘形②中央部に低い乳頭突起を有する③表面に放射状繊維紋をあらわす
- ひだは、淡いバラ色から傘と同色で、やや疎
- 柄は①朱色で細長い②基部表面に白色の菌糸体をともなう③中空
- 特別な味やにおいはない

林内に発生し、単生または数本が束生する。傘、ひだ、柄が一様にくすんだ朱色なのが特徴。近縁種に鮮やかな色が多いなか、本種は比較的落ち着いた色調で、表面にかすり模様が生じることもある。比較的めずらしく、日本固有種とされるが、韓国からの報告もある。傘中央部が乳頭状に尖る点や、全体のサイズ・色などが「アカイボカサタケ」(p.61)に似ていなくもないが、傘の形状や乳頭突起の程度、ひだの色などが異なることで見分けられる。

垂生のひだと布袋のような太鼓腹の柄が特徴

ホテイシメジ

Clitocybe clavipes (MB)/ *Ampulloclitocybe clavipes* (IF)

ハラタケ目キシメジ科 (MB)/ ヌメリガサ科 (IF)

秋
中
注意
枯れ木・倒木

傘上面

傘下面

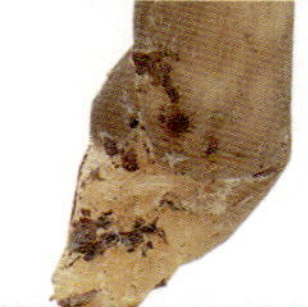
柄表面

おもな特徴

- 傘は①淡褐色または灰褐色②成熟するとろうと状になるが、傘の肉が厚いので、くぼみがあまり目立たないことが多い
- ひだは白色系でやや密、長く垂生する
- 柄は①灰褐色で下部が膨らむ②表面は平滑③基部は菌糸体に覆われる
- 傘の肉は白色

カラマツ林でふつうに見られるきのこ。その名の通り、柄の基部が布袋様のお腹のようにふくらんでいるのが特徴。傘の色は褐色系、灰色系など複数のタイプがあるようである。「ヒトヨタケ」(p.84) と同様に、アルコールと一緒に摂取すると中毒するきのことして知られている。「一緒に」といっても、毒素は数日残るといわれているので、このきのこを食べるなら、しばらくは断酒しなければならない。「ウラベニホテイシメジ」(p.56) とはまったく別のグループ。「ホテイダマシ」という近縁種が、本種と混同されてきた。

個々の子実体も、株全体も、規格外の超大型

夏秋
大
食
地面

ニオウシメジ

Macrocybe giganteum ハラタケ目キシメジ科

傘下面

おもな特徴

- 傘は①灰白色で平らに開く②表面は無毛平滑
- ひだは傘と同色で密
- 柄は傘と同色で下部が太まり、多数の柄が基部で融合する

日本産のハラタケ型きのこ類では最大級の種で、巨大な子実体が集合してさらに巨大な株をなす。もっぱら、草地や畑地などの開けた場所に発生し、肥沃な土壌や腐植などにもしばしば生じる。本種のなかま（マクロシベ属）はおもに熱帯から数種が知られており、日本のニオウシメジはそのうちの１種（インド産）と同種とされてきたが、未記載種である可能性も指摘されている (Pegler et al., 1998)。

各地で珍重される別名「シロマツタケ」

モミタケ、オオモミタケ

Catathelasma ventricosum, C. imperiale ハラタケ目オオモミタケ科（MB）/キシメジ科（IF）

「モミタケ」「オオモミタケ」の２種は大型で、ひだが垂生し、二重のつばを有するなどの特徴が共通しており、いずれも菌輪をなして発生することがある。前者がより淡色であり、傘の直径もより小さい傾向がある。どちらも樹木と共生する菌根菌で、前者はモミ、エゾマツなどと共生し、低地にも広く分布するのに対して、後者はシラビソ、トドマツなどと共生し、おもに亜高山帯で見られる。肉眼ではときに識別困難だが、胞子は「オオモミタケ」のほうが明らかに長い。

夏秋
大
食
地面

モミタケ

おもな特徴

- 傘は①灰色～灰褐色で平らに開き、波打つ②表面は平滑でやや粘性をもつ
- ひだは白色で、垂生し密
- 柄は①白色で太く、基部が急に細まる②つばは二重の膜質

秋
大
食
地面

おもな特徴

- 傘は①褐色～黒褐色で平らに開き、波打つ②表面は平滑でやや粘性をもつ
- ひだは白色で、垂生し密
- 柄は①白色～傘と同色で太く、基部が急に細まる②つばは二重の膜質

オオモミタケ

イッポンシメジのなかま Entolomataceae ハラタケ目イッポンシメジ科

多角形の胞子がオンリーワンの特徴

肉眼的には、ひだがピンク色で、湾生するきのこのグループ。それだけでは迷うときには、顕微鏡で多角形（六角形〜十角形）の胞子を確認すれば確実である。このグループには「ハルシメジ」のような食用きのこがある一方、「ウラベニホテイシメジ」「イッポンシメジ」のような毒きのこもある。掲載はしていないが、地下生で球状のきのこも含み、それらも胞子は多角形である。

重要な特徴

クサウラベニタケ

1 胞子が多角形

pLR = 47.8

このなかまの識別には顕微鏡が大活躍する。よくわからないまま顕微鏡をのぞいたら胞子が角張っていることで、この科のきのこだとわかることもある。

2 胞子紋がピンク

pLR =17.1

このなかまを認識する上で最も重要な肉眼的特徴。ただし、未熟な子実体では胞子が十分着色していないので、ひだの色が胞子紋の色を反映していないこともあるので注意。

ひだは湾生で、柄にひだの一部が残る。

4 ひだがピンク

pLR = 3.7

胞子が成熟すると、ひだはピンク色に染まる。

3 ひだが湾生

pLR = 4.5

同じようにピンク色の胞子紋をもつウラベニガサ科とは、ひだのつき方で区別することができる。ウラベニガサ科が離生するのに対して、この科は柄に少なくとも一部が付着する。

吸水したときの傘。

乾いているときの傘。

5 傘が吸水性

pLR = 3.7

乾燥しているときと湿っているときで、傘の色が変わる性質で、変化が大きい種もある。

補足説明

イッポンシメジ科のきのこは地上の落ち葉などに発生することが多い点でも、材に発生することの多いウラベニガサ科と対照をなす。この科には腐生菌だけでなく菌根菌や寄生菌も含まれる。「タマウラベニタケ*」は「ナラタケ」のなかまに寄生するといわれ、寄生すると球状の子実体を生じる。

穏やかな色に混じって、青色のきのこなども見られる。

ひだは、初めは白く、のちにピンク色。

ナスコンイッポンシメジ*

ナラタケを侵すと球状になるという。

球状になったもの。

タマウラベニタケ*

ウラベニホテイシメジ

ウメハルシメジ

各種データ

全世界種数… **1300種**
国内種数………… **70種**

サイズマッピング

傘直径に比べて柄が長い傾向があるが、「ヒカゲウラベニタケ*」のような例外もある。海外には柄が極めて長くなるグループもある（イノセファルス属）。

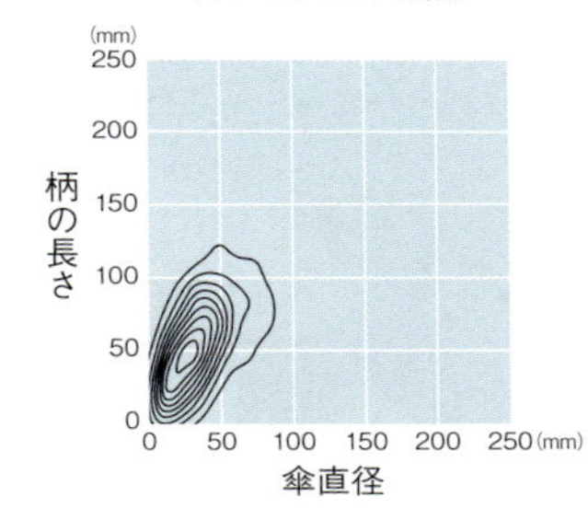

カラーパレット

「コンイロイッポンシメジ*」のように全体が紫色、「ソライロタケ」のように全体が青色のきのこもあり、色とりどりのグループといえる。ひだは成熟すると、胞子の色によりピンク色になるが、褐色に近い種もある。

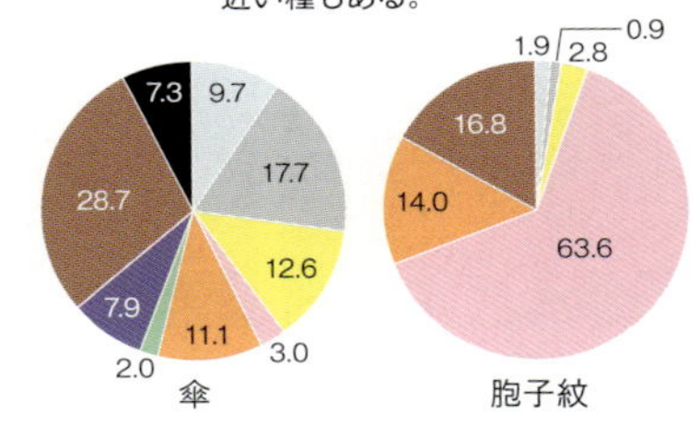

発生時期

ウメハルシメジのように春に発生する種を含むことから、ほかのグループではほとんど発生が見られない4〜5月に小さなピークが現れている。

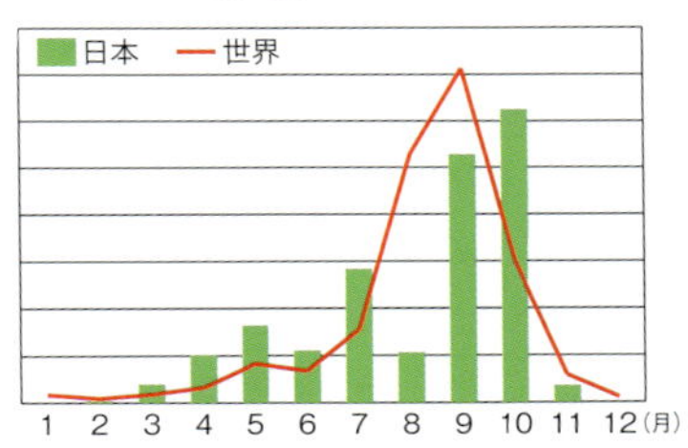

食用きのことして親しまれるが同定は慎重に

ウラベニホテイシメジ

Entoloma sarcopus ハラタケ目イッポンシメジ科

秋
大
食
地面

傘上面

傘下面

柄断面

おもな特徴

- 傘は①灰褐色で表面は繊維状③指で押したような模様が散在するが、ないこともある
- ひだは成熟すると肉色でやや密
- 柄は①白色で下部が太まる②中実で肉も白色
- クサウラベニタケと発生時期が同一で混生することもあるが、本種は苦味がある

食用きのことして人気がある一方、有毒の「クサウラベニタケ」(p.57) との誤食事例が多発している。クサウラベニタケは本種より華奢な印象で、本種の傘表面に見られることのある「指で押したような模様」がなく、傘に光沢があることなどで識別できる。また、死亡例もある有毒の「イッポンシメジ」も本種によく似るが、傘が白色に近い点などが異なる。とはいえ、この３種の識別は熟練者でもときに困難であり、細心の注意が必要。柄が中空か中実か、という識別法はあてにならないこともある。

試薬があれば、名人も泣かないで済む

クサウラベニタケ

Entoloma rhodopolium ハラタケ目イッポンシメジ科

夏秋

中

毒

地面

傘上面

傘下面

柄断面

おもな特徴

- 傘は①灰褐色で平らに開き、波打つこともある②表面は無毛平滑、指で押したような模様はない
- ひだは成熟すると肉色でやや密
- 柄は中空のことが多い
- 試薬のグアヤク脂で緑色に変色し、硫酸バニリンで変色しない。（ウラベニホテイシメジはグアヤク脂で変色せず、硫酸バニリンで赤紫色になる）

傘に光沢があり、ひだが肉色を帯びる。日本で最も中毒事例の多いきのこであるが、それは里山の雑木林など身近な場所でも発生量が多く、いかにも食べられそうな風貌で、かつ食用の「ウラベニホテイシメジ」(p.56)に酷似していることによる。本種は柄が細長く中空で、ウラベニホテイシメジより華奢な印象があり、慣れれば感覚で識別できるが、「名人泣かせ」といわれるように判断に迷うほど似ていることもあり、安易に手を出すべきではない。特殊な試薬があれば両種を区別することができる。

時期外れの静かな梅林はこのきのこの独壇場

ウメハルシメジ

Entoloma sepium ハラタケ目イッポンシメジ科

春
中
注意
地面

傘上面

傘下面

柄表面

おもな特徴

- 傘は①灰褐色でほぼ平らに開き、中丘を有する②表面は平滑で繊維紋がある③表面は老成すると、ときにささくれ状
- ひだは成熟すると肉色を帯び、やや疎
- 柄は①傘より淡色でやや太め②基部は菌糸体に覆われる③肉質は顕著な繊維質
- 肉には粉臭さがあり、食感も粉っぽい

本種を含む数種の総称である「ハルシメジ」の名でよく知られる。バラ科植物の樹下に発生し、サクラやノイバラには「ノイバラハルシメジ」、ウメには本種が見られ、両者は傘の色やサイズなどで区別される。試薬のグアヤク脂に対する反応はいずれも陽性だが、反応する色は異なる。イッポンシメジのなかまには「クサウラベニタケ」(p.57) のようなよく似た毒菌があるが、発生時期と発生環境が特殊なので混同のおそれが少なく、広く食用にされている。ただし生食すると中毒する。

青空を切り取ったような色、森の宝石

ソライロタケ

Entoloma virescens ハラタケ目イッポンシメジ科

秋
中
地面

傘上面（約2倍）

傘下面（約2倍）

柄断面（約2倍）

おもな特徴

- 傘は①青色で円錐形から平らに開く②表面は乾燥した繊維状③中央部にごく小さな乳頭突起をもつことが多い
- ひだは青色で成熟すると肉色を帯び、垂生～上生、またはほぼ離生し、疎
- 柄は青色で、表面はしばしばねじれる繊維状
- 肉は青色で繊維質。古くなると退色し、傷つくと黄色～緑色に変色する

全体が目の覚めるような鮮やかな青色のきのこ。傷つくと黄色～緑色に変色する。生息環境が特別なわけではなく、里山の雑木林にも発生するが、遭遇頻度が少ない。ほぼ同一の特徴をもつきのこが世界各地に分布するが、別種ともいわれる。傷つくと青変するきのこはイグチ類(p.198)などにしばしば見られるが、もともとの色が青色のきのこは数えるほどしかない。たとえばほかに「ルリハツタケ」(p.242)や「ミセナ・インテラプタ」などがあるが、前者もやや稀で、後者は日本には分布しない。

傘中央の乳頭突起がチャームポイント

キイボカサタケ

Entoloma murrayi ハラタケ目イッポンシメジ科

傘上面（約2倍）

傘下面（約2倍）

柄表面（約2倍）

おもな特徴

- 傘は①明るい黄色で円錐形、中央部に顕著な乳頭突起を有する②表面は繊維状③老成すると縁部が、のこぎりの刃のようにぎざぎざになることがある
- ひだは成熟するとピンク色、やや疎
- 柄は①傘とほぼ同色で細長い②表面はしばしばねじれる繊維状③基部に菌糸体をともなう
- 肉は薄く、もろく、ときに不快臭あり

傘が円錐形で柄が細長く、傘中央に円筒形の微小な突起がある。群生することはあまりないが、発生量はかなり多い印象である。p.61の「アカイボカサタケ」「シロイボカサタケ」および本種の3種は、色以外はほぼ同一である。発生時期や発生環境も似通っており、同時に3色を採集できることもある。また、中間的な色合いのものもあり、「ウスキイボカサタケ」や「ダイダイイボカサタケ（仮称）」と同定されることがある。

赤と白の色違い、3種そろったらちょっとうれしい？

アカイボカサタケ

Entoloma quadratum
ハラタケ目イッポンシメジ科

夏秋　毒　中　地面

「キイボカサタケ」とごく近縁で、別種とされるが肉眼的には単なる色違いに見える。退色すると同定に迷うこともある。胞子はいずれも立方体で、サイズの範囲も重なるので、顕微鏡的な違いもあまりない。

シロイボカサタケ

Entoloma album
ハラタケ目イッポンシメジ科

夏秋　毒　中　地面

ほかの2種とは、色が異なる以外はそっくりのきのこ。この3種は顕微鏡で見てもはっきりとした違いはなく、本郷 (1951) は色以外に何ら差異が認められないとして、本種をキイボカサタケの品種と見なしている。

キイボカサタケ、アカイボカサタケ、シロイボカサタケは、同時に隣り合って発生することも多い。

ハラタケのなかま

Agaricaceae
ハラタケ目ハラタケ科

「ハラタケ型」と称される典型的な形状

傘と柄をもつきのこのことを「ハラタケ型（アガリコイド）」とよぶことからわかるように、典型的な「きのこ」の形態をとる。食用きのことして馴染み深い「マッシュルーム」がこのグループに含まれる一方、毒きのこもある。ただし、「ホコリタケ」「ノウタケ」「オニフスベ」など、傘と柄をもたず、丸い形状の「腹菌類（ふっきんるい）」も含まれている。

重要な特徴

1 胞子がデキストリノイド

pLR＝6.9

メルツァー液で胞子が赤褐色に染まる性質を「デキストリノイド（偽アミロイド）」とよび、この科の胞子にしばしば見られる。きのこ全体としてはあまり普通でないが、モエギタケ科の一部にも見られる。

2 つばがある

pLR＝6.5

この科のつばは特に顕著であり、しばしば大型で肉厚である。種によっては、つばは二重となる。わたくず状～クモの巣状のものや、成熟にともなって消失する「早落性」のつばも見られる。

3 ひだが離生

pLR＝4.1

ひだと柄の間に顕著なすき間が生じる。同じくひだが離生するテングタケ科のきのことは、ひだの色（胞子紋の色）、つぼの有無で容易に見分けられる。

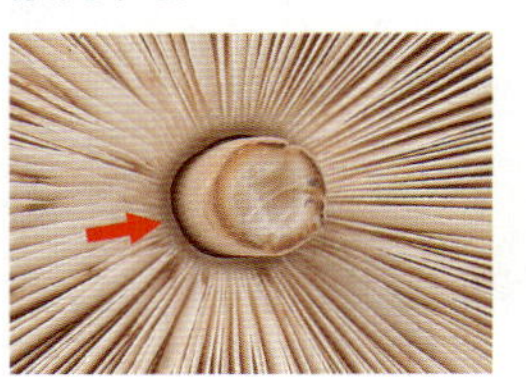

4 傘表面に鱗片

pLR＝3.8

傘が開くにつれて表皮が割れ、細かい鱗片状になるものもある。

5 柄が非常に長い

pLR＝3.4（200 mm 以上）

海外では高さ50cmにもなるササクレヒトヨタケ類も知られている。

カラカサタケ

補足説明

きのこの多くは森林に発生するが、ハラタケ科は「原茸」という漢字表記の通り、草地に発生することが多く、しばしば草原に巨大な菌輪を描く。植木鉢やウッドチップのような人為的な環境に発生する種も多い。アメリカ大陸に分布するハキリアリが巣の中で「栽培」して食用にしているのもハラタケ科のきのこである。

カラカサタケのように背の高いものもある一方、背の低いものもある。マッシュルームは世界で広く栽培されている食菌。

ハラタケのなかまは、胞子が成熟するとひだが黒っぽくなるものも多い。

ザラエノハラタケ　マッシュルーム*

腹菌類とは

子実体の外側ではなく、内側に胞子をつくるきのこのことで、成熟すると表皮が破れて胞子のかたまりを露出する。以前は、まとまったひとつのグループだと思われていたが、現在はハラタケ目やスッポンタケ目など、いくつかに分かれた。

ホコリタケ

ノウタケ

各種データ

全世界種数… **2200種**
国内種数……… **170種**

サイズマッピング

カラカサタケ属（*Macrolepiota*）のような最大級のハラタケ型きのこが含まれる。ハラタケ属（*Agaricus*）にも大型のきのこが多い印象だが、科レベルでは小型の種も目立つ。

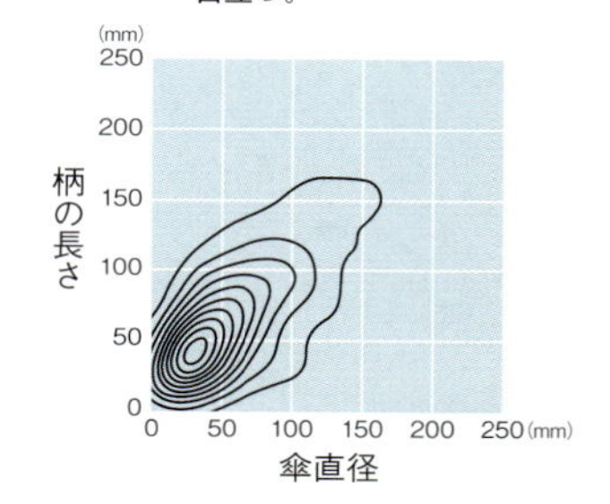

カラーパレット

ハラタケ属のひだは成熟すると褐色になるが、科全体で見ると白色のものも多い。「オオシロカラカサタケ」は例外的に緑色。胞子紋の色は白色および褐色が多いが、桃色、緑色、紫色などを帯びることもありバリエーションが豊富。

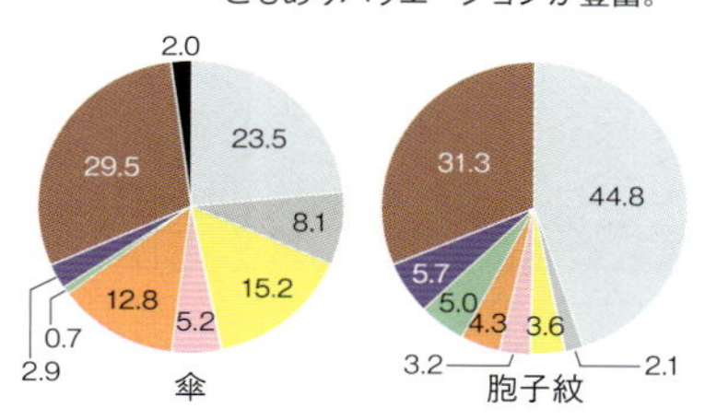

発生時期

おもに秋に発生するが、ハラタケ属菌には初夏に発生する種も多い。春に発生する「ハルハラタケ*」というきのこもある。

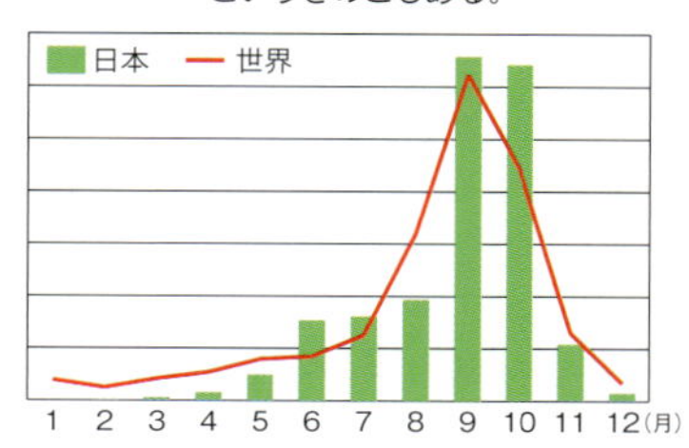

淡黄色の傘とハラタケ属共通のひだの色が特徴

ウスキモリノカサ

Agaricus abruptibulbus ハラタケ目ハラタケ科

夏秋
大
注意
地面

傘上面

傘下面

柄表面

おもな特徴

- 傘は①白色〜淡黄色で平らに開く②表面には繊維状光沢があり、微細な綿毛状鱗片をともなう
- ひだは①成熟すると紫褐色、離生し、密②幼時は内被膜に覆われる
- 柄は①傘とほぼ同色で基部は塊茎状②表面は白色の鱗片に覆われる③基部は菌糸体に覆われ、菌糸束がある
- つばは白色〜淡黄色で膜質

傘およびつばが淡い黄色を帯びる。柄の基部が急にふくらむのが特徴。傷つくと黄色に変色するほか、試薬の水酸化カリウム（KOH）を滴下しても黄色に変色する。「シロオオハラタケ」「シロモリノカサ」は本種に類似するが、いずれも白色。よく似た黄色の傘とつばをもつテングタケ類があるが、テングタケ類（p.172）はひだが白色で、成熟しても本種のように紫褐色になることはなく、つぼをもつ点も本種と異なる。

和名は傘の中央部が黒い特徴をよく表す

ナカグロモリノカサ

Agaricus moelleri ハラタケ目ハラタケ科

傘上面

- 傘は白色、黒褐色の細鱗片に覆われる
- ひだは褐色で、離生し密
- 柄は白色で基部は塊茎状
- つばは白色

竹やぶや草地などに発生する。和名の通り、傘中央部が黒色であることが特徴。表面は成熟につれて粗くひび割れ、白色の地がのぞく。水酸化カリウム(KOH)を傘に滴下すると黄変する。柄の基部は傷つくと黄変する。

柄のつばより下部がざらつくのが由来

ザラエノハラタケ

Agaricus subrutilescens ハラタケ目ハラタケ科

夏秋
大
注意
地面

傘上面

- 傘は白色、綿毛状鱗片に覆われる
- ひだは紫褐色、離生し密
- 柄は塊茎状鱗片あり
- つばをもつ

林内の堆積した腐葉上に発生する。傘と柄が細かい鱗片に覆われる。つばをもち、成熟するとひだは紫褐色になる。肉は水酸化カリウム(KOH)で緑変する。よく見られるが変異が大きく、複数種に分けられる可能性もある。

か細く繊細な印象

夏秋
中
地面

キツネノハナガサ

Leucocoprinus fragilissimus ハラタケ目ハラタケ科

傘上面

- 傘は①白色～淡赤褐色でほぼ平らに開く②表面は褐色の鱗片に覆われる
- つばは白色で、膜質

ごく繊細で、傘の中央部が鮮黄色で、明瞭な溝線をもつことなどが特徴。幼時は傘全体が黄色の粉に覆われているが、成熟するとこの粉は中央部と溝線の稜にのみ残る。粉を顕微鏡で見ると丸く、胞子よりずっと大型。柄は白色～黄色で極めて細長い。

鉢植えや温室といった人為的な環境に発生

夏秋
中
地面

コガネキヌカラカサタケ

Leucocoprinus birnbaumii ハラタケ目ハラタケ科

柄表面

- 傘は微細な鱗片状
- ひだは傘とほぼ同色で密
- 柄は細長く、下部の表面は鱗片状
- つばはリング状

植木鉢に突如発生して持ち主を驚かせるきのこで、食べられるのか、駆除すべきかなどを調べる人が多い。食用には向かず、植物にも通常影響を与えないが、菌糸のかたまりである菌核という構造を形成して、観賞価値を落とすという報告がある。

全体を覆う綿のような鱗片

ワタカラカサタケ

Lepiota magnispora ハラタケ目ハラタケ科

夏秋
中
地面

傘上面（約2倍）

傘下面（約2倍）

柄表面（約2倍）

おもな特徴

- 傘は①白色系で中央はほぼ赤褐色、成熟すると平らに開く②淡褐色～赤褐色の鱗片が覆う③縁部に綿毛状鱗片が付着するが、脱落することもある
- ひだは白色で離生し、やや密
- 柄は①傘とほぼ同色で細長い②全体が顕著なささくれ状
- つばは早落性で、ほぼ見られない

子実体全体が顕著な綿毛状鱗片に覆われるのが最大の特徴。特に、柄表面にこのような特徴をもつきのこは、本種を除いてはほとんど見られない。綿毛は手で触れると脱落しやすく、消失することもある。本種はいくつかの種に分けられる可能性があり、すでに子実体の色や胞子の大きさが異なるものに仮称が与えられている。「アカキツネガサ」（p.68）は本種に似るが、綿毛がない点で見分けることができる。

独特な傘の色合いと模様が印象的

アカキツネガサ

Leucoagaricus rubrotinctus ハラタケ目ハラタケ科

傘上面

傘下面

柄表面

おもな特徴

- 傘は①赤褐色でほぼ平らに開く②傘より暗色のパッチ状鱗片が同心円状に配列する③放射状に裂けて白色の肉をあらわすこともある
- ひだは白色〜淡黄色で離生し、密
- 柄は①白色系で基部が棍棒状にふくらむ②表面は繊維状
- つばは①白色で膜質、脱落しやすい②上方に反り返ることがある

傘表面に鱗片があり、柄につばがあるきのこはたくさんあるが、本種は傘の色が特徴的なので、比較的容易に同定できる。「クリイロカラカサタケ」とは傘表面の様子がやや似るが、本種の柄が白色なのに対し、クリイロカラカサタケは傘と同色の鱗片に覆われ、本種よりつばがずっと目立たないので識別可能。「キツネノカラカサ」も傘が赤褐色を帯びるが、本種と異なり傘の中央部以外は白色に近い。「オニタケ」は本種より鱗片が尖り、つばがずっと大きく目立つ。

ひだと胞子紋は驚きの緑色

オオシロカラカサタケ

Chlorophyllum molybdites ハラタケ目ハラタケ科

夏秋

大
毒
地面

傘上面

傘下面

柄表面

おもな特徴

- 傘は①白色～淡赤褐色でほぼ平らに開く②表面は褐色の鱗片に覆われる
- ひだは帯オリーブ褐色で離生し密
- 柄は①傘とほぼ同色で表面は繊維状②かたく、肉は傷つくと赤色～褐色に変色する
- つばは可動性で厚い
- つぼを欠く
- いわゆる「南方系」のきのことされていたが、近年北方に分布が拡大

芝生や草地に発生し、市街地でもよく見られる。近年、分布域が北方に拡大しているといわれる。本種の最大の特徴は「ひだが緑色を帯びること」である。実際の色はオリーブ色に近いが、ほかにこのような特徴をもつきのこはない。「カラカサタケ」(p.70) や「ドクカラカサタケ」が本種に類似するが、いずれもひだが緑色ではない。後者は竹やぶによく発生し、ひだに触れると赤変する。ただし、ひだの色は胞子が未熟なうちは着色していない可能性があるので注意。

背の高さは随一、まさに「お化けきのこ」

夏秋 / 大 / 注意 / 地面

カラカサタケ

Macrolepiota procera ハラタケ目ハラタケ科

傘上面

傘下面

柄表面

おもな特徴

- 傘は①褐色で初め球形、成熟すると平らに開くが、縁部がやや反り返ることもある②表面は褐色パッチ状の鱗片に覆われる
- ひだは白色で離生〜隔生し、密
- 柄は①傘より濃色で直立し、基部は塊茎状②つばより下部がだんだら模様③とてもかたい
- つばは可動性で厚い

高さは30cmを超えることもあり、傘と柄をもつきのこのなかではトップクラス。傘は初め卵形で、のちに平らに開く。傘の肉には弾力がある。つばはリング状で、指でつまんで動かせば、柄の表面を上下に滑らせることができる。「マントカラカサタケ」(p.71)は本種によく似ているが、傘は淡褐色ではなく白色で、つばはリング状ではなく膜質で垂れ下がる。毒きのこの「オオシロカラカサタケ」(p.69)は、胞子が成熟すると、ひだが緑色を帯びる。本種は生食すると中毒する。

リングの代わりにマントをまとう

マントカラカサタケ

Macrolepiota detersa ハラタケ目ハラタケ科

夏秋
中
注意
地面

傘上面

傘下面

柄表面

おもな特徴

- 傘は①白色で成熟すると平らに開く②褐色パッチ状の鱗片が散在する
- ひだは①白色で離生し、密②老成すると、縁部が縮んで波打つことがある
- 柄は①傘より濃色で直立し、基部は塊茎状②微細な鱗片に覆われ、だんだら模様をあらわす
- つばは白色膜質で垂れ下がる
- 傘の肉はやわらかく、柄の肉はかたい

和名は柄から垂れ下がる膜質のつばをマントにたとえたもの。このつばは大型で、下面には褐色の小鱗片をともない、「カラカサタケ」(p.70)と同様に手で持って動かすことができる可動性がある。古くから認識されていたきのこだが、新種として正式に発表されたのはごく最近のことである（Ge et al., 2010）。カラカサタケは本種に非常に類似するが、傘が白色ではなく淡褐色で、つばがマント状ではなくリング状で、柄が暗褐色の鱗片に覆われる。

突如として現れ、見た者を驚かせる

オニフスベ

Calvatia nipponica ハラタケ目ハラタケ科

夏秋
中
食
地面

表皮

熟した断面

根状菌糸束

おもな特徴

- ①全体の形は巨大な球形②表面は初めはなめらかだが、成熟するとともにしわが生じ、茶色く変色し、やがてぼろぼろとくずれる
- 胞子は内部にある。内部は初めは白色だが、胞子が成熟すると黄褐色になる
- ノウタケと異なり、球体を支える柄のようなものはない。基部に、根のように見える菌糸の束「根状菌糸束」がある

頭蓋骨のような白色の球状で、一見きのことは思われない。サイズは、腹菌類（ふっきんるい）としては非常に巨大で、直径1mを超えた例もあるという。草地などに突然出現してしばしばニュースになる。古くなると全体的に褐色を帯び、表面が亀甲状に剥落して無数の胞子を飛散する。近縁種に「ノウタケ」（p.73）があるが、サイズも色も形も異なる。海外には「C. ギガンテア」という瓜二つの種があり、胞子の数は何と「5兆個」と推定されている（Li, 2011）。

森の中に脳が転がるさまは異様

ノウタケ

Calvatia craniiformis (MB)／未掲載 (IF) ハラタケ目ハラタケ科

夏秋
中
食
地面

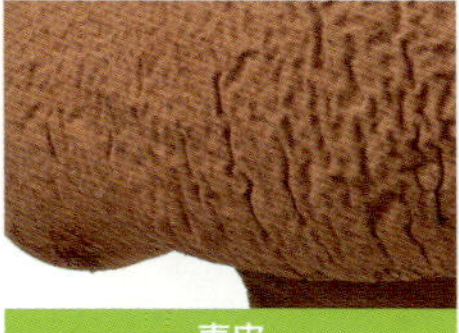
表皮

熟した断面

無性基部

おもな特徴

- ①全体は扁球形で黄褐色②表面は初めはなめらかだが、成熟するとともに著しいしわを生じ、やがてくずれて胞子を飛ばす
- 内部は初めは白色だが、胞子が成熟すと黄色〜褐色になる
- 無性基部の肉はかたく、上部がすっかりなくなっても、長く地上に残る

和名の通り、脳のような不規則なしわがあるのが特徴。ただし、幼時はなめらかである。古くなると外皮がはがれ落ちて内部を露出し、多量の胞子を飛散するとともに崩壊する。「柄」にあたる部分（無性基部）は崩壊せずに永く残る。「オオノウタケ」は本種によく似るが、子実体がより大きく、外皮がより暗色である。また、オオノウタケの胞子は本種が球形なのに対して楕円形である。「セイタカノウタケ」は本種より無性基部の丈が高い。「スミレホコリタケ」は外皮および内部が紫色。

刺激すると胞子の煙を噴き出す

ホコリタケ

Lycoperdon perlatum ハラタケ目ハラタケ科

夏秋
中
食
地面

表面

未熟な断面

根状菌糸束

おもな特徴

- ①全体は黄褐色の扁球形②表面は多数の微細ないぼに覆われるが、いぼは成熟するにつれて脱落することもあり、その部分には痕跡を残す
- 内部は初めは白色だが、胞子が成熟すると褐色〜暗褐色
- 柄のようなはたらきをする「無性基部」があり、その根もとには根のように見える菌糸の束「根状菌糸束」がある

子実体内部に胞子を含む腹菌類（ふっきんるい）のなかでも最もありふれた種のひとつ。里山の林内や草地など身近な場所に発生する。幼時はマシュマロ状だが、成熟につれて内部が粉状の胞子に変化する。成熟した子実体に圧力を加えると、頂部の孔（頂孔）から勢いよく胞子の煙を噴出する。「ノウタケ」(p.73)は本種よりずっと大きい点で識別可能。「ニセショウロ」のなかまとは幼時の形状や模様などが一見類似することがあるが、一般的に本種より小さく、本種のように胞子を噴出することはない。

驚くべき胞子の飛ばし方を身につけた

ハタケチャダイゴケ

Cyathus stercoreus ハラタケ目ハラタケ科

夏秋 | 小 | 落ち葉 | 枯れ木・倒木 | ウッドチップ | ふん・堆肥

頂部（約4倍）

断面（約4倍）

小粒塊（約4倍）

おもな特徴

- 全体は①淡褐色の円筒形〜コップ形で、成熟すると開口する②内部に小塊粒が複数入っている③外面は綿毛状
- 内面は①鉛灰色で光沢があり、なめらかで剛毛や溝線はない
- 小塊粒は①黒色楕円形で光沢がある②粘液質の菌糸の束で内面に付着していて、雨粒などが当たると菌糸束が急激に伸長し、その勢いで飛散する

畑地や堆肥上などに群生し、植木鉢の中に発生することもある。雨滴が当たる勢いで胞子の塊（小塊粒）を飛ばすきのこで、独特の形態からチャダイゴケ類であることはすぐにわかる。種レベルの同定は少々ややこしいが、「スジチャダイゴケ」「ツネノチャダイゴケ」「コチャダイゴケ」などとは、本種のほうが大きめで、内面が暗色で光沢があり、条線がない点などで識別可能。顕微鏡的には、胞子がときに40µmに達するほど巨大なのも特徴で、きのこ類全体で見てもトップクラス。

ナヨタケのなかま Psathyrellaceae ハラタケ目ナヨタケ科

その名の通り、なよっとした、はかない印象

一般的に肉質がもろく、ていねいに扱わないと形が崩れてしまうことが多い。成熟すると自ら溶けてしまう「液化」という性質をもつグループもある。腐葉土、堆肥、ふんなど、栄養分の多い基質から発生する種が多いのが特徴で、公園、庭園、草地、森林の日の当たる場所などでしばしば見られる。かつて「ヒトヨタケ科」に含まれていたヒトヨタケ類の大部分がこの科に含まれる。

重要な特徴

1 胞子紋が黒色

pLR = 39.3

ナヨタケのなかまの子実体は地味な色をしており、目立たないことも多いが、胞子紋が黒色というのは重要なヒントである。

2 ひだが黒色

pLR = 18.7

胞子の色を反映して、ひだが黒色に近くなるのが最大の肉眼的特徴である。一部のグループは胞子の色が成熟度によって異なることにより、まだら模様をあらわす。

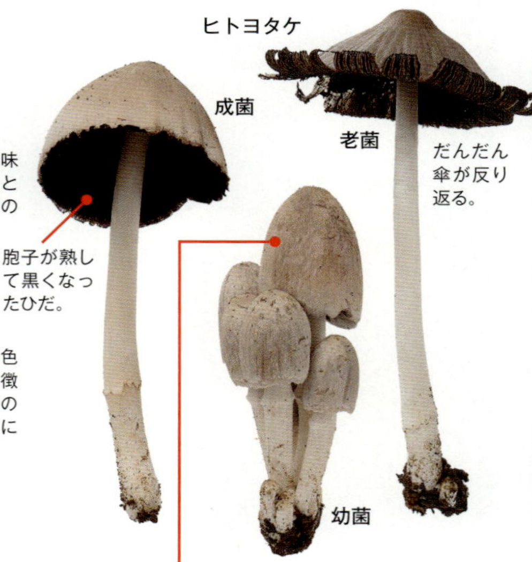

5 胞子紋が紫色

pLR = 6.9

褐色のほうが割合としては多いが、きのこ全体で紫色が稀なことを反映した結果。

3 傘が円筒形

pLR = 17.3

ヒトヨタケのなかまは傘の形状が独特である。未熟なうちは縦長だが、成熟すると大きく開き、しばしば縁部が反り返る。

ムジナタケは暗紫褐色の胞子紋をもつ。

ムジナタケ

4 傘表面がプリーツ状

pLR = 8.6

溝線が顕著で、ひだのような形状をとる。「扇畳み状（おうぎだたみじょう）」ともいう。

ヒメヒガサヒトヨタケ*

補足説明

胞子が成熟するとひだが液化することから、かつて「ヒトヨタケ科」としてまとめられていたきのこのうち、「ササクレヒトヨタケおよび近縁の数種」と「それ以外の大多数のヒトヨタケ類」は、DNAの研究により異なるグループであることが明らかになった。「ヒトヨタケ」(p.84) を含め、後者の多くはナヨタケ科に移された。ササクレヒトヨタケはヒトヨタケ科に残った。

森の奥深くではなく、人里で目にするきのこが多い印象。

ムササビタケ

コキララタケ

ウシグソヒトヨタケ*
草食動物のふんから生える。

各種データ

全世界種数… **460種**
国内種数……… **70種**

サイズマッピング

傘の直径に比べて柄が細長い傾向があり、肉質が弱々しいこともあり、その名の通り「なよっとした」印象である。ヒトヨタケのなかまには極小の種も多く含まれる。

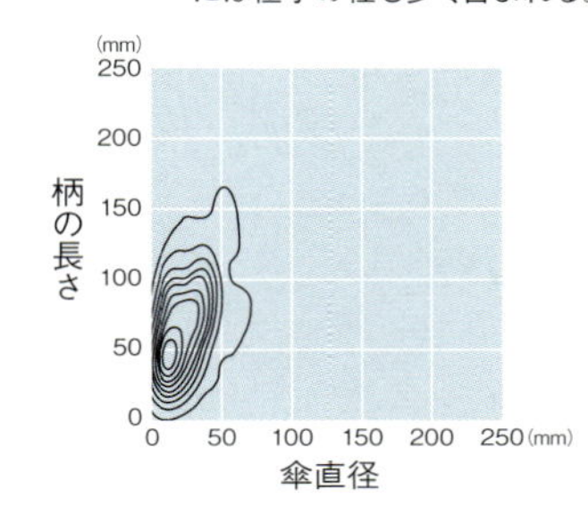

カラーパレット

ひだ以外はおおむね白色〜灰色で、「キララタケ」のような黄色系の種もあるが、鮮やかな色を帯びることはほとんどない。グラフを示していないが、柄の色として「白色」が過半数を超えたのはこのグループのみであった。

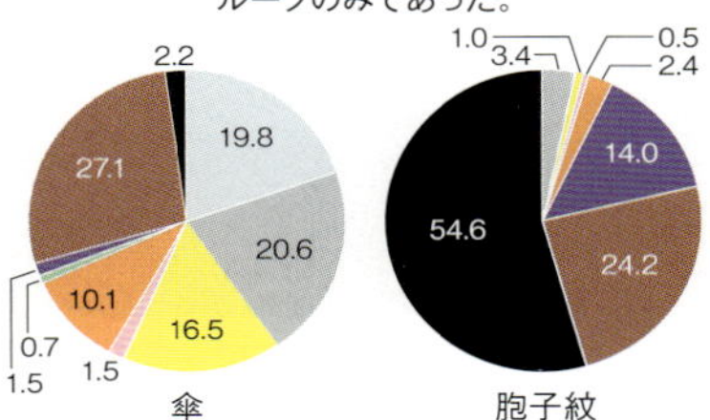

発生時期

はっきりとした二峰性が見られる。ほかのグループと比較して相対的に夏のきのこが多いのは、フィールドでの印象通りである。

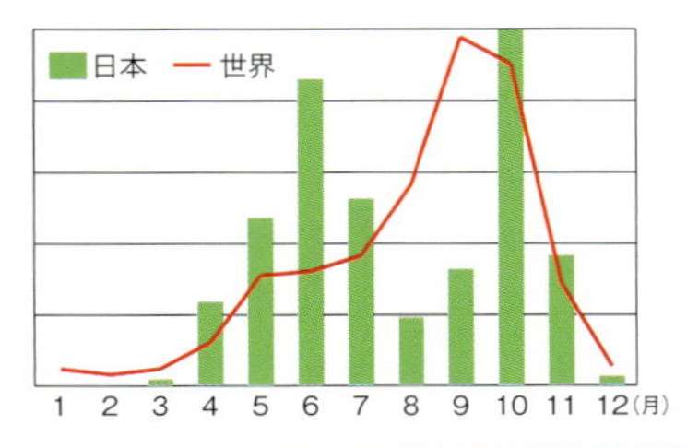

「木に登る」性質がムササビを連想させる？

中

枯れ木・倒木

ムササビタケ

Psathyrella piluliformis ハラタケ目ナヨタケ科

傘上面

傘下面

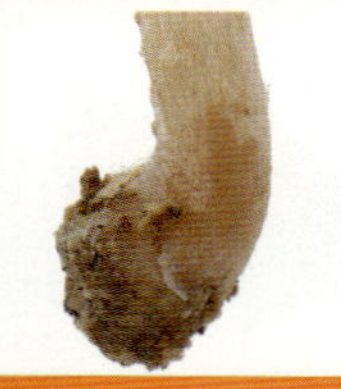

柄表面（約2倍）

おもな特徴

- 傘は①黄褐色でまんじゅう形、縁部はフリル状のこともある②やや放射状のしわを生じる
- ひだは成熟すると暗褐色、やや密
- 柄は①白色で、下方がやや太まる②表面は繊維状
- 枯れ木や倒木などの上に、多数群生する

枯れ木や倒木などの材上や、その周辺の地上に発生し、ときに大群生する。同じように小動物の名をもちナヨタケ属（*Psathyrella*）に分類される「イタチタケ」（p.79）、「ムジナタケ」（p.80）とは、いずれも傘が褐色系で、ひだが暗紫褐色である点で、よく似ている。しかし、イタチタケは地上に生えることが多く、本種のように材上に群生する傾向はなく、傘縁部の被膜の名残がよりはっきりとしている。ムジナタケも地上に発生し、傘表面の鱗片が多いことなどから識別できる。

初夏によく見かける普通種

イタチタケ

Psathyrella candolleana ハラタケ目ナヨタケ科

夏秋

中

毒

枯れ木・倒木

傘上面（約2倍）

傘下面（約2倍）

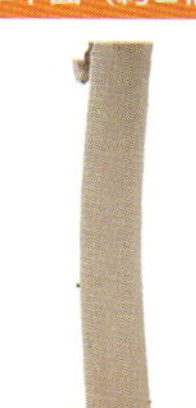

柄表面（約2倍）

おもな特徴

- 傘は①淡黄褐色で低いまんじゅう形に開く②縁部にやや被膜の名残をともなう③吸水性がある④縁部に湿時条線
- ひだは、傘とほぼ同色～紫褐色で、直生し、密
- 柄は①白色系で細長い②初めは繊維状だが、成熟すると無毛平滑に近い
- 肉はもろくてやわらかく、特別な味やにおいがない

初夏の都市環境で最もふつうに見かけるきのこの一種で、公園や雑木林に発生する。傘の色が淡く、傘表面に微細な白色の鱗片をともなうことなどで特徴づけられる。似た種に「アシナガイタチタケ」があり、本種よりも傘が褐色を帯びる。「ハイイロイタチタケ」もその名の通り傘が灰色であることで区別できる。「コナヨタケ」は縁部に被膜の名残をともなわない。イタチタケのなかまはよく見かけるが、本種は変異の大きい種であり、なかなか肉眼的特徴だけでは同定しがたいことがある。

動物の毛並みを思わせる小鱗片

ムジナタケ

Psathyrella velutina ハラタケ目ナヨタケ科

夏秋
中
注意
地面

傘上面

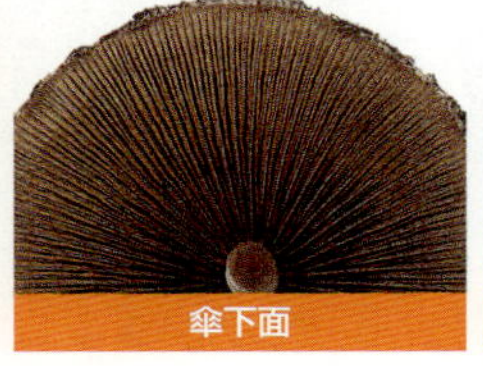
傘下面

柄表面（約2倍）

おもな特徴

- 傘は①淡黄褐色で開くと低いまんじゅう形②繊維状鱗片に覆われる③成熟すると暗紫褐色、まだら模様を生じる
- ひだは成熟すると暗紫褐色になり、まだら模様を生じる
- 柄は①傘とほぼ同色でほぼ上下同大②表面は繊維状～鱗片状
- つばは不完全
- しばしば束生する

草地や公園などの身近な環境で見られる。小動物の名を冠した小型の褐色のきのこ３種、「ムジナタケ」、「ムササビタケ」(p.78)、および「イタチタケ」(p.79) はたがいに近縁であり、ナヨタケのなかまなのでいずれもひだが紫色になるのが特徴である。そのなかでもムジナタケは最も動物の毛皮のような印象が強いきのこで、全体が毛羽立った鱗片に覆われる。また、顕微鏡で見ると、ほかのナヨタケ類の多くと異なり、胞子がいぼに覆われている様子が見られる。

見かけても手出しNGのご禁制きのこ

ワライタケ

春～秋 / 毒 / 小 / 地面 / ふん・堆肥

Panaeolus papilionaceus ハラタケ目ナヨタケ科 (MB) / 所属未確定 (IF)

傘上面

- 傘は褐色の半球形で、亀甲状にひび割れる
- ひだは黒色で灰色の縁取りがある
- 柄は細長く、表面は微粉状

馬や牛などのふんに発生する、小型のきのこ。幻覚成分のシロシビンを含む、いわゆる「マジックマッシュルーム」の一種で、利用するのはもちろん、採取することも法律で禁じられている。「オオワライタケ」(p.132)とは系統的にまったく異なる。

「陣笠」というよりは卵のような傘をもつ

ジンガサタケ

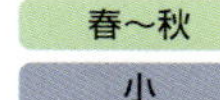

春～秋 / 小 / 毒 / ふん・堆肥

Panaeolus semiovatus ハラタケ目ナヨタケ科(MB)/所属未確定(IF)

傘断面

- 傘は黄褐色で卵状～鐘形②表面は亀裂を生じる
- ひだは灰黒色
- 柄は白色～褐色で繊維状
- つばは白色膜質

馬糞に発生する。傘は卵のような形状で光沢があり、つるんとした印象である。ほかのヒカゲタケ属(*Panaeolus*)のきのこと異なり、つばをもつのが特徴で、かつては別属のジンガサタケ属とされた。しかし、つばはもろく、成長の過程で失われることもある。

傘の付着物が雲母(きらら)にたとえられる

キララタケ

Coprinellus micaceus ハラタケ目ナヨタケ科

夏秋
中
注意
枯れ木・倒木

傘上面

傘下面

柄表面

おもな特徴

- 傘は①黄褐色～赤褐色でほぼ平らに開き、縁部が反り返ることもある②表面は雲母状小鱗片に覆われるが、雨などによって容易に脱落する③縁部に顕著な溝線を有する
- ひだは①成熟すると黒色、やや疎②老成するとやや液化する
- 柄は①白色～傘周辺部とほぼ同色で細長い②表面は小粒に覆われる

傘表面に「きらら（雲母）」のような光を反射する粒が散在するのが特徴。比較的弱いが、ヒトヨタケ類の多くに見られる、子実体が成熟すると溶ける性質（液化）がある。アルコールとともに摂取すると中毒する性質も同じ。「コキララタケ」（p.83）は発生時期や倒木に発生する点などが共通で、子実体のサイズの範囲も重なるが、本種より傘表面の粒がずっと大きく、子実体基部にオゾニウムという菌糸のマットをともなう点などが異なる。胞子の形も本種が尖った楕円形なのに対して、やや長方形に近い。

子実体だけでなく、足下のマットに注目

コキララタケ

Coprinellus domesticus ハラタケ目ナヨタケ科

夏秋
小
食
枯れ木・倒木

傘上面

柄表面

オゾニウム（約4倍）

おもな特徴

- 傘は①褐色で初め卵形〜鐘形、のちに平らに開いてさらに反り返る②表面は粗い鱗片に覆われるがのちに脱落③溝線がある
- ひだは①成熟すると黒色、②やや液化する
- 柄は①白色で細長い②基部に「オゾニウム」とよばれる菌糸マットがあるが、オゾニウムを欠くこともある。

「キララタケ」(p.82) とは傘表面の様子で区別される。本種が傘表面に鱗片をともなうのに対し、キララタケの付着物は雲母のような粒状である。写真にも写っているが、本種は子実体の基部に菌糸からなる黄褐色のマットが広がるのが重要な特徴である。このマットは「オゾニウム」とよばれている。オゾニウムは普通名詞として用いられることもあるが、本来はこの菌のもうひとつの学名（属名）で (*Ozonium*)、きのこをつくらずにカビのような生き方をしている状態を別の名前でよんでいたものである。

成熟すると自分から溶けてしまう

ヒトヨタケ

Coprinopsis atramentaria ハラタケ目ナヨタケ科

春〜秋
大
注意
地面

傘上面

傘下面

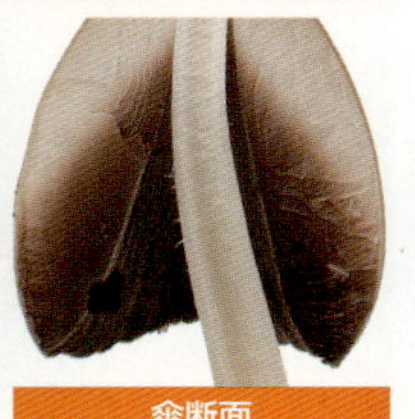

傘断面

おもな特徴

- 傘は①灰色で卵形、成熟すると縁部が顕著に反り返り、放射状に裂ける②表面は全体が顕著な繊維状
- ひだは①成熟すると黒色②縁部から液化する
- 柄は①白色系で細長い②表面はほぼ無毛平滑、液化しない
- つばの名残はあるが、不完全

都市環境でもよく見られ、芝生や草地などに発生するほか、路上のアスファルトを突き破って成長した例もある。傘は初め卵のような独特な形状をしており、柄がその中にほとんど隠れていることもある。本種もヒトヨタケ類の多くがもつ「液化」の性質があり、成熟すると間もなく傘の縁部から反り返り、黒く変色して溶けてしまう。「ネナガノヒトヨタケ」は、本種に似るきのこのなかでは見かける機会が多いが、藁の堆積した場所などに発生し、柄の基部が一度太くなって根状に伸びるのが特徴。

最近は栽培品が市販されている食用きのこ

ササクレヒトヨタケ

Coprinus comatus ハラタケ目ヒトヨタケ科 (MB)/ハラタケ科 (IF)

春〜秋
大
食
地面

おもな特徴

- 傘は①縦長の鐘形で成熟しても平らに開かない②表面はささくれ状の鱗片に覆われる
- ひだは①成熟すると黒色、離生し密②縁部から液化する
- 柄は白色系で細長い
- つばは可動性

傘が縦に細長く、表面が顕著な鱗片に覆われる。成熟するとひだを溶かして液化することから、ほかのヒトヨタケ類と近縁だと考えられていた。しかし、近年、本種はむしろハラタケ属（*Agaricus*）などに近いことが明らかになった。現在は本種を含むごく少数の種をのぞき、ヒトヨタケ（p.84）などはナヨタケ科に分けられた。柄にごく小さな「つば」状の構造があり、ひだが初めはピンク色を帯びることなどは、ほかのヒトヨタケ類には見られない特徴である。

キツネタケのなかま

Laccaria spp.
ハラタケ目ヒドナンギウム科
キツネタケ属

独特の雰囲気をもち、属の同定は容易

きのこ全体が乾燥していて比較的強く、慣れるとパッと見ただけでキツネタケだとわかる。しばしば人の手が入った場所に発生し、公園や庭園でもよく見られる。排尿跡に発生するものもある。キツネタケ属は「ヒドナンギウム科」に含まれるが、「ヒドナンギウム属」は傘と柄をもつキツネタケ属とは異なり、丸い形をした地下生菌である。形態は大きく異なるが、どちらも樹木と共生する菌根菌であり、胞子の形状もよく似ている。

重要な特徴

＊このページは、ヒドナンギウム科のうちキツネタケ属のみで順位を出しています。

1 胞子がトゲ状

pLR ＝ 16.0

キツネタケのなかまの胞子は明瞭なトゲのある球形で、花粉のような印象である。このような胞子のきのこはめずらしいので、ぜひ顕微鏡でのぞいてみてほしい。

2 胞子の幅が広い

pLR ＝ 7.3（10 ～ 15 µm）

球形の胞子を反映し、胞子の幅が広い。きのこの分類では胞子の縦横比を指標とするが（Q値）、このなかまは計算すると最小の 1 に近い値をとる。

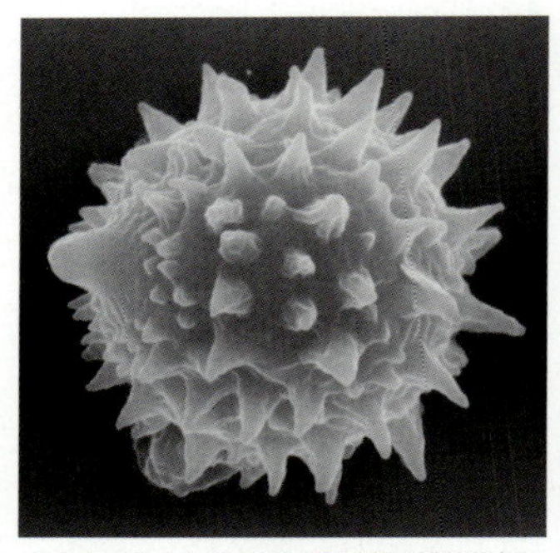

オオキツネタケの胞子（電子顕微鏡写真）

3 傘表面に条線

pLR ＝ 6.5

多くの種で傘の条線がはっきりとしているのが際立った特徴である。条線に色がついていたり、溝のようにくぼんでいたりしている種は、さらにわかりやすい。

キツネタケ

4 ひだがピンク

pLR ＝ 4.7

くすんでいるので、「肉色」と表現されることが多い。

補足説明

グループはわかりやすいのに、種レベルの同定は比較的難しいのは、同じ種でもきのこの色や形状がさまざまに変化するのが一因である。英語ではこの性質に由来して「デシーバー（詐欺師）」とよばれる。和名の「キツネタケ」はおそらく毛の色に由来するのだろうが、変幻自在の「化け狐」が連想されるのもおもしろい。

5 柄の基部に菌糸体をともなう

pLR = 4.6

オオキツネタケのように基部に菌糸体をともなう種と、ともなわない種があるので、覚えておくと同定に役に立つ。

各種データ

全世界種数……30種
国内種数………10種

サイズマッピング

きのこのサイズは全体的に小さめで、傘の直径が10cmを超えることはほとんどない。傘の直径に比べて柄がやや長い傾向がある。

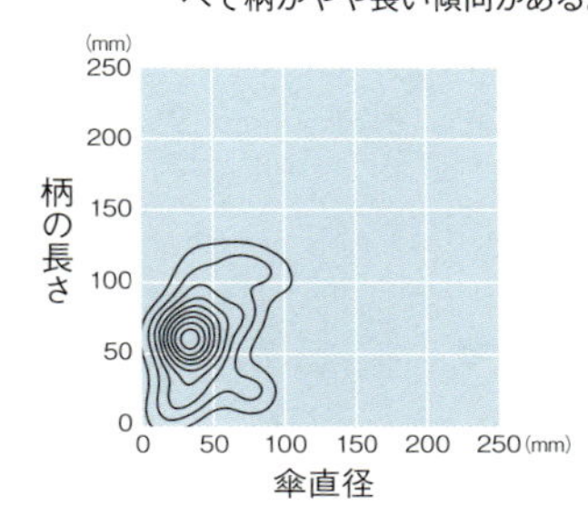

カラーパレット

傘は白色の種がほとんどない一方、図で示される通り、オレンジ色や紫色の種が比較的多い印象である。ただし、このなかまは成熟段階や発生環境によって退色することがしばしばあり、その場合同定が困難になる。

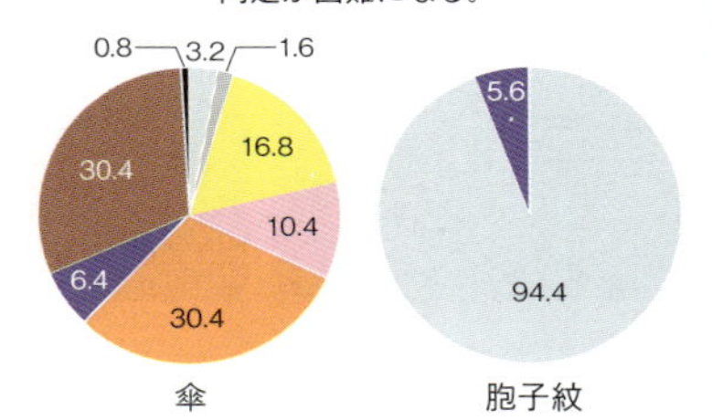

発生時期

夏にもよく見られる。真夏には、ほかのきのこと同様にいったん発生量が減少するが、子実体が比較的強靭なこともあり、フィールドでは長期にわたって観察される印象である。

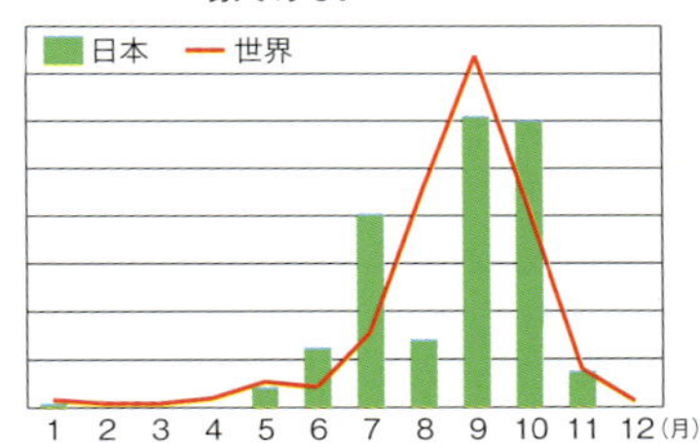

排泄跡に生える変わったきのこ

オオキツネタケ

Laccaria bicolor ハラタケ目ヒドナンギウム科

夏〜冬
中
食
地面

傘上面

傘下面

柄表面

おもな特徴

- 傘は①橙赤色で平らに開き、中央部がややくぼみ、縁部が波打つ②表面は小型の鱗片に覆われる
- ひだは①傘とほぼ同色〜淡色、やや疎②波打つことが多い
- 柄は①傘とほぼ同色②表面は顕著な繊維状③基部に青紫色〜紫褐色の菌糸体をともなう

動物の排泄物や死体の分解跡に生える性質をもつ「アンモニア菌」の一種。アンモニア菌としては、出現する菌がさまざまに移り変わる（遷移する）中で終盤に現れる種である。柄の基部に紫色で綿毛状の菌糸体をともなうのが特徴だが、目立たないことも多い。和名の通り、一般的に「キツネタケ」（p.89）よりも大型で、柄の基部の菌糸体の色で識別可能。「カレバキツネタケ」（p.90）はときに本種に類似するが、傘表面に明瞭な条線がある点が異なる。

公園の草地でもよく見かけるキツネ色

キツネタケ

Laccaria laccata ハラタケ目ヒドナンギウム科

夏秋

中

食

地面

傘上面

傘下面

柄表面（約2倍）

おもな特徴

- 傘は①黄褐色で平らに開き、中央部がややくぼみ、縁部が波打つ②表面は小型の鱗片に覆われる③湿時条線をあらわす
- ひだは傘とほぼ同色、疎
- 柄は①傘とほぼ同色②表面は顕著な繊維状②基部に白色の菌糸体をともなう
- 傘の肉はやわらかいが、柄は強靱

全体的にキツネのような色をしている。慣れると子実体の形状やひだの厚さなどから、キツネタケのなかまであることはすぐにわかるようになるが、種レベルの同定は難しいこともある。本種も子実体のサイズの変異が大きく、広葉樹とも針葉樹とも関係をもつといわれ、周囲の樹種からも判断しかねるので、確実な同定には顕微鏡での胞子の計測や担子器の胞子数の確認などが必要である。なお、「オオキツネタケ」（p.88）と異なり、本種は特にアンモニア菌としては知られていない。

地面

枯れ葉のように縁が波打つ

カレバキツネタケ

Laccaria vinaceoavellanea ハラタケ目ヒドナンギウム科

傘上面

傘下面

柄表面

おもな特徴

- 傘は①紫色で平らに開き、中央部がくぼむ②表面は平滑～細かい鱗片状で、ほぼ全面に、顕著な放射状の溝線がある
- ひだは①傘とほぼ同色、直生～垂生し、疎②ひだとひだを横につなぐ「連絡脈」が顕著
- 柄は①傘と同色～濃色で細長い②表面は顕著な繊維状③肉質は強靭

公園の草地などでもふつうに見られる種。キツネタケのなかまだが、発生環境を見ると、動物の排泄跡などに生えるアンモニア菌というわけではないようである。傘の中央部が深くくぼみ、縁部に向かって明瞭な溝線があるのが特徴。「キツネタケ」(p.89)、「オオキツネタケ」(p.88) などの類縁種は、傘中央部がくぼむことはあっても、通常本種ほどの溝線をもつことはない。また、本種はときに紫色を帯びることがあるが、「ウラムラサキ」(p.91) ほど顕著ではない。

裏だけでなく表も紫

ウラムラサキ

Laccaria amethystina ハラタケ目ヒドナンギウム科

夏秋
中
食
地面

傘上面

傘下面

柄表面（約2倍）

おもな特徴

- 傘は①紫色で平らに開き、中央部がくぼむ②表面は平滑～鱗片状
- ひだは傘とほぼ同色、やや疎
- 柄は①傘とほぼ同色～淡色で細長い②表面は顕著な繊維状でねじれることもある③基部に向かって、わずかに太くなる
- 日本産キツネタケ属菌で唯一、ひだが紫色

キツネタケ類の典型的な特徴をもち、鮮やかな紫色をしていたら本種である。和名の通り傘の裏が紫色だが、そこに限らず子実体全体が紫色である。しかし、乾燥すると退色して褐色を帯びる。アンモニア菌の一種としても知られている（Imamura, 2001）。「カレバキツネタケ」（p.90）も本種ほど鮮やかでないものの紫色を帯びるが、傘に顕著な溝線があるので識別可能。「ウラムラサキシメジ」は本種と名前が似るがまったくの別物。海外には本種のほかにも紫色のキツネタケ属（*Laccaria*）のきのこが複数知られている。

フウセンタケのなかま Cortinariaceae ハラタケ目フウセンタケ科

子実体が風船のような形状で、クモの巣膜をもつ

2000 種以上を含むきのこ類最大の属であるフウセンタケ属を含む。名前がついていない種も多く、種レベルの同定は難しい。ランキングには含まれていないが、柄が風船状にふくらみ、「クモの巣膜」という、その名の通りクモの巣のような薄い被膜の名残をもつのも顕著な特徴。「ショウゲンジ」のような優秀な食菌を含む一方、猛毒のオレラニン類やアマニチン類を含む種もある。

重要な特徴

ムレオオ
フウセンタケ

ランキングからは外れているが、幼時の柄がふくらんでいるものが多い。

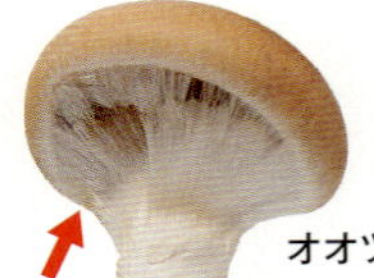

オオツガタケ

「クモの巣膜」とよばれる、ふわふわとした被膜。「コルチナ」ともよばれ、学名にも使われている。

ヌメリササタケ

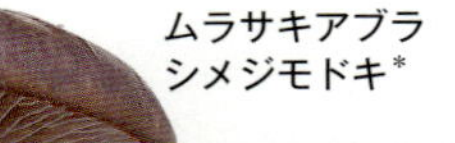

ムラサキアブラ
シメジモドキ*

成熟した胞子に染まって赤色を帯びたつば。

ヌメリ
ササタケ

1 胞子紋が赤色

pLR = 8.5

やはり胞子紋がきのこの識別に有効であることを示す一例。さび色と表現されることが多い、赤みがかった明るい褐色である。アセタケ属より一般的に明色。

2 胞子がアーモンド形

pLR = 4.8

現在のアセタケ科は、かつてフウセンタケ科に含まれていた。両者ともにアーモンド形の胞子が多いことは興味深い。

4 胞子表面がいぼ状

pLR = 4.0

ほぼ平滑なものもあるが、顕著ないぼ状のものもあり、同定に使える特徴。

3 柄が紫色

pLR = 4.1

子実体全体が紫色の種はさまざまな科にまたがって見られるが、フウセンタケ科には特に多い。薄紫色のものもあれば、非常に濃い紫色のものもある。

補足説明

フウセンタケ属の一部のグループの識別には「紫外線」が用いられており、一部の種は暗い場所で紫外線を当てると緑色の強い蛍光を発する。猛毒成分のオレラニンが関与しているようである。なお、フウセンタケ科以外のきのこにも紫外線を当てると蛍光を発するものがある(ニガクリタケ、ベニタケ科など)。

ミヤマムラサキフウセンタケ

5 ひだが紫色

pLR＝4.0

このなかまの胞子は決して紫色にはならないので、ひだそのものの色である。

オオムラサキフウセンタケ*
紫色が印象的なきのこ。

各種データ

全世界種数… 1400種
国内種数……… 110種

サイズマッピング

傘の直径と柄の長さがほぼ同一のものが多い。この図には反映されていないが、柄は風船状にふくらむ。海外の「C. ポンデロサス」という種は傘直径が40cm近くになることもある。

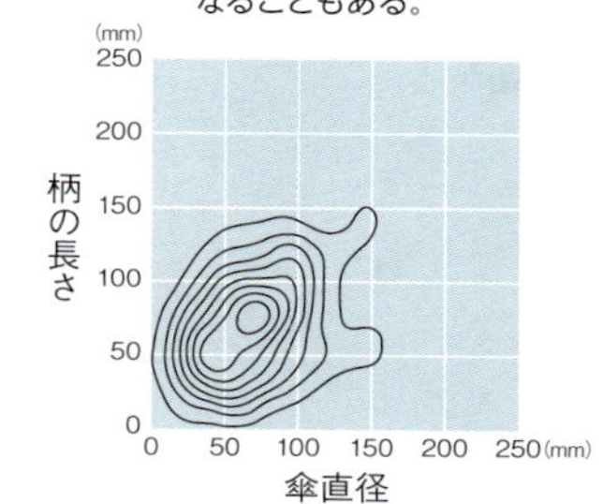

カラーパレット

褐色系の種が多いが、全体が赤色の「アカタケ*」、紫色の「ムラサキフウセンタケ*」もある。オーストラリアの「C. アウストロヴェネタス」は緑色。ほかのグループにはあまり見られないオレンジ色～赤色の種が多い。

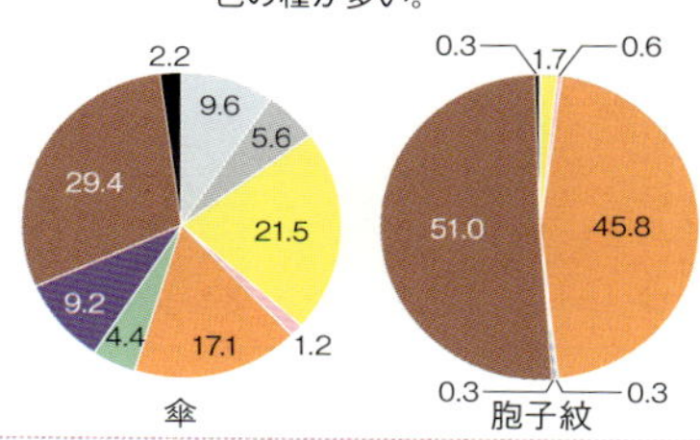

発生時期

夏のピークがほとんど目立たない一方、秋は遅くまで発生が見られる。発生時期を「夏～秋」とする図鑑もあるが、発生量には夏と秋で差があるかもしれない。

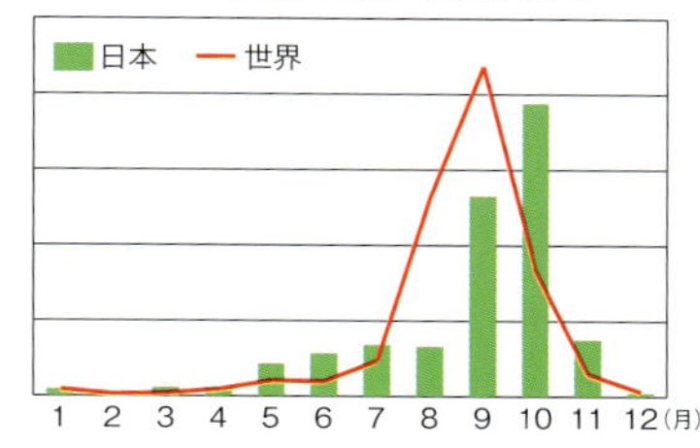

味の良さはマツタケを超えるとも

オオツガタケ

Cortinarius claricolor ハラタケ目フウセンタケ科

夏秋
大
食
地面

傘上面（約0.5倍）

傘下面（約0.5倍）

柄表面（約0.5倍）

おもな特徴

- 傘は①黄褐色で半球形からまんじゅう形に開く②表面は、無毛平滑に近く、粘性あり
- ひだは傘より淡色で非常に密
- 柄は①白色で細長く、屈曲することも太いこともある②表面は白色被膜に覆われ、下部は綿毛状③上部に褐色のクモの巣膜（綿毛状の内被膜）をともなう

おもに亜高山帯に分布し、その名の通りツガ、コメツガ林などに発生する。極めて味の良いきのことして知られており、しばしばきのこ狩りのメインターゲットになる。大型で傘に粘性があり、幼時は、ひだは綿毛状の内被膜に覆われる。傘の縁部にその名残が付着していることも多い。本種には類似種が複数あり、「ツガタケ」は本種と同一種ともいわれるが分類が混乱しており、はっきりとしたことはわかっていない。

寺名に由来し、坊主茸、虚無僧の別名も

ショウゲンジ

Cortinarius caperatus ハラタケ目フウセンタケ科

秋
大
食
地面

柄表面

- 傘は黄色で無毛平滑に近い
- ひだは傘とほぼ同色でやや密
- 柄は淡黄色、繊維状
- つばは膜質

マツ林などの地上に発生する。柄が太くしっかりした印象があり、かなり大型になることがある。「キショウゲンジ」（下）に似ているが、キショウゲンジのほうが色が濃く、傘表面に綿毛状の被膜の名残をともなう。

キショウゲンジ

Descolea flavoannulata
ハラタケ目オキナタケ科

夏秋
中
地面

おもな特徴

- 傘は①黄褐色〜暗黄褐色でほぼ平らに開く②表面に粘性を欠く
- ひだは①赤みを帯びる②黄褐色でやや疎
- 柄は黄色〜褐色で表面は繊維状
- つばは垂れ下がり、表面に条線がある
- つぼは不明瞭

和名のもとになった「ショウゲンジ」（上）に形態が類似するが、本種はより濃色で、食用にも向かない。両種は以前は近縁と考えられていたが、まったく別の系統であることが明らかになった。本種はオキナタケ科で、そのなかでもツチイチメガサ属に近い。

柄のつば状領域が重要な特徴

ツバフウセンタケ

Cortinarius armillatus ハラタケ目フウセンタケ科

傘上面

傘下面

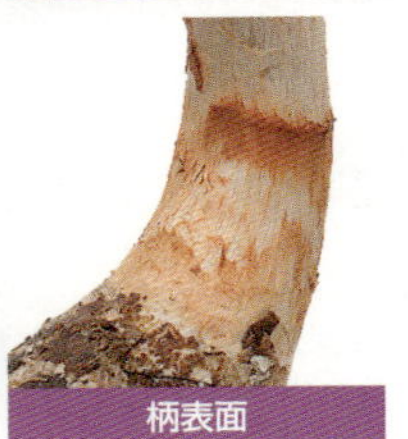
柄表面

おもな特徴

- 傘は①赤褐色で中央部がやや濃色②ほぼ平らに開く③表面は微細な繊維状～鱗片状
- ひだは①傘とほぼ同色で、やや疎～やや密②顕著な湾生
- 柄は①白色で下部が顕著に太まる②中ほどに赤褐色の帯のような領域（つば）がある③表面は繊維状、基部に白色菌糸体をともなう

シラカンバなどのカンバ林に生える。褐色系のフウセンタケは一般的に同定が困難だが、本種は傘の赤みが比較的強く、赤褐色のつばがあるので見分けやすい。このつばは、本来なら内被膜に由来するつばではなく、幼時、きのこ全体を包んでいた外被膜に由来する。「ツバフウセンタケモドキ」は本種によく似るが、カンバ類ではなくブナやミズナラの樹下に発生する。「サザナミツバフウセンタケ」は柄に本種と似たつばをもつが傘がずっと淡色で、ひだの間隔は疎。

ぬめりがあり、食用きのことして人気

ニセアブラシメジ（クリフウセンタケ）

Cortinarius tenuipes (MB)/*Cortinarius claricolor* (IF)

ハラタケ目フウセンタケ科

秋
中
食
地面

傘上面

傘下面

柄表面

おもな特徴

- 傘は①明るい黄褐色でほぼ平らに開く②表面には粘性があり、綿毛状の被膜の名残をともなうこともあるが消失しやすい
- ひだは白色～傘とほぼ同色でやや密
- 柄は①白色～傘とほぼ同色で細長く、しばしば屈曲し、基部はあまり太くならない②表面は繊維状で粘性がない③クモの巣膜がある

「クリフウセンタケ」の和名でも知られる。本種にもフウセンタケ類の特徴であるクモの巣状のつばがあるが脱落しやすく、また、ほかのフウセンタケ類ほど柄の基部がふくらまない。そのためまったく異なるグループで有毒の「カキシメジ」(p.44) とも酷似することがあり、誤食事例もある。「オオツガタケ」(p.94) などよく似たきのこがあり、サイズや柄の長さなどで分けられているが、正確な同定は難しい。「アブラシメジ」は本種と違って傘にしわがあり、ほかの特徴もそれほど一致しない。

大型きのこが群生する様は圧巻

ムレオオフウセンタケ

Cortinarius praestans ハラタケ目フウセンタケ科

秋
大
食
地面

傘上面

傘下面

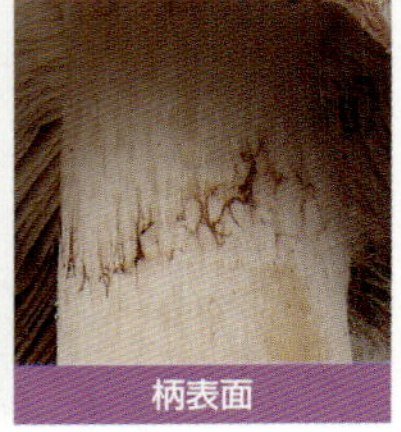
柄表面

おもな特徴

- 傘は①濃褐色で縁部はやや内側に巻く②顕著な粘性があり、したたっていることもある③表面には白色繊維状の被膜の名残をともなう
- ひだは傘とほぼ同色～さび褐色で密
- 柄は①白色系で下部が棍棒形に太まる②表面は繊維状③上部に褐色のクモの巣膜をともなう
- 肉は緻密で弾力がある

かなり巨大になり、肉質も弾力があってしっかりとしているので、優秀な食用きのことして高値で売られている。英名「goliath webcap」は神話の巨人、「ゴライアス（ゴリアテ）」の名を冠している。石灰質の土壌によく発生するといわれる。「クロダイコク」の地方名の通り、柄が太く下部がふくらむ点などが「ダイコクシメジ（ホンシメジ）」（p.27）に似ているが、別のグループである。似た種に本種ほどは大きくない、ひだが黄色の「キヒダフウセンタケ」がある。

名は「モドキ」でも、本家よりメジャー

ムラサキアブラシメジモドキ

Cortinarius salor ハラタケ目フウセンタケ科

秋
中
食

地面

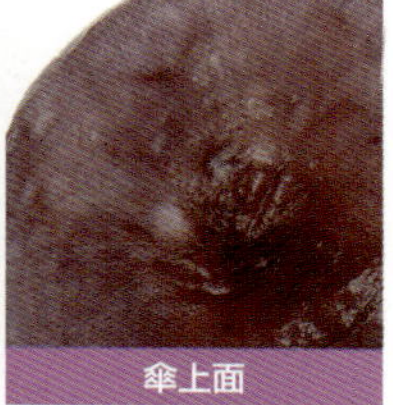
傘上面

傘下面

柄表面

おもな特徴

- 傘は①紫色で中央部は濃色、成熟すると退色し黄色を帯びる②ほぼ平らに開き、縁部は永く内側に巻く③表面は通常著しい粘性をもつが、やや乾燥することもある
- ひだは傘と同色～暗色で疎
- 柄は①傘より淡色、基部は黄褐色②表面は繊維状で粘性がある③上部にクモの巣膜をともなう

子実体全体が紫色のきのこは意外と多いが、本種は「アブラシメジ」に近縁で、全体に粘性があるのが特徴である。成熟すると傘は退色することにより、ひだは胞子が成熟することにより、それぞれ褐色を帯びる。和名の通り、「ムラサキアブラシメジ」によく似ているが「もどき」である本種のほうが普通種である。両種とも子実体が紫色で粘性をもつが、ムラサキアブラシメジは傘にしばしばまだら模様が生じ、胞子の形も異なる。

ぬるぬるで「ヌルリンボウ」の方言名も

ヌメリササタケ

Cortinarius sp. ハラタケ目フウセンタケ科

秋
中
食
地面

傘上面（約2倍）

●傘は①淡褐色～褐色②粘性と細かいしわに覆われる
●ひだはさび褐色で、やや疎
●柄は①直立②粘性がある

亜高山帯の針葉樹林に発生する。近縁種の「アブラシメジ」と同じく、傘と柄が粘液に覆われ、ぬめりが強いのが特徴。柄は傘より淡色で、紫色を帯びる。広葉樹林にも発生するが、別種の可能性もある。変種の「ムラサキズボタケ」は傘表面がしわ状。

高山に発生する巨大な亜種

ミヤマムラサキフウセンタケ

Cortinarius violaceus subsp. *hercynicus* (MB)/*Cortinarius hercynicus* (IF)
ハラタケ目フウセンタケ科

秋
大
地面

傘下面

●傘は濃紫色で表面は密な小鱗片状
●ひだは同色で疎
●柄は傘と同色でだんだら模様。基部がふくらむ

亜高山帯の針葉樹林に発生する大型種。ムラサキフウセンタケよりも一段と大きく、発生環境や胞子の形状が異なる。亜種または変種とも、独立種ともされるが、最近の研究(Harrower et al. 2015) では種レベルの違いを否定している。

日本産有毒フウセンタケ不在神話を崩壊させた

ジンガサドクフウセンタケ

Cortinarius rubellus ハラタケ目フウセンタケ科

夏秋
中
猛毒
地面

傘上面

傘下面

柄表面（約2倍）

おもな特徴

- 傘は①黄褐色～褐色でほぼ平らに開き、中央部が尖る②表面は微細な繊維状鱗片に覆われる
- ひだは傘と同色～暗褐色で疎
- 柄は①傘と同色で太く、基部は塊茎状に太まる③基部は白色の菌糸体に覆われる④下部にクモの巣膜をともなうが消失しやすい

致死的な猛毒成分、オレラニン類を含む。海外では古くから知られており、中毒例も多数ある。日本には分布しないといわれてきたが、2004 年に山梨県から日本新産種として報告された。亜高山帯の針葉樹林に発生する。和名の通り、「陣笠」のような形状をした傘と、柄のだんだら模様が主要な特徴といえる。同じく猛毒の「ドクフウセンタケ」は全体が褐色でひだが疎である点などがよく似るが、広葉樹林に発生し、柄が傘より淡色である点などで識別可能。

タマバリタケのなかま Physaracriaceae ハラタケ目タマバリタケ科

本当に同じなかま？と思うほど十人十色

食用の「エノキタケ」「ナラタケ」のほか、地中に柄を伸ばす「ツエタケ」、オレンジ色の「ダイダイガサ」、独特な形態の「ホシアンズタケ」など、個性派ぞろいのグループといえる。海藻の一種に寄生し、きのことはよびがたい外見の「ミカウレオラ*」までもがこの科に含まれる。属レベルでは共通する特徴も多いが、科全体をまとめる特徴は見出されない。同じ属でも、「ナラタケ」のなかまのように、つばがあったり、なかったりなど、変異が大きい印象がある。

重要な特徴

1 胞子の幅が広い

pLR = 20.5（15～20µm）

「ツエタケ」のなかまの胞子を反映した数字である。このなかまの胞子は大型であるだけでなく、形状が球形に近いことから、きのこの中でもトップレベルの幅の広さである。

ブナノモリツエタケ

偽根

2 柄の根もとが根のよう

pLR =12.7

「ツエタケ属（*Hymenopellis*）」や「マツカサキノコ属*（*Strobilurus*）」の特徴。植物の根とは構造が異なるので、「偽根」とよばれる。地中の材につながっているが、特にツエタケは細すぎてたどれないことが多い。

3 傘表面が脈状

pLR =10.1

もっぱら「オキナツエタケ*」など、一部のツエタケ類を反映した数値である。既に述べた通り、科レベルで共通する形質は見出されないので、属の単位で覚えていくのがよい。

*この特徴はブナノモリツエタケには見られない。

4 胞子が長い

pLR =8.0 (20 ～ 30µm)

ツエタケ類の胞子が長い。それ以外は、ふつうのサイズである。

5 群生する

pLR = 2.9

ナラタケやエノキタケなどは、倒木などを埋めつくすほど群生することがある。

エノキタケ

ナラタケ
つばがある

補足説明

松ぼっくりに生える「マツカサキノコモドキ*」、スギの枝に生える「スギエダタケ」のほか、タマバリタケ属*（*Physalacria*）やリゾマラスミウス属（*Rhizomarasmius*）にも、特定の植物からしか発生しない種が存在する。神出鬼没、一期一会なきのこが多い中で、このような特殊な種は適切な季節にその植物を探せば高確率で出会うことができる。

特定のものからだけ生えるものもある。

マツカサキノコモドキ*

スギエダタケ

ナラタケモドキ
つばがない

各種データ

全世界種数…230種
国内種数………50種

サイズマッピング

「ツエタケ」や「マツカサキノコ」のなかまには柄が非常に長いものがある。「ナラタケ」のなかまは個々の子実体がそれなりに大型であるだけでなく、しばしば巨大な株をなす。

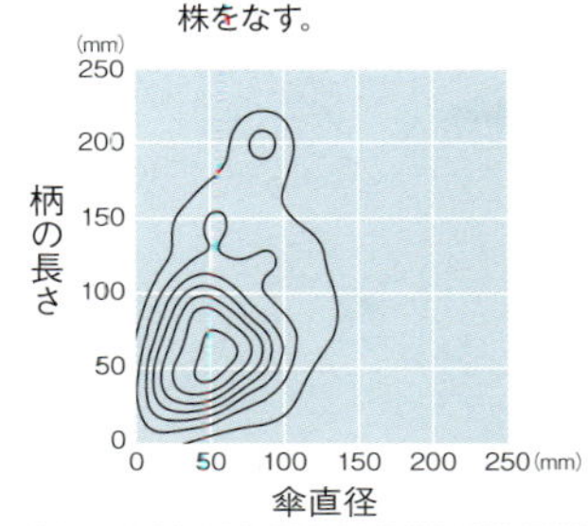

カラーパレット

科としてのまとまりは見出されないが、胞子紋はほぼ一様に白色。傘．ひだ．柄のいずれも青色～紫色を帯びることがないのが興味深い。赤色もほぼ皆無だが、南米のギアナ高地に産する腹菌類の「ギアナガスター*」は鮮やかな赤色のグレバをもつ。

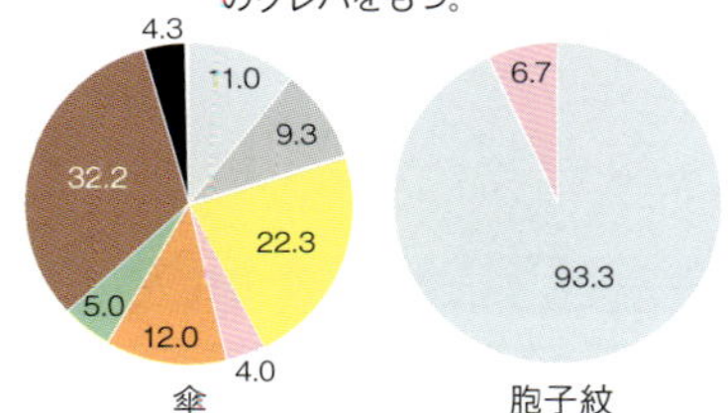

発生時期

「エノキタケ」が冬の代表的なきのこのひとつであるほか、マツカサキノコ属は晩秋に発生する。海外には雪どけとともに発生する種もあり、それがデータにも表れている。

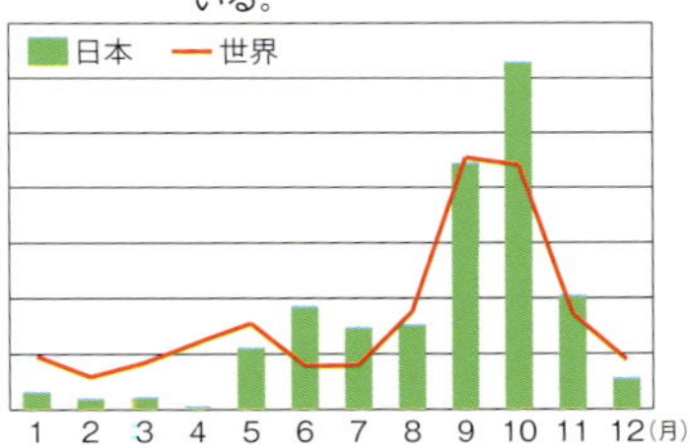

樹木の病原菌として扱われるほど旺盛に成長

ナラタケ

Armillaria mellea subsp. *nipponica* (MB)／*Armillaria mellea* (IF)

ハラタケ目タマバリタケ科

春〜秋
大
注意
枯れ木・倒木

傘上面

傘下面

柄表面

おもな特徴

- 傘は①淡黄色で成熟するとほぼ平らに開く②表面はやや鱗片状で、著しい粘性がある
- ひだは①傘とほぼ同色、やや疎②僅かに垂生することもある
- 柄は上部は白色系、下部は暗色
- つばは白色膜質で顕著
- おもに樹木の根もと付近から束生〜群生する

身近な食用きのことして各地で親しまれてきた。柄につばがあるのが特徴。柄が強靭でポキっと折れるのも特徴で、諸説あるが「ボリボリ」「オリミキ」などの地方名はこの特徴に由来するといわれる。従来このなかまでつばをもつものはおおむね「ナラタケ」とよばれていたが、現在は研究が進み細分化されている。本種はさまざまなきのことの誤食事例があり、猛毒の「コレラタケ」などは確かに本種に似るが、一見似ても似つかない「テングタケ」（p.176）との混同すら起こっている。

ナラタケにそっくりだが、つばをもたない

ナラタケモドキ

Armillaria tabescens (MB)／*Desarmillaria tabescens* (IF)

ハラタケ目タマバリタケ科

夏秋
中
注意
枯れ木・倒木

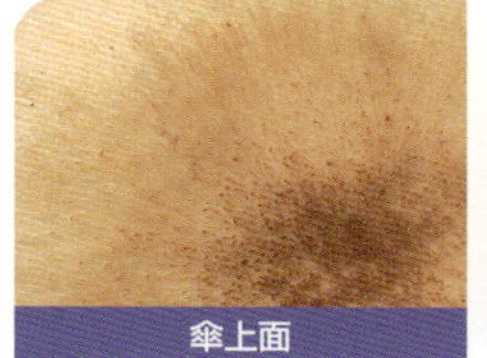

傘上面

傘下面

柄表面（約2倍）

おもな特徴

- 傘は①黄褐色でほぼ平らに開く②表面は綿毛状～繊維状鱗片に覆われ、縁部は成熟するとほぼ無毛
- ひだは①傘とほぼ同色、やや疎②やや垂生する
- 柄は①傘と同色で細長く、しばしば屈曲する②表面は顕著な繊維状
- つばを欠く
- 束生～群生する

さまざまな広葉樹の材に群生し、しばしば大きな株をなす。ナラタケ類にはつばがある種が多いが、ナラタケモドキにはなく、これが最大の特徴といえる。食用にする地域では、本種をほかのナラタケ類と特に区別していないこともある。ナラタケ類には、根状菌糸束（こんじょうきんしそく）という菌糸が集まってできた強靱な黒い針金状の構造を、柄の基部から生じる種が多いが、ふつう本種には見られない。ただし、培養下で形成させた研究はある。

かつては複数種が「ナラタケ」、今は別種

ツバナラタケ（オニナラタケ）

Armillaria solidipes ハラタケ目タマバリタケ科

秋
大
注意
枯れ木・倒木

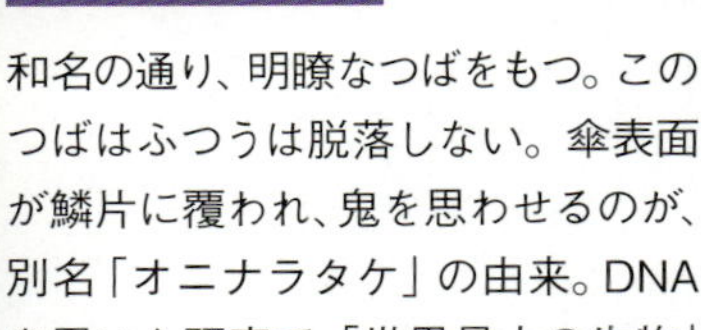

- 傘は黄褐色で、黒褐色の小鱗片
- ひだは白色〜傘と同色でやや密
- 柄は傘と同色で繊維状
- つばは白色膜質

和名の通り、明瞭なつばをもつ。このつばはふつうは脱落しない。傘表面が鱗片に覆われ、鬼を思わせるのが、別名「オニナラタケ」の由来。DNAを用いた研究で「世界最大の生物」として有名な「A. オストヤエ」は、本種と同種とされる。

キツブナラタケ

Armillaria sp. ハラタケ目タマバリタケ科

広葉樹に発生。ほかのナラタケ類より黄色味が強く、傘は微細な黒褐色トゲ状の鱗片に覆われ、明瞭なつばをもつ。

秋
大
注意
枯れ木・倒木

はっきりとしたつば。

綿毛状のつば。

秋
中
食
枯れ木・倒木

ワタゲナラタケ

Armillaria lutea (MB)/*Armillaria gallica* (IF) ハラタケ目タマバリタケ科

傘表面が黄褐色のやわらかい鱗片に覆われる。和名の「綿毛」はつばの様子で、幼時ひだ全体を覆うが消失しやすい。

ブナ林に発生する大型のツエタケ

ブナノモリツエタケ

Hymenopellis orientalis ハラタケ目タマバリタケ科

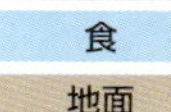

地面

傘上面

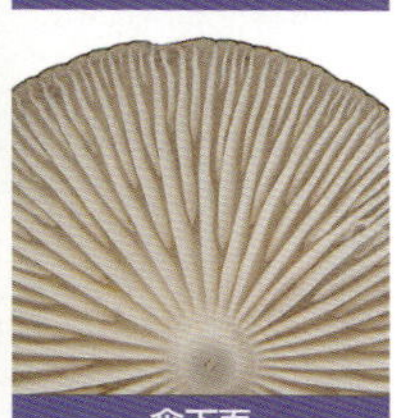

傘下面

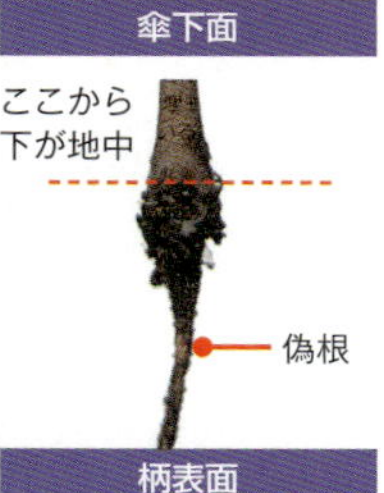

柄表面

おもな特徴

- 傘は①褐色でほぼ平らに開き、中央部が突出する②表面は湿時は粘性があり、しわ状～網目状の隆起があるが、それほど目立たないこともある
- ひだは白色系でやや疎
- 柄は①白色～傘と同色②基部で一旦ふくらみ、偽根が長く伸びる

旧来いくつかの種がまとめて「ツエタケ」とよばれていたが、本種もそのひとつ。広葉樹林に発生。大型で傘直径は15cmに達することもある。ほかのツエタケ類と同じく、偽根が地中に長く伸びる。同じく広葉樹林に発生する「オキナツエタケ」は、ほとんど肉眼では識別できないので、顕微鏡で側シスチジアというひだの構造や傘の毛の有無などを比較する必要がある。「マルミノツエタケ」はその名の通り胞子が球形であるほか、傘表面の隆起が著しい点でも区別される。

なぜかスギの枝にしか発生しない

スギエダタケ

Strobilurus ohshimae ハラタケ目タマバリタケ科

秋冬
中
食
枯れ木・倒木

傘上面

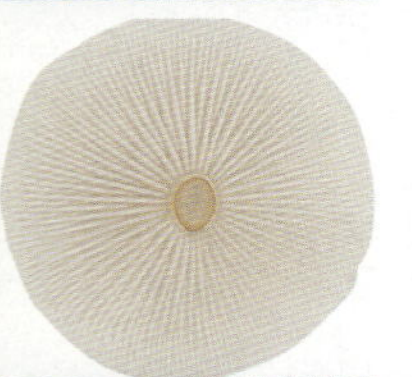

傘下面

柄表面（約2倍）

おもな特徴

●傘は①純白で中央部はやや灰褐色②ほぼ平らに開く③表面は粘性なく、特に中央部が淡灰色の微毛に覆われる
●ひだは、ほぼ純白で、やや密
●柄は①上部はほぼ純白、中ほどから下部にかけて橙黄色②表面は微毛に覆われる③基部がやや偽根状に伸びることもあるが程度は弱い
●特別な味やにおいはない

湿ったスギ林において、晩秋にスギの枝から発生する。もともときのこの少ないスギ林にあって、純白の傘がよく目立ち、発生量が多く、さらに発生時期が遅いので、非常にわかりやすい種である。「マツカサキノコモドキ」のなかまは本種と近縁だが、通常、傘がずっと濃色であり、松ぼっくりなどの球果から発生する点が明瞭に異なる。「ツエタケ」のなかまとも近縁で、埋もれた枝に発生することがある点は共通するが、本種のように一度に多数発生することは少なく、柄がずっと長く伸びる。

ひだが縮れる「〜モドキ」も現在は同種扱い

ヌメリツバタケ

夏秋
中
食
枯れ木・倒木

Mucidula venosolamellata (MB)/*Mucidula mucida* (IF)
ハラタケ目タマバリタケ科

傘上面

傘下面

柄表面

おもな特徴

- 傘は①白色〜黄褐色で中央部が濃色、ほぼ平らに開く②表面は無毛平滑で、湿時著しい粘性がある
- ひだは①傘とほぼ同色で、直生し、疎②ときに非常に乱れて網目状をなす
- 柄は①傘とほぼ同色で、傘の大きさに比してかなり短い
- つばは白色で膜質

ブナ林に発生するきのこのひとつ。ほかにもさまざまな広葉樹に発生し、あまりほかのきのこが発生しないタブノキにもよく見られる。純白で、傘に強い粘性があり、柄に明瞭なつばをもつ。従来、ひだが縮れて網目状をなすものが「ヌメリツバタケモドキ」として分けられていたが、現在は同種であることが判明している。また、従来本種と同一とされてきたヨーロッパ産の種は、胞子のサイズ、傘表皮の構造、DNA などが異なり、別種であることが示された (Ushijima et al., 2012)。

白く細長い栽培品からは想像できない野生の姿

エノキタケ

Flammulina velutipes ハラタケ目タマバリタケ科

晩秋〜夏

中

食

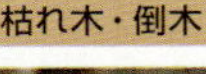

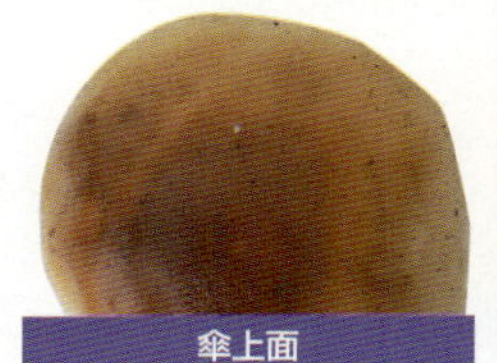

傘上面

傘下面

柄表面

おもな特徴

- 傘はは①褐色円錐形②表面は平滑で、湿時著しい粘性がある
- ひだは白色〜淡黄色で直生しやや疎〜やや密
- 柄は①黄褐色〜暗褐色で下部はほとんど黒色に近い②細長く、やや根状に伸びることもある③下部はビロード状の微毛に顕著に覆われる④肉も表面と同じ暗褐色

冬の代表的なきのこのひとつといえる。発生時期には人里でも頻繁に見られるが、人工栽培のものとは色も形もまったく異なるため、一般的なイメージとは結びつかないかもしれない。柄は焦茶色で、*velutipes*（ビロード状の柄）の学名の通り、ごく短い毛に覆われるのが特徴。ときに直径 10cm 以上に達する巨大な子実体が発生することがある。「ナメコ」（p.126）とは傘の色や粘性がある点が類似しており、地方によっては同一視されるが、まったく異なるグループのきのこである。

憧れの希少きのこはユニークな特徴の宝庫

ホシアンズタケ

Rhodotus palmatus ハラタケ目タマバリタケ科

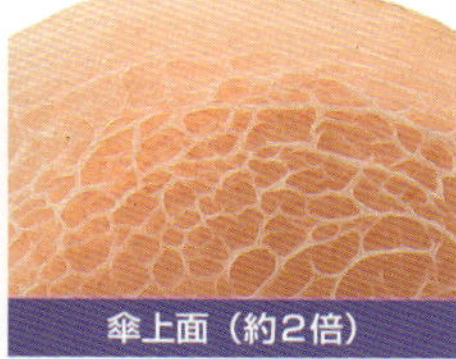

傘上面（約2倍）

- 傘はオレンジ色〜淡紅色で表面は網目状のしわ
- ひだは傘とほぼ同色でやや疎
- 柄は傘より淡色

北海道や長野県、栃木県日光市など分布域が限られ、発生も稀。ニレ属の樹木に生える。柄表面に新鮮時多数の液滴をともなう。傘表面の網目状のしわが特徴のひとつだが、成熟するとほぼ平滑になることがある。

小ぶりだが被写体として人気

ダイダイガサ

Cyptotrama asprata ハラタケ目タマバリタケ科

傘下面

- 傘はオレンジ色で球形〜平らで、鱗片に覆われるが脱落しやすい
- ひだは白色で疎
- 柄に傘と同色の鱗片

熱帯を中心に分布する南方系の小型種。日本では関東以西でふつうに見られるとされるが、福島県からの報告もある。広葉樹や針葉樹の枯れ木などから生え、発生時期は他種より早め。稀に、ほぼ白色のものもある。

アセタケのなかま Inocybaceae ハラタケ目アセタケ科

とんがり屋根の地味な毒きのこ

下の識別形質ランキングには含まれていないが、アセタケのなかまには傘が円錐形のものが多い。「とんがり屋根のきのこ」と覚えておくとフィールドで認識しやすい。ただし、種レベルの同定は極めて困難なグループであり、特に小型の種や、傘が褐色系の種は難しい。まだ名前がついていないものも多い。ムスカリン系の毒を含むものが多く、基本的には食用にされない。幻覚性の種もある。

重要な識別形質

1 胞子が星形

pLR = 58.5

非常に高い pLR に注目してほしい。ハラタケ型で細長い金平糖のような胞子をもっていたらまずこのなかまである。平滑な胞子の種もあるので、種レベルの同定にも有用だが、日本産のアセタケで該当するのは数種と思われる。また、星形の胞子をもつものは、柄が長いものが多い。

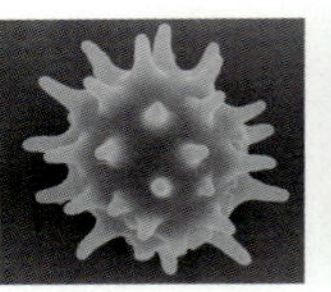

星形の胞子（電子顕微鏡写真）

左の星形の胞子のきのこはアシナガトマヤタケ*。和名の通り、柄が長い。

2 胞子がアーモンド形

pLR = 3.4

表面にいぼがあるかどうかにかかわらず、このなかまの胞子は少しゆがんだ形状をしていることが多い。

5 傘表面が繊維状

pLR = 2.8

肉眼で判断できる有用な特徴のひとつ。繊維に沿って傘が放射状に裂けることもある。

4 胞子が多角形

pLR = 3.2

イッポンシメジの多角形の胞子は整っているが、こちらはごつごつしている。

3 柄を欠くかごく短い

pLR = 3.2

アセタケ属（*Inocybe*）の種には、すべて柄があるが、この数字は「チャヒラタケ属*（*Crepidotus*）」がこの科に含まれることを反映している。

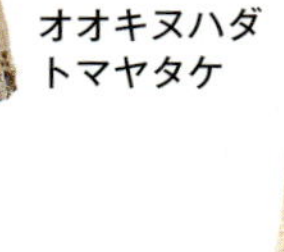

傘の中央が突出しているものが多く、傘を開ききっても中央は突出したまま。

ひだは汚白色

オオキヌハダトマヤタケ

チャヒラタケ属の一種。アセタケのなかまには、このような柄を欠くきのこもある。

補足説明

この科はかつてフウセンタケ科に含められていたが、おもにDNAの研究成果を基に分けられた。チャヒラタケ科は本科に含めないこともある（本書では含めている）。顕微鏡下では一部の種に「メチュロイド」という特殊な細胞を見ることができるが、これはシスチジアの一種で、壁が厚く、先端に分泌物の結晶をともなう。

傘の突出は鈍いものもあるが、グループレベルなら、アセタケのなかまは雰囲気で見分けられるようになる。

未記載のアセタケの一種。このなかまは特に未知の種が多い。

シロニセトマヤタケ

タマアセタケ

各種データ

全世界種数… **510種**
国内種数…… **160種**

サイズマッピング

全体的に小型であり、傘直径が10cmを超えることは稀。近縁なフウセンタケ科よりもサイズがずっと小さい傾向がある。

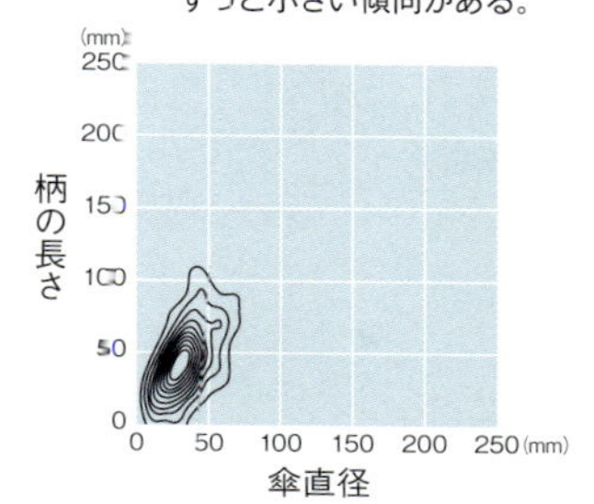

カラーパレット

純白に近い種もあるが、多くが黄色～褐色系の鈍色である。「ムラサキアセタケ*」のように美しい色の種はごく稀な例である。胞子紋がオレンジ色～褐色なのはフウセンタケ科と同様だが、より鈍色の傾向がある。

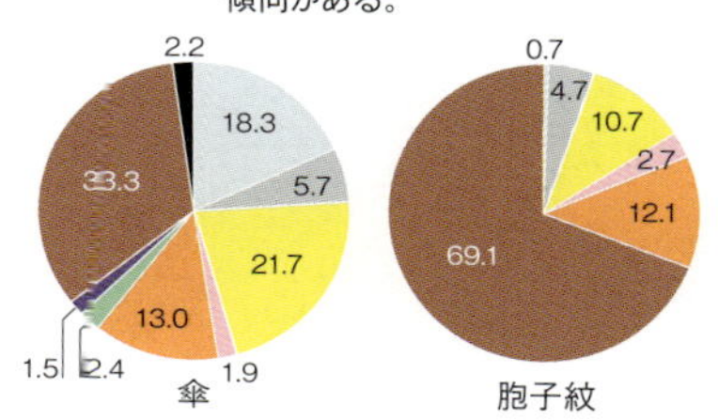

発生時期

真夏にも比較的多く発生している。アセタケ類の発生時期は、ほかのきのこ類と同様、多くの図鑑に「夏～秋」と書かれているが、この表記の盲点を突いた特徴かもしれない。

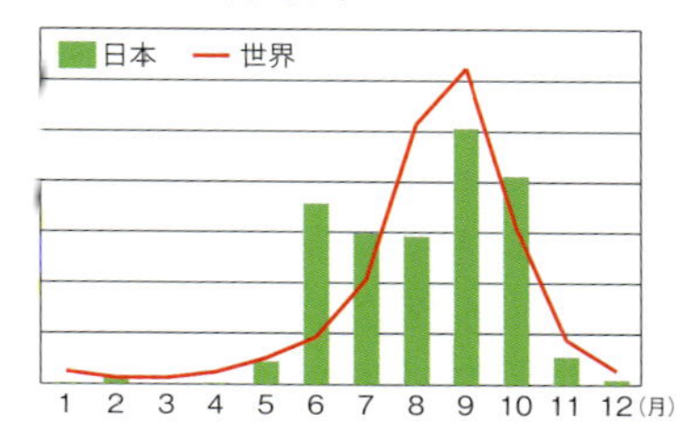

とんがり屋根は絹のつや

オオキヌハダトマヤタケ

Inocybe fastigiata ハラタケ目アセタケ科

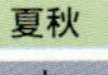

夏秋

中

毒

地面

傘上面

傘下面

柄表面（約2倍）

おもな特徴

- 傘は①褐色円錐形で平らに開き、中央部が突出する②表面は顕著な繊維状で光沢がある
- ひだは①傘とほぼ同色、やや密②水酸化カリウム溶液で褐色になる
- 柄は①傘より淡色の白色系で細長い③基部は膨大しない④初めクモの巣膜があるが消失する

同定が難しいアセタケのなかまだが、他種より大型になるので比較的わかりやすい。「絹肌」という和名の通り、傘表面に絹のような光沢がある。成熟すると傘が放射状に裂けることが多い。「キヌハダトマヤタケ」は本種と酷似するが柄の基部がふくらむ。ただし、本種の柄の基部もややふくらむことがある。「キヌハダニセトマヤタケ」は、胞子の表面がいぼ状なので、顕微鏡を使えば識別できる。「オオミアセタケ」は和名の通り「実（胞子）」が顕著に大型であることで区別される。

肉眼での「シロニセ～」との区別は困難

シロトマヤタケ

Inocybe geophylla ハラタケ目アセタケ科

夏秋
小
毒
地面

傘上面（約2倍）

傘下面（約2倍）

柄表面（約4倍）

おもな特徴

- 傘は①白色でまんじゅう形～円錐形、中央部は「○○トマヤタケ」の和名をもつ、ほかの種ほど突出しない
- ひだは①褐色で、やや疎②水酸化カリウム溶液で褐色になる
- 柄は①白色で、やや太め②表面は繊維状③幼時、クモの巣膜があるが消失しやすい
- 特別なにおいはない

林内の遊歩道沿いなどに発生する。本種のように傘も柄も純白のアセタケ属（*Inocybe*）のきのこは、それほど数は多くないが複数存在する。特に「シロニセトマヤタケ」（p.116）は本種と同じく普通種でかつ本種に酷似しているので、同定の際には意識する必要がある。肉眼的にも微妙な差異があるとはいわれているが、顕微鏡で胞子を見るのが一番早い。本種の胞子は表面にこぶがなくなめらかである。ほかの多くのアセタケ類と同様に、毒成分のムスカリンを含むことが知られている。

ごくふつうに見かける純白のアセタケ属菌

シロニセトマヤタケ

Inocybe infida ハラタケ目アセタケ科

傘上面

傘下面

柄表面（約2倍）

おもな特徴

- 傘は①純白色で円錐形、中央部はやや突出②絹状の光沢がある③縁部は反り返ったり、深くさけたりすることもある
- ひだは①成熟すると褐色、密②顕著に湾生する
- 柄は①傘と同色で細長い②基部が丸くふくらみ、しばしば深く地中に伸びる
- 肉は薄くてもろく、青臭さがある

「トマヤ」とは「苫屋」のことで、傘の形状を茅葺きの「とんがり屋根」にたとえたもの。本種を含む全体が白色のアセタケ類は、よく見かける割に、極めて同定が難しいグループである。本種には「シロトマヤタケ」(p.115)、「ササクレシロトマヤタケ」などの類似種があり、同時に発生することもあるが、肉眼ではほぼ見分けがつかないこともある。ただし、顕微鏡で胞子を見てみると、本種の胞子は平滑ではなく多数のこぶがあり、これが識別の決め手となる。

傘の形状などがあまりアセタケらしくない

夏秋
小
注意
地面

コバヤシアセタケ

Inocybe kobayasii ハラタケ目アセタケ科

傘上面

- 傘は淡褐色〜褐色で表面は著しい繊維状〜鱗片状
- ひだは褐色でやや密
- 柄は褐色で繊維状鱗片に覆われる

よく見かけるアセタケの一種。アセタケにしてはめずらしく、傘があまり尖らない。表面が著しい鱗片状なのが特徴で、中央部はほとんどパッチ状になることもある。和名は菌学者の小林義雄博士にちなむ。

「タマ」は胞子の形状で、柄は特にふくらまない

秋
中
地面

タマアセタケ

Inocybe sphaerospora ハラタケ目アセタケ科

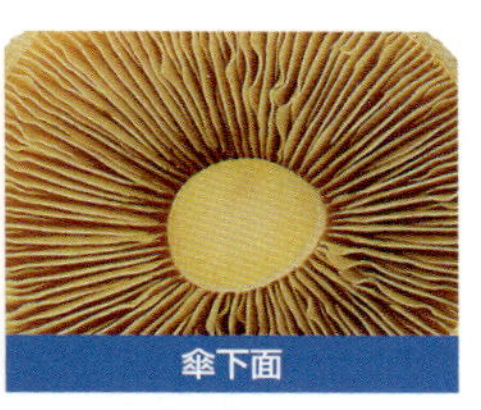

傘下面

- 傘は①黄色で低い円錐形に開く②表面は繊維状
- ひだは黄色でのちに褐色、やや疎
- 柄は淡黄色で繊維状

「球」なのは胞子の形状で、肉眼的形態とは関係ない。全体が黄色っぽく、アセタケにしては柄が太く短い。幼時は「キシメジ」に似ているが、傘表面の繊維や成熟時のひだの色などで識別可能。

モエギタケのなかま Strophariaceae ハラタケ目モエギタケ科

幻覚きのこ、猛毒きのこも含むグループ

モエギタケ属（*Stropharia*）、クリタケ属（*Hypholoma*）、スギタケ属（*Pholiota*）、シビレタケ属（*Psilocybe*）など、鱗片、粘性、変色性のように目立つ特徴をもつ存在感のある属が多い。腐生菌で、特に木材腐朽菌が多い。「ナメコ」のような食菌もあれば、「ニガクリタケ」のような有毒種もある。シロシビン類をもつ毒きのこ、いわゆる「マジックマッシュルーム」も含まれる。

重要な識別形質

1 胞子紋が紫色

pLR ＝ 7.0

モエギタケ属、シビレタケ属、クリタケ属など、主要な属には胞子紋が紫色を帯びる種が多い。一部の種はさび褐色〜チョコレート褐色で、紫色を必ずしも帯びない。

胞子が成熟して、白いひだが紫色を帯びたモエギタケ。

4 傘表面に粘性

pLR ＝ 3.1

ナメコに代表されるように粘性をもつものが見られるが、その強さはまちまち。

胞子が成熟する前は、ひだが白っぽい。

2 胞子がデキストリノイド

pLR ＝ 5.3

メルツァー液で胞子が赤褐色に染まる性質を「デキストリノイド（偽アミロイド）」という。ワカフサタケ属の一部やチャツムタケ属などに見られる。このなかまは肉眼での識別が難しいことが多いので、こういった顕微鏡的形質もしばしば重要である。

3 胞子の一部が平ら

pLR ＝ 4.9

この科の胞子は一部がスパっと切られたような平ら（截断状）になっていることが多いが、この部分を発芽孔といい、胞子が発芽するとこの部分から菌糸が伸びる。

5 つばがある

pLR ＝ 2.7

ナメコにもゼラチン質のつばがあり、市販の幼菌でも確認できる。

モエギタケ

補足説明

胞子に関する形質ばかりが上位に来てしまったが、これは肉眼的にあまり共通した顕著な特徴がないことをあらわしている。スギタケ属に限っていえば、粘性をもつ種が多く、ナメコやヌメリスギタケなどが代表例といえる。また、傘や柄に鱗片をもつ種が多い傾向がある。

全体的に個性の強いきのこが多い。

ヒカゲシビレタケ

同じスギタケ属でも、鱗片をもつものともたないものがある。

鱗片をもつ。

鱗片

スギタケ

鱗片をもたない。

ナメコ

各種データ

全世界種数…660種
国内種数……110種

サイズマッピング

傘と柄の長さがハラタケ型きのこ全体の平均とほぼ重なる。つまり、この科のきのこがおおむね標準的なサイズといえる。

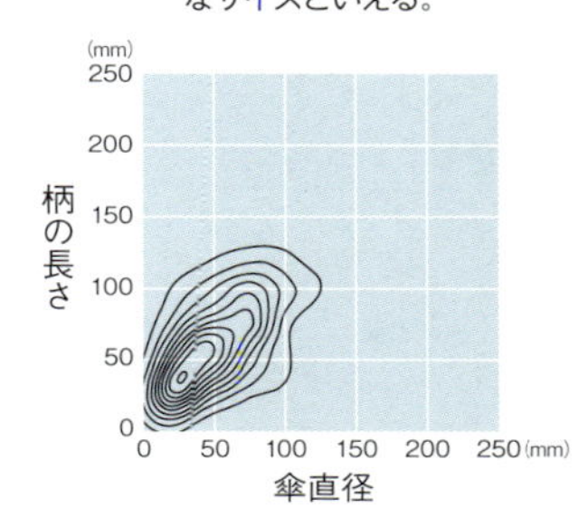

カラーパレット

地味な褐色系のきのこが多い。ほかの科にはあまりない青色～紫色がやや多めだが、これはシビレタケ属の一部の種が傷つくと青変することを反映している。幻覚成分のシロシビン類をもつ種に青変性がある。

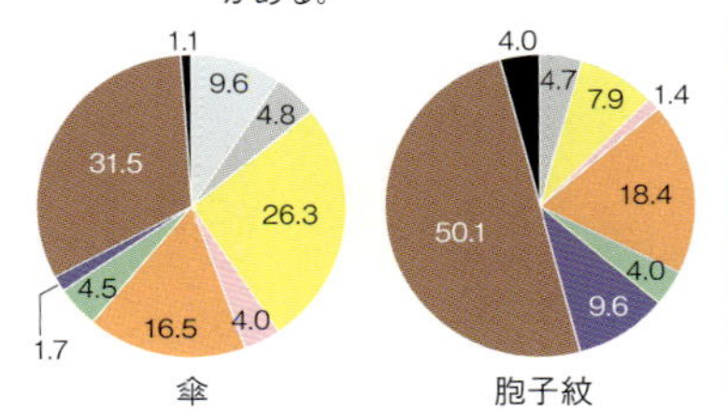

発生時期

緩やかな二峰性を示しているが、秋に発生する種が圧倒的に多い。特にクリタケは晩秋のきのことして知られており、冬まで発生が見られることもある。

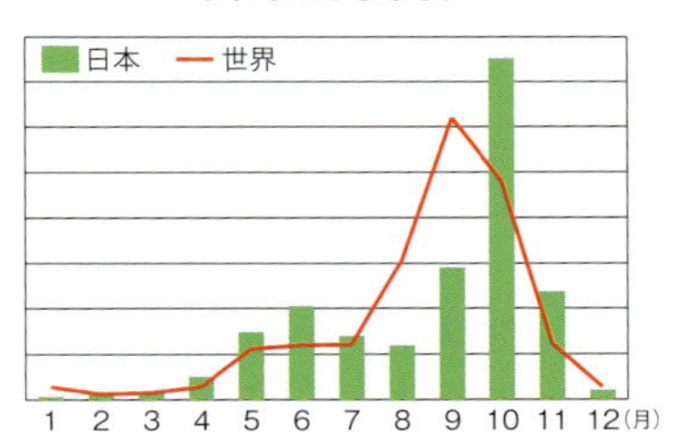

めずらしい青緑色の美しいきのこ

モエギタケ

Stropharia aeruginosa ハラタケ目モエギタケ科 (MB) / ヒメノガステル科 (IF)

夏〜冬
中
地面

傘上面

傘下面

柄表面（約2倍）

見分けのポイント

- 傘は①青緑色〜緑色でほぼ平らに開く②表面は粘液に覆われるが次第に失われ、それにともない退色する
- ひだは紫色で、直生し、やや密
- 柄は①白色でつばより下部はやや青緑色を帯びる②つばより下の表面は繊維状鱗片に覆われる③基部に根状菌糸束をともなうことがある

青緑色（萌葱色）の傘はきのこ類全体で見てもかなりめずらしい。海外には「S. カエルレア」というそっくりさんがいるが、国内には似た色の紛らわしいきのこはなく、この色のおかげで容易に同定できる。腐朽が進んだ材に発生する腐生菌であるが、野生のネズミであるアカネズミのトンネルから発生していたという報告もある（横山、2002）。「アオイヌシメジ」（p.42）は本種に色が似ているが、本種と異なり傘表面に粘性はなく、鱗片をもたず、桜餅の香りがあるので明らかに区別できる。

歯車のような独特な形のつばが同定のポイント

サケツバタケ

Stropharia rugosoannulata ハラタケ目モエギタケ科 (MB) / ヒメノガステル科 (IF)

春〜秋

大

食

地面

傘上面

傘下面

柄表面

見分けのポイント

- 傘は①赤褐色〜紫褐色でほぼ平らに開く②表面は繊維状で光沢がある
- ひだは成熟すると暗紫褐色で密
- 柄は①白色〜淡黄色で表面は繊維状②基部がやや太まり、白色の菌糸束をともなう
- つばは①厚く、歯車状あるいは星状に裂けるが、脱落していることもある②上面は胞子が積もって紫褐色となる

春〜初夏に発生し、畑地や堆肥上に生じる。ひだが紫色で、つばが歯車のような形状をしているなどの独特な点があるので、一度認識すれば容易に同定できる種である。食菌であり、人工栽培の研究がされている。落ち葉などを腐らせて生活している「腐生菌」であるが、トゲに覆われた「アカントサイト」とよばれる細胞をもっており、この細胞には土壌中にすんでいる線虫を殺すはたらきがあることが知られている (Luo et al., 2006)。似たきのこに色違いの品種「キサケツバタケ」がある。

都会の街路樹にもしばしば発生

ヤナギマツタケ

Agrocybe cylindracea ハラタケ目モエギタケ科

春〜秋
大
食
枯れ木・倒木

傘上面

傘下面

柄表面

見分けのポイント

- 傘は①黄褐色〜褐色で、平らに開く②表面は乾燥しておりややしわ状
- ひだは①初め白色に近い被膜に覆われる②成熟すると褐色、密
- 柄は①傘より淡色〜ほぼ同色でやや太い②表面は繊維状で微細な鱗片をともなう③肉質は比較的強靭
- つばの上面は胞子が堆積して褐色
- 栽培品種は傘が小さめで、柄が長い

和名の通りヤナギ類の枯れ木などから生えるほか、カエデ、プラタナス、ニレなどに発生することもある。これらの樹種は街路樹として用いられることが多く、本種は都市部でもわりあいよく見られる。比較的大型で、ひだが褐色であること、膜質の大きなつばをもつことなどが特徴。「ツチナメコ」（p.123）は本種より小さく、地上に発生するが、ときに識別困難なほど類似している。「マツタケ」（p.34）はまったく異なるグループであるが、香りが似ることから和名に取り入れられたという説がある。

よく似た複数種が混在するともいわれる

ツチナメコ

Cyclocybe erebia ハラタケ目モエギタケ科

夏秋
中
食
地面

傘上面

傘下面

柄表面

見分けのポイント

- 傘は①褐色で中央部が濃色②繊維状で湿時は条線をあらわし、粘性ももつ
- ひだは傘より淡色でやや密
- 柄は白色系で表面は繊維状
- つばは①白色膜質で、柄の下部につく②上面は胞子が積もって汚れることが多い③可動性をもつことがある

和名の通り地面（土）から発生し、明瞭なつばがあることが特徴である。つばの上面には褐色の胞子が積もって粉状の条線をなす。枯れ木などに発生する「ナメコ」（p.126）は本種とまったく異なるほか、地方により「ツチナメコ」とよばれている「チャナメツムタケ」（p.127）もやはり本種とは別物。本種は「ヤナギマツタケ」（p.122）に近縁で、より小型で地上に発生することで区別されるが、ときに識別困難なほど類似したものがある。本種は複数のよく似た別種に分けられるともいわれる。

独特の硫黄色はきのこ狩りでは「警戒色」

ニガクリタケ

春～秋
中
猛毒
枯れ木・倒木

Hypholoma fasciculare ハラタケ目モエギタケ科(MB)/ヒメノガステル科(IF)

傘上面

傘下面

柄表面

見分けのポイント

- 傘は①硫黄色で、中央部がやや濃色②表面は無毛平滑に近い③吸水性をもつ
- ひだは傘と同色で、成熟すると黒色に近くなり、密
- 柄は①傘とほぼ同色、細長くしばしば屈曲②表面は繊維状鱗片に覆われる
- 多数束生～群生する

特徴的な硫黄色のきのこ。この色は絶対に覚えておく必要がある。里山の雑木林などにも発生し、色がよく目立つこともあって遭遇頻度は高い。一口噛んだだけでもわかる顕著な苦味が特徴。筆者がさまざまなきのこに紫外線を当ててみたところ、本種はかなり強い蛍光を発した。類似する食用の「クリタケ」(p.125)とは同じ材に発生することもある。多くの場合、傘の色で識別できるが、ひだも見分けのポイントとなる。本種は成熟するとひだが黒っぽくなるが、クリタケは紫褐色になる。

栗色をした優秀な食用きのこ

クリタケ

Hypholoma lateritium ハラタケ目モエギタケ科 (MB) / ヒメノガステル科 (IF)

秋
中
食
枯れ木・倒木

傘上面

傘下面

柄表面

見分けのポイント

- 傘は①赤褐色で周辺部は淡色②縁部は内側に巻く③縁部に小型の鱗片が散在する
- ひだは初め傘より淡色で、成熟すると紫褐色、密
- 柄は①上部は傘より淡色、下部は暗色②下部が顕著な繊維状
- 子実体は腐りにくく、比較的長く残る

おもに広葉樹に発生する栗色のきのこ。これといった特徴がないが、成熟するとひだが紫褐色になる。「ニガクリタケ」(p.124) は傘の色や味などが顕著に異なるが、違いをよく知るプロの採集者でも混同してしまった事例もあり、識別には細心の注意を要する。また、幼時は「チャナメツムタケ」(p.127) に類似することがあるが、本種と異なり切り株や倒木よりも埋もれた材から発生する傾向がある。類似種に針葉樹に発生する「クリタケモドキ」や柄が細い「アシボソクリタケ」などがある。

市販品は、いわば「つぼみ」の状態

ナメコ

Pholiota microspora (MB)/*Pholiota nameko* (IF) ハラタケ目モエギタケ科

秋
中
食
枯れ木・倒木

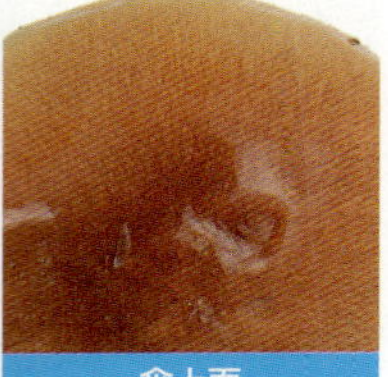

傘上面

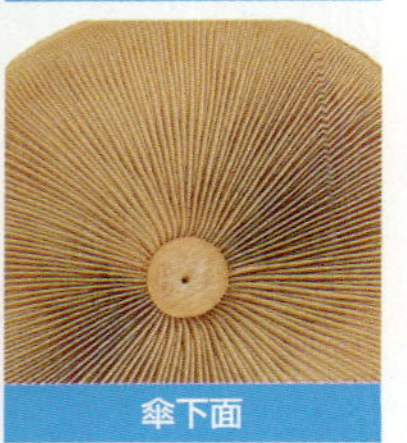

傘下面

柄表面（約2倍）

見分けのポイント

- 傘は①褐色で、成熟すると平らに開く②表面は無毛平滑に近く、著しい粘性
- ひだは傘より淡色で密
- 柄は①白色系で表面は著しい粘性あり②つばより下は不明瞭な鱗片状
- つばは①淡褐色②ゼラチン質の膜質で、成熟すると失われることもある
- 粘液は老成すると悪臭を放つ

栽培きのことして、日本では非常に知名度の高い食菌。ブナ林では条件がそろうと倒木上に野生のナメコが大量発生することがあり、キロ単位で収穫できることもある。発生環境が深山なのでそういった光景にお目にかかる機会は少ないが、人里近くでもほだ木に発生しているのに出会うことがある。市販のナメコは通常傘が開かないうちに収穫されるが、野生のものはしばしば大型になる。傘と柄の粘性は成熟するにつれて弱くなるが、乾燥時も通常失われない。

シロナメツムタケ
Pholiota lenta

秋
中
食
枯れ木・倒木

林内の腐朽の進んだ材から生える。実際は埋もれ木から発生しているものの、落ち葉から生えているように見えることも多い。和名に「シロ」とつくが実際は褐色に近いことが多い。ただ、「チャナメツムタケ」よりは常に淡色。

秋
中
食
地面

キナメツムタケ
Pholiota spumosa

「チャナメツムタケ」に酷似し、おもに傘の色で識別されるが、顕微鏡で見ると胞子の形状なども異なっている。

チャナメツムタケ
Pholiota lubrica

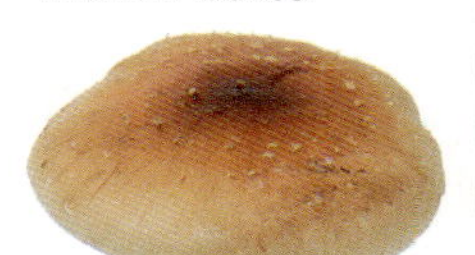

秋
中
食
地面

埋もれ木から生えるが、地面から生えているように見える。「ナメコ」とは傘の色や粘性が類似するが、本種は傘の鱗片が目立つ。ただし、成熟度や環境によっては鱗片をほとんど欠くこともあり、その場合、有毒の「カキシメジ」(p.44) との混同に注意が必要。

秋
中
地面

アカツムタケ
Pholiota astragalina

亜高山帯の針葉樹林などに生える朱色のきのこ。傘の粘性は弱い。苦味があるので食用にはされていない。「クリタケ」(p.125) に似ているが発生環境が異なり、胞子紋は本種が赤褐色に対してクリタケは紫褐色。

ヌメリスギタケとは大きさや柄の粘性が異なる

ヌメリスギタケモドキ

夏秋
中
食
枯れ木・倒木

Pholiota cerifera (MB)/*Pholiota aurivella* (IF) ハラタケ目モエギタケ科

傘上面

傘下面

柄表面

見分けのポイント

- 傘は①黄褐色で、縁部が内側に巻く②表面は暗色で三角形の粗大な尖った鱗片に覆われる③粘性がある
- ひだはさび褐色、密
- 柄は①傘とほぼ同色で傘より微細な鱗片に密に覆われる②粘性を欠く③つばより上は白色で、ほぼ無毛平滑
- つばは繊維状でなくなりやすい

広葉樹の枯れ木などに生え、道ばたの木に大型の株をなすこともある。特にヤナギ科の樹木に発生することが多く、別名を「ヤナギタケ」という。「ヌメリスギタケ」とともに食用になり、日本各地で人工栽培の研究が進められている。ヌメリスギタケより本種のほうが傘が大きく、相対的に鱗片の密度がまばらに見えることが多い。また、本種は傘だけに粘性があり、柄には粘性はないが、ヌメリスギタケは傘にも柄にも粘性がある。

和名は鱗片の様子から。杉ではなく広葉樹に発生

スギタケ

Pholiota squarrosa ハラタケ目モエギタケ科

夏秋
中
注意
枯れ木・倒木

傘上面

- 傘は淡黄色、ささくれ状の鱗片が密
- ひだは傘とほぼ同色〜褐色で密
- 柄も鱗片状
- 傘も柄も粘性なし

傘と柄は細かい鱗片に覆われる。見た目のためか、和名に「スギ」とつくが、実際は広葉樹林に発生する。つばは繊維質で不明瞭。「スギタケモドキ」は鱗片がトゲ状。「ヌメリスギタケ」「ヌメリスギタケモドキ」(p.128)は傘に粘性があり、鱗片が大型の三角形。

膠質の菌糸で編まれる森の花笠

ハナガサタケ

Pholiota flammans ハラタケ目モエギタケ科

夏秋
中
注意
枯れ木・倒木

傘上面(約2倍)

- 傘は橙褐色、三角形の小型の鱗片が密
- ひだは黄色系
- 柄はひだとほぼ同色で、繊維状鱗片に密に覆われる

針葉樹の枯れ木などから発生し、傘も柄も鮮やかな黄色で、鱗片に覆われる。傘が初めは円錐形に近いこと、粘性がないことなどが、ほかのスギタケ類との識別点。成熟すると傘の鱗片がほぼ完全に脱落してしまうことがあるが、柄の鱗片は通常残る。

ナラタケ類やクリタケとよく似た毒きのこ

夏秋 毒 大 地面 枯れ木・倒木

カオリツムタケ

Pholiota malicola var. *macropoda*(MB)/*Pholiota malicola*(IF) ハラタケ目モエギタケ科

傘上面（2倍）

傘下面（2倍）

柄表面（約4倍）

見分けのポイント

- 傘は①黄褐色〜褐色でほぼ平らに開く②表面は繊維状
- ひだは傘とほぼ同色で直生し、密
- 柄は①上部は傘とほぼ同色、下部は濃色で細長い②表面は顕著な繊維状
- つばは痕跡的
- 多数の子実体が基部で合着し、大型の株をなす

おもに針葉樹の根もとや埋もれ木に発生。多数の子実体が「シャカシメジ」（p.28）を思わせるような塊状の株をなし、成長すると傘のサイズに比べて柄がかなり細長くなる。和名の通り、甘いにおいを発する。本種を有毒としていない図鑑も多いが、胃腸系の毒性がある。「クリタケ」（p.125）は本種に類似し、誤食事例もあるが、甘いにおいがない。幼時の全体的な印象は、食用の「ナラタケモドキ」（p.105）に似る。しかし、本種には消失しやすく、失われていることもあるが、つばがある。

身近な場所にも生える青色の「やばいやつ」

ヒカゲシビレタケ

Psilocybe argentipes ハラタケ目モエギタケ科

夏秋
中
毒
地面

傘上面

傘下面

柄表面

見分けのポイント

- 傘は①褐色鐘形～円錐形でしばしば中央部が突出する②表面は吸水性が著しくある
- ひだは灰褐色～紫褐色で密
- 柄は①傘とほぼ同色で細長い②下部は、ときにだんだら模様③つばをもつが痕跡的
- 傘や柄は傷つくと、青緑色に変色し、ほぼ黒色になることもある

公園や道ばたの草地に発生し比較的よく見られる。「マジックマッシュルーム」とよばれる幻覚きのこの一種で、採取も所持も法規制の対象となる。幻覚成分の含有量は比較的多いといわれ、このきのこを発見した研究者が、自身の中毒経験から幻覚きのこであることを明らかにしたという。「アイゾメシバフタケ」は、柄のだんだら模様の有無や胞子の形態などにより分けられてきた。ただし、最新の研究（Guzmán et al. 2013）では、両者は同一種と結論づけられている。

よく見れば不吉な予感の黄色のきのこ

オオワライタケ

Gymnopilus junonius ハラタケ目モエギタケ科 (MB) / ヒメノガステル科 (IF)

夏秋
大
毒
枯れ木・倒木

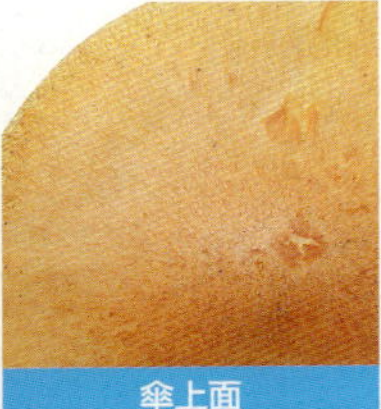

傘上面

傘下面

柄表面（約2倍）

見分けのポイント

- 傘は①明るい黄褐色～橙褐色でほぼ平らに開く②表面は繊維状で乾燥している
- ひだは傘とほぼ同色～濃色でやや疎
- 柄は①傘とほぼ同色で下部がやや太くなる②表面は繊維状
- 上部につばがある
- 肉は非常に苦い

木の根もとなどに大型の株をなして発生する。見た目には比較的鮮やかな色以外にさほど特徴がないが、独特の不快臭が特徴なのでにおいでも覚えたい。また、肉には強い苦味もある。「ワライタケ」（p.81）はまったく別のグループのきのこで、幻覚成分を含むこと以外のあらゆる点が異なるといってよい。食用になる「コガネタケ」（p.48）も別のグループのきのこだが、子実体全体が鮮やかな黄色系であることが共通しており、誤食事例もあるが、本種と異なり株をなさず、表面が粉状である。

たくさん採れるが苦くて残念

チャツムタケ

秋
小
枯れ木・倒木

Gymnopilus picreus ハラタケ目モエギタケ科 (MB) / ヒメノガステル科 (IF)

傘下面

- 傘は黄褐色～褐色で平滑
- ひだは黄色で赤褐色の斑点を生じ、密
- 柄は傘とほぼ同色で、繊維状

マツやスギなどの針葉樹に群生する。傘は褐色系で平滑、ひだが黄色系であることなどが特徴。苦味があり、食用にはしない。「ナラタケ類」(p.104～106)、「エノキタケ」(p.110) などの食用きのことの混同に注意。

よく見るとどこかが緑色に染まっている

ミドリスギタケ

春～秋
中
枯れ木・倒木

Gymnopilus aeruginosus ハラタケ目モエギタケ科 (MB) / ヒメノガステル科 (IF)

傘下面（2倍）

- 傘は赤褐色で圧着した鱗片に覆われる
- ひだは黄色～さび褐色で、やや密
- つばは脱落しやすい

針葉樹に生え、里山でも普通種。子実体のどこかが緑色を帯びる点で類似種と識別可能。名は「スギタケ」だが「オオワライタケ」(p.132) に近縁。青緑色に変色する種には幻覚きのこが多いが、本種も幻覚成分を含むという。

クヌギタケのなかま Mycenaceae ハラタケ目クヌギタケ科

腐生きのこ御三家筆頭、種レベルの同定は困難

林内の落葉や材などに豊富に発生し、種類が非常に多い。「塩素臭」や「ダイコン臭」など独特のにおいで特徴づけられる種もあり、同定には五感の総動員を要する。傘の裏は基本的にひだで、ごく一部に管孔状のものもある。「ヤコウタケ」など発光きのこが多く含まれるのも特徴といえる。サイズが小型なので一般に食用にはされない。「サクラタケ」のような毒きのこもある。

重要な特徴

1 柄が細い

pLR = 3.3（0.5～1 mm）

クヌギタケのなかまには柄の太さが1mm に満たないほど細い種が多数含まれる。見慣れると当たり前に思えてしまうが、きのこ全体で考えるとこれは特異な性質といえる。

腐生菌を代表するグループのひとつで、落ち葉や枯れ木のようなさまざまな基質から生える。

アカチシオタケ

サクラタケ

ウスキブナノミタケ*

2 柄に粘性

pLR = 3.0

傘に粘性をもつきのこは比較的多いが、このなかまは柄にも強い粘性をもつ種がある。「ナメアシタケ*」がその代表的な種といえる。

コガネヌメリタケ*

柄に強い粘性がある。

3 傘表面が粉状

pLR = 2.9

傘表面は無毛平滑に見えるが、よく見ると粉をかぶっている種が意外と多い。「シロコナカブリ*」のような顕著な例もある。

4 ひだに襟帯がある

pLR = 2.8

襟帯（きんたい）は、ひだが柄から離れていて、ひだの柄に近い部分がくっついて柄をかこんでいる状態。
（襟帯の写真は p.144 参照）

補足説明

フィールドでは、きのこのサイズや輪郭からクヌギタケのなかまであることは容易にわかることが多いが、種レベルの同定は困難な部類に入る。小型である上、種類が非常に多く、なかには肉眼で見てわかる特徴のみでは識別不能な種もある。日本国内にもまだ名前のついていない種が多いと思われる。

5 傘が円錐形

pLR = 2.7

英語圏では、この形を帽子の一種のボンネットにたとえる。

クヌギタケ

発光の強さはさまざまだが、光るきのこを何種も含んでいる。

シイノトモシビタケ

傘下面は、ひだではなく管孔状。

アミヒカリタケ

各種データ

全世界種数…370種
国内種数………80種

サイズマッピング 傘も柄も比較的小型であり、特に傘は直径5cmに達することも稀。傘の直径にくらべて柄がかなり長いことがわかる図である。

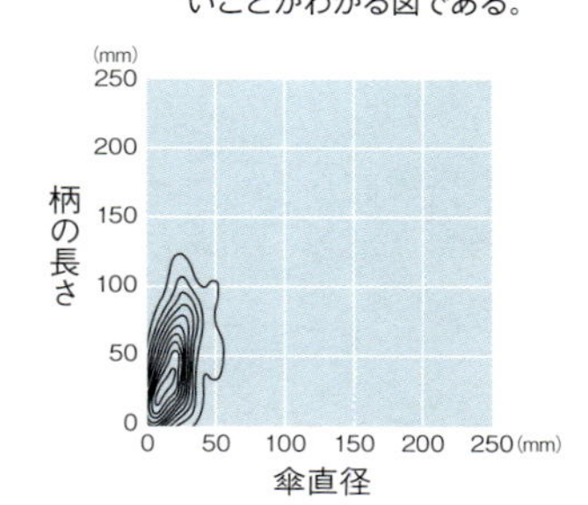

カラーパレット チシオタケのような赤色、ウスキブナノミタケ*のような黄色など、色とりどりのグループである。オーストラリアには美しい青色のクヌギタケ属菌も分布する（M. インテラプタ）。

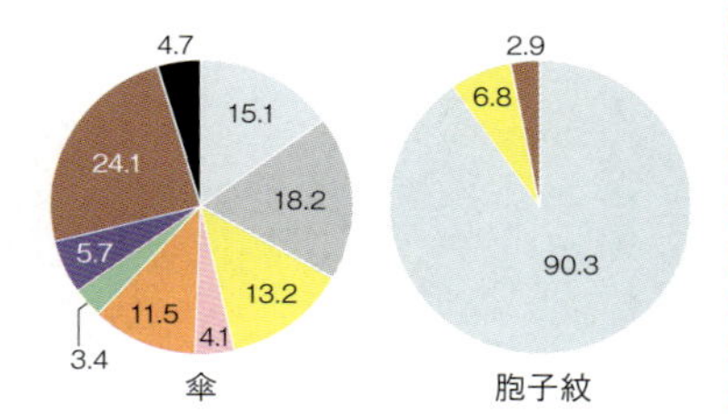

発生時期 やや二峰性を示すが、同じく落ち葉や材を分解するホウライタケのなかまよりも秋に発生が偏る傾向がある。

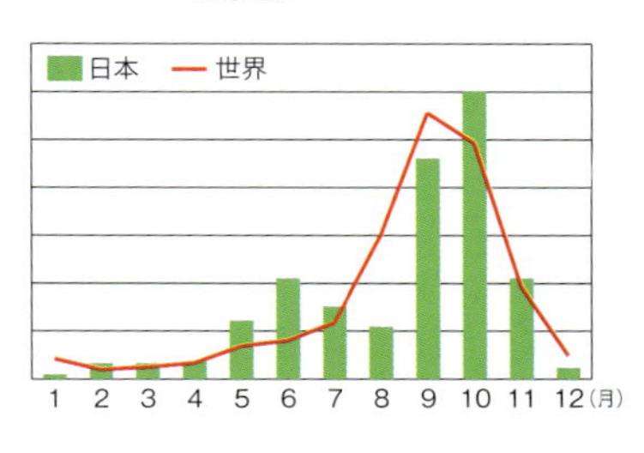

大家族、クヌギタケ家の控え目な主人

クヌギタケ

Mycena galericulata ハラタケ目クヌギタケ科

夏秋
中
食
枯れ木・倒木

傘上面

傘下面

柄表面

おもな特徴

- 傘は①褐色、灰色、黒色など多様で広円錐形②無毛平滑で湿時条線をあらわす
- ひだは灰白色で成熟すると、ややピンク色を帯び、やや疎
- 柄は傘と同色で細長い
- 傘の肉はやわらかく非常にもろいが、柄はそれほどもろくない
- 腐朽材に束生～群生する

腐朽材に発生する。広く分布する普通種であり、分類の上でも数多くのクヌギタケ属（*Mycena*）のきのこを代表する種（基準種）であるが、肉眼的に特筆すべき形質があるわけではなく、色や形状の変異が非常に大きいので、確実な同定は難しい。クヌギタケ属の中では比較的大型であること、傘表面に粘性を欠くこと、ひだが成熟するとややピンク色を帯びることなどで特徴づけられる。近縁種の「アシナガタケ」は本種のように束生せず、柄表面に縦溝があるのが特徴。

柄は赤いこともあるが、傘はそれほど赤くない

秋

中

枯れ木・倒木

アカチシオタケ

Mycena crocata ハラタケ目クヌギタケ科

傘上面

傘下面

柄表面

おもな特徴

- 傘は①灰褐色～黄褐色で傷つくと鮮やかな橙色のしみを生じる②湿時は粘性があり、条線をあらわす③縁部はそれほどフリル状にならない
- ひだは①白色系でやや疎②傷つくと鮮やかな橙色のしみを生じる
- 柄は①橙黄色で細長い②表面は無毛平滑に近いが基部が毛に覆われる
- 傷つくとオレンジ色の液体を出す

広葉樹の倒木に発生する。「チシオタケ」(p.138) とは、傷つくと液体が出る点が共通しているが、その他の特徴が大きく異なる。和名に「アカ」とあるが、赤色なのは傘よりもむしろ柄で、傘の色も液の色も、赤色よりオレンジ色に近い。学名の *crocata* は植物の「クロッカス」と関連しており、本種がサフラン(クロッカスのなかま)のような橙黄色であることを示している。こちらのほうが、実際の特徴に合っているかもしれない。

ちょっと観察しようとしたら…まさかの流血沙汰

チシオタケ

Mycena haematopus ハラタケ目クヌギタケ科

夏秋

中

枯れ木・倒木

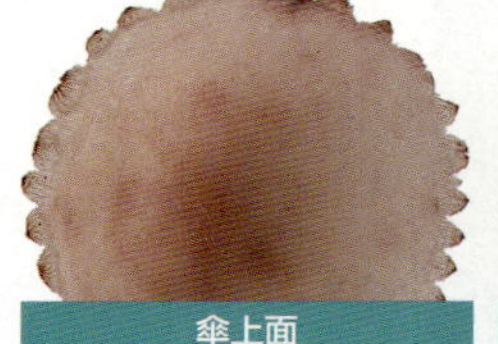

傘上面

傘下面

柄表面

おもな特徴

- 傘は①赤褐色～紫褐色で中央部ほど濃色、円錐形②縁部がフリル状③表面に長い条線をあらわす
- ひだは傘より淡色でやや密
- 柄は①傘とほぼ同色で細長い②表面は無毛平滑に近い
- クヌギタケ属（*Mycena*）のきのことしては比較的大型
- 傷つくと血赤色の液体を出す

広葉樹の材上に束生～群生する。傷つくと血のような赤黒い液体が出てくること、傘縁部がフリル状になることなどが特徴で、覚えやすいきのこのひとつ。しばしば子実体全体から長い針のようなものが多数生えるが、これは「タケハリカビ」という菌寄生菌で、本種がその宿主となることが多い。「アカチシオタケ」（p.137）はその名に反し、本種ほど子実体が赤色ではなく黄色に近い上、液体も赤色ではなくオレンジ色。「ヒメチシオタケ」は同じ赤色系だが、本種より小さく、傘の直径が 1 cm を超えない。

DNA解析ですら識別が難しい複数種の集合体

サクラタケ

Mycena pura ハラタケ目クヌギタケ科

春～秋
中
毒
枯れ木・倒木

傘上面

傘下面

柄表面

おもな特徴

- 傘は①淡紅色～淡紫色などで変異が大きい②鐘型からほぼ平らに開く③湿時濃色の条線をあらわす④縁部は鋸歯状になることが多い
- ひだは①傘より淡色の淡紫灰色でやや疎連絡脈を有する
- 柄は①傘とほぼ同色で細長い②基部に菌糸体をともない、菌糸マットを形成することもある

林内の落ち葉が積もった場所などにしばしば見られる。クヌギタケ属（*Mycena*）のきのことしては比較的しっかりとした大型の子実体を形成する。子実体の一部を指ですり潰すと、ダイコンのようなにおいがするのが特徴。ただし、この特徴は本種特有のものではなく、ほかのクヌギタケ属のきのこにも認められることがある。子実体のサイズや色合いなどが非常にさまざまである。実際に、本種は従来1種として扱われてきたが、少なくとも11種に分けられることが明らかになっている（Harder et al., 2013）。

発光きのこでは普通種だが日本産は光らない

夏秋
小
枯れ木・倒木

ワサビタケ

Panellus stipticus ハラタケ目クヌギタケ科

傘上面（約2倍）

傘下面（約4倍）

柄表面（約4倍）

おもな特徴

- 傘は①淡褐色～褐色でほぼ扁平②表面は乾燥していて微細な亀裂を生じる
- ひだは①傘表面より暗色の褐色系②縁部が灰色に縁取られることもある③しばしば分岐して脈状
- 柄は①傘と同色で太く短い②側生または偏心生
- 特有の刺激的な辛味があるが、あまり感じない個体もある

和名の通り、子実体に辛味がある。海外では発光するきのことしても知られ、菌糸にも発光性がある。しかし、日本のものは光らないという。肉質は強靭で、乾燥しても水に漬けると復元する。「スエヒロタケ」(p.159)や「シジミタケ」のなかまとは生え方や貝殻形の形状が似ているが、前者はひだ（正確には偽ひだ）が二重に見える点、後者は本種よりやわらかく、全体的に暗色である点などで識別可能。「チャヒラタケ」のなかまの一部も本種と似るが、ずっともろく、ひだの色が同じ褐色系でも異なる。

ぷるんとした質感、つるんと剥ける傘表皮

ムキタケ

Sarcomyxa edulis ハラタケ目クヌギタケ科

春～秋
中
食
枯れ木・倒木

傘上面

傘下面

柄表面

おもな特徴

- 傘は①淡黄褐色で扁平②表面は微細な毛に覆われる③暗色に縁取られることがある④肉が非常に厚く、皮の下はゼラチン質で、皮をむきやすい
- ひだは①傘とほぼ同色で密②暗色に縁取られることがある
- 柄は側生しほぼ欠く
- グアヤク脂で青緑色、硫酸バニリンで赤紫色に反応する

傘と肉の間にゼラチン質の層があり、和名の通りきれいに「剥く」ことができる。毒きのこの「ツキヨタケ」（p.152）とときに類似しており、誤食事例も多いが、本種は柄につば状の構造がなく、断面に黒いしみが見られない点などで識別可能。2014 年に本種の「緑色型」とよばれてきたものが別種であることが示され、「オソムキタケ」という和名が与えられた。オソムキタケは柄の表面が白色綿毛状ではなく、緑色の細かい鱗片状であることなども異なっている。

大発生してマツの切り株を覆い尽くすことも

ヒメカバイロタケ

夏秋
小
枯れ木・倒木

Xeromphalina campanella ハラタケ目クヌギタケ科

傘上面（約4倍）

傘下面（約4倍）

柄表面（約6倍）

おもな特徴

- 傘は①橙色で中央部はやや濃色②中央部は浅くくぼむことが多い③顕著な条線がある
- ひだは傘とほぼ同色でやや疎、顕著に垂生する
- 柄は①上部は傘とほぼ同色、下部が濃色でグラデーションをなす②細長く表面はやや淡色の毛に覆われる
- 多数群生する

おもにマツなどの針葉樹を宿主とし、各地でふつうに見られる。個々の子実体は小型だが、しばしば樹皮を覆うようにびっしりと群生している。従来、本種より小型で柄がかたよってつき、柄表面が粉に覆われるものが「ヒメカバイロタケモドキ」として分けられていたが、実際にはこのなかまはもっと多様であることが明らかになっている。ごく最近の研究では、中部山岳産のこのグループが未記載種を含む少なくとも５種からなることが示されている（糟谷ら、2015)。

小型の発光きのこ

ハラタケ目クヌギタケ科

日本産の発光きのこは古くからツキヨタケが知られていたが、小型のきのこにも発光性があることが明らかになってきた。ヤコウタケはその代表種で、人工栽培にも成功している。現状、仮称でよばれているものも多く、今後研究が進むとさらに未知種が見つかる可能性もある。なお、種によって発光する部位や強さは異なり、発光性が知られている種でも状態や観察環境などの条件が良くないと確認できないことがままある。

アミヒカリタケ

Mycena manipularis (MB)/ *Favolaschia manipularis* (IF)

春　小

枯れ木・倒木

クヌギタケ型だが傘の裏が管孔状。柄が強く発光する。発光量は変異や変動が大きく、肉眼では確認できない場合もある。

シイノトモシビタケ

Mycena lux-coeli

地味な褐色系のクヌギタケだが、強い発光性をもつ。八丈島で初めに発見された。各地で観察会が催されている。

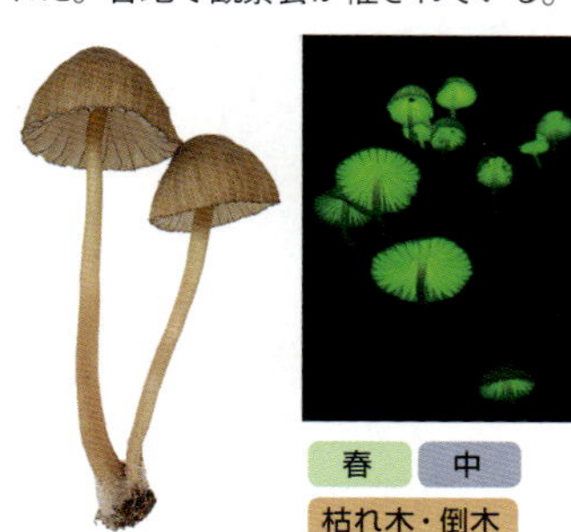

春　中

枯れ木・倒木

ヤコウタケ

Mycena chlorophos (MB)/ 未掲載 (IF)

透き通った白色小型のきのこ。発光きのこの中でも特に強く発光する。光の強さは傘とひだが強い。

夏秋　小

枯れ木・倒木

ホウライタケのなかま

Marasmius spp.
ハラタケ目ホウライタケ科
ホウライタケ属

もともと乾燥した雰囲気で、水を吸うと元の姿に

代表的な腐生菌のグループのひとつ。落ち葉や枯れ木などから生えることや、傘と柄のサイズや比率がクヌギタケのなかまに類似する。しかし、ホウライタケは湿った環境でも傘は紙、柄は針金のような質感であることが多く、水っぽいクヌギタケと混同することは、あまりない。また、多くのきのこは乾燥すると激しく縮むが、ホウライタケのなかまは、乾いても水を吸うと元にもどる。

重要な特徴

＊このページは、ホウライタケ科のうちホウライタケ属のみで順位を出しています。

1 ひだに襟帯がある

pLR ＝ 30.1

この属の一部の種に特有な性質として、ひだの柄に接する部分が「襟帯（きんたい）」という独特の形状になることが挙げられる。

シロヒメホウライタケ*の襟帯。16～17 世紀のヨーロッパで流行した「ひだ襟（えり）」に似ている。
Photo by Eric Smith

5 傘中央が乳頭状

pLR ＝ 6.7

オチバタケのなかまや、ウマノケタケ*に目立たない突起がある。

3 柄がごく細い

pLR ＝ 13.8（0.1 mm 以下）

柄がしばしば針金のように細くなる。同じくらい細いクヌギタケのなかまに比べて、より強靭な質感であることが多い。「ウマノケタケ*」の柄は、まさに馬の毛のような強靭さである。

スジオチバタケ

腐生菌で、名前の通り、落ち葉から生える。

ハナオチバタケ（褐色型）

2 胞子が長い

pLR ＝ 27.0（30 ～ 40μm）

このなかまの一部の種は、胞子が非常に細長くなる。アカキクラゲのなかまをのぞけば、担子菌類で最大クラスである。

4 胞子が紡錘形

pLR ＝ 9.3

胞子の形状はさまざまだが、両端が尖るものが多い印象。

補足説明

ホウライタケのなかまの別の重要な特徴として、「ひだの間隔が疎」であることが挙げられる。ひだの間隔を「疎」とするか「密」とするかは観察者の主観による部分も多く、集計や解析も、ほかの形質より難しいが、このなかまのひだは誰が見ても「疎」といえるだろう。

ひだは疎のものが多い。

スジオチバタケ

オオホウライタケ

ハナオチバタケ

スギヒラタケ

スギの材に出ることで知られるスギヒラタケも、このグループに含まれている。

各種データ

全世界種数…250種
国内種数………60種

サイズマッピング

傘の直径に対して柄が細長いのはクヌギタケ属と同様。きのこは小型だが、地中に広がる菌糸マットはしばしば広大な面積を占有する。

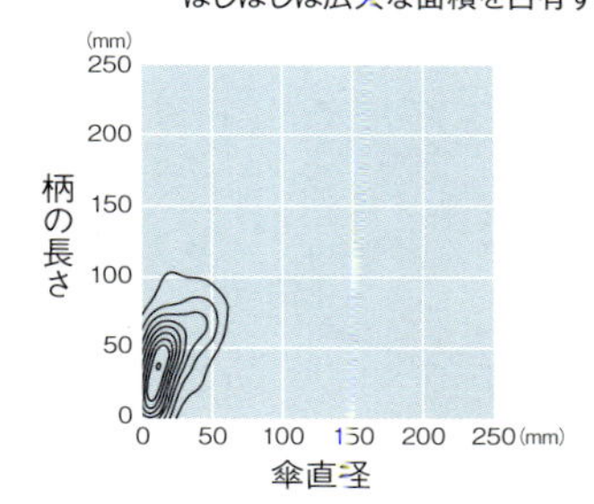

カラーパレット

白色から黒色まで比較的多様なパターンを示すが、緑色や桃色を帯びることはほぼない。「ハナオチバタケ」のような鮮やかな赤色は実は稀である。ひだが有色でも胞子の色ではなく、胞子紋はほぼ確実に白色である。

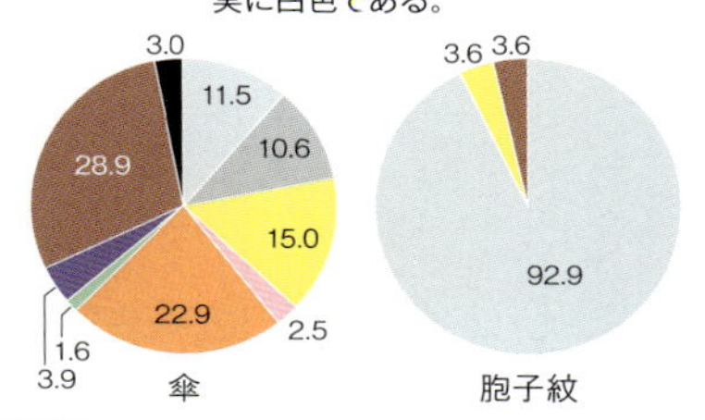

発生時期

初夏と秋に典型的な二峰性の発生パターンを示し、晩秋から春にかけてはほとんど観察例がない。このなかまの分布の中心は熱帯とされ、低温に比較的弱いのかもしれない。

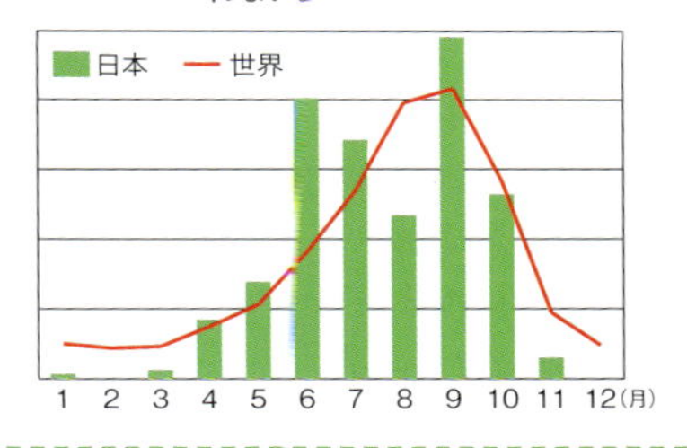

足下には巨大な菌糸マットが広がる

オオホウライタケ

Marasmius maximus ハラタケ目ホウライタケ科

春～秋
中
枯れ木・倒木

傘上面

傘下面

柄表面

おもな特徴

- 傘は①淡黄褐色で開き切るとほぼ平ら、不規則に波打つこともある②表面は無毛平滑に近く、明瞭な条線～溝線を多数生じる
- ひだは、傘より淡色で、疎、小ひだが目立つ
- 柄は①傘より濃色で細長い②表面は無毛平滑に近い③基部は巨大な菌糸マットにつながる

雑木林など身近な場所でもふつうに見られる。柄の基部から強靭なマット状の菌糸を生じ、周囲のリター（落ち葉や枝）を巻き込んで広がる。ほかのホウライタケ類とも共通する特徴だが、子実体が革質で、ひだの間隔が極めて疎である。傘が本種ほど大きくなる種で、これほどひだの数が少ない種はあまりない。ひだの位置と一致して傘表面に顕著な溝線が見られるのも特徴である。「シバフタケ」は本種に類似するが林内ではなく、芝生や草地に発生する。

傘は紙細工、柄は針金細工のよう

夏秋
中
落ち葉

ハナオチバタケ

Marasmius pulcherripes ハラタケ目ホウライタケ科

傘下面（約4倍）

- 傘は淡橙褐色、まんじゅう形で溝線がある
- ひだは淡色で極めて疎
- 柄は濃色で極めて細長く強靱

濃い赤紫色の傘をもつ小型種で、落ち葉の上に生える。ひだや柄もしばしば赤紫色を帯びる。傘の色から判別は容易だが、全体の色が茶色っぽい「褐色型」が存在する。「ハリガネオチバタケ」とは肉眼では識別困難なこともある。

普通種も、よく見ると変わった色合い

夏秋
中
落ち葉

スジオチバタケ

Marasmius purpureostriatus ハラタケ目ホウライタケ科

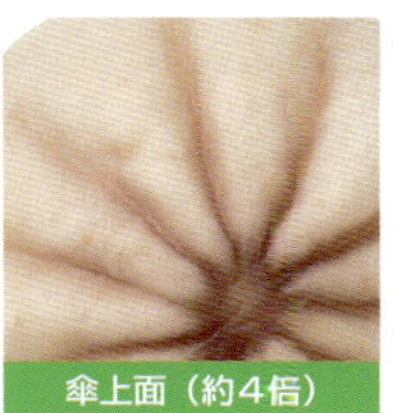

傘上面（約4倍）

- 傘は淡褐色～紫褐色、まんじゅう形で溝線がある
- ひだはほぼ同色で極めて疎
- 柄は濃色で細長く、基部に菌糸体

落葉落枝上の普通種。傘の地色は変異が大きいが、傘の溝線は古くなっても常に紫色をしている。日本特産種として知られていたが、その後、アジア各地から報告されている。アメリカ大陸の「M. タゲティコロル」は本種に色合いが似る。

ひだがここまで自己主張するきのこはめずらしい

枯れ木・倒木

ヒロヒダタケ

Megacollybia clitocyboidea ハラタケ目ホウライタケ科

傘上面

傘下面

傘断面

おもな特徴

- 傘は①暗灰褐色で、ほぼ平らに開く②表面は著しい繊維状
- ひだは①ほぼ白色で非常に幅が広く、非常に疎②暗色の縁取りがある
- 柄は①ほぼ白色～淡灰褐色②表面はしばしばねじれる繊維状③基部に菌糸の束をともなう
- 肉質はかたくて丈夫

材から発生することも地上から発生することもある。和名の通り、ひだの幅が非常に広いことが特徴。ときに非常に大型。食用きのことされることもあったが、現在は毒性が知られている。「ヒロヒダタケモドキ」は傘表面の様子が似るが、本種と異なりひだが垂生し、柄表面が鱗片に覆われる。「ツエタケ」のなかまにも本種と類似するものがあるが、本種は柄が根状に伸びない。また、「ウラベニガサ」（p.168）も本種に類似することがあるが、本種はひだがピンク色を帯びず、縁取りがある。

食卓に潜んでいた毒きのこ

スギヒラタケ

Pleurocybella porrigens ハラタケ目ホウライタケ科

秋
中
猛毒
枯れ木・倒木

傘上面（約4倍）

傘下面（約4倍）

柄表面（約4倍）

おもな特徴

- 傘は①白色～淡黄色で扁平な貝殻形～扇形②やや上向きに生じることが多い③表面は粘性を欠く
- ひだは①傘とほぼ同色で垂生し、やや密～非常に密②乱れて脈状になることもある
- 柄は①かたよってつく側生だが、ほとぼ欠く②基部に白色の毛が密生
- 肉はやわらかく丈夫

腐朽が進んだスギなどの材に重なり合って発生し、しばしば大群生する。東北・北陸地方を中心に従来食用とされてきたが、急性脳症を起こして死亡する例が知られるようになり、現在は致死的な毒きのことして扱われている。「ブナハリタケ」(p.256) は子実体の色や形状が似ており、「カノカ」など同じ地方名でよばれることがあるが、傘の裏がひだではなく針状である。「ヒラタケ」(p.20)、「ウスヒラタケ」(p.21) も一見似ているが、ひだが本種ほど密でなく、ごく短い柄をもつ点などが異なる。

ツキヨタケのなかま Omphalotaceae ハラタケ目ツキヨタケ科

あらゆる手段で特徴を見出そう

以前は白色腐朽を起こすこと、イルージン類という毒成分を含むことでまとめられていたが、DNA の研究により、従来キシメジ科などだった種も含まれることになった。食用の「シイタケ」、有毒の「ツキヨタケ」などに代表されるが、際立った特徴や共通の特徴に乏しい。落ち葉に発生する「モリノカレバタケ属（*Gymnopus*）」「アカアザタケ属（*Rhodocollybia*）」も含まれる。

重要な特徴

日本産のツキヨタケ科を代表するのは食用のシイタケと有毒のツキヨタケ。柄の有無の違いはあるが紛らわしいので、誤食にはくれぐれも注意したい。

シイタケ

ツキヨタケ

1 ひだに襟帯がある

pLR ＝ 2.9

襟帯（きんたい）は基本的にはホウライタケの特徴だが、「サカズキホウライタケ」や、そのほかのモリノカレバタケ属の一部の種にも見られることがある。（襟帯の写真は p.144 参照）

3 柄が細い

pLR ＝ 2.4 (0.3 ~ 0.5 mm)

おもにモリノカレバタケ型のきのこの柄を反映した数字である。同じ科でもシイタケやツキヨタケの柄とはかなり性質が異なり、質感は「軟骨質」と表現されることが多い。

2 柄が屈曲する

pLR ＝ 2.9

材から発生するきのこは、ひだを地面に向けるために柄を屈曲させて、傘の水平を保つ。ただし、この特徴は、ツキヨタケ科だけでなく、きのこ全般に見られる。

シイタケ

モリノカレバタケ

4 柄が根のよう

pLR ＝ 2.4

モリノカレバタケ属の基準種、G. フシペスなどが該当。

5 柄が黒色

pLR ＝ 2.2

オチバタケやシロホウライタケの柄の下部などが該当。

補足説明

ランキングの数値は、最大でも2.9と低く、どの特徴も、それほど際立ったものではないことを示している。顕微鏡で見ても、これといった特徴がないが、なかには水酸化カリウムで緑色に変色するものもあるので、何とかして同定の手がかりを探したい。

木材腐朽菌とは

さまざまな腐生菌のなかでも、枯れ木や倒木などの材を分解しながら栄養を得る菌類のことを木材腐朽菌とよぶ。分解された材の色により、白色腐朽菌と褐色腐朽菌の２つに大きく分けられる。

●白色腐朽菌

白色腐朽の例。分解された材は白っぽくなり、スポンジ状にやわらかくなる。

●褐色腐朽菌

褐色腐朽菌の例。分解された材は赤っぽくなり、ブロック状にばらばらになる。

各種データ

全世界種数… **180種**
国内種数……… **30種**

サイズマッピング　モリノカレバタケ型の中型のきのこが多くを占めるが、海外のツキヨタケ属には、傘の直径が20cmに達する大型種もある（O. イルーデンスなど）。

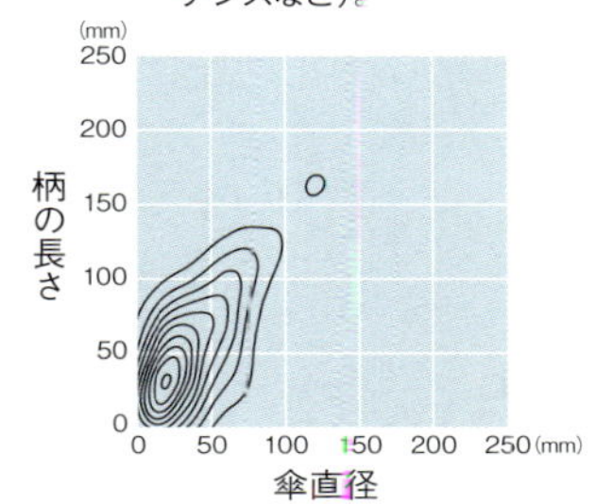

カラーパレット　まとまりのないグループだが、胞子紋は必ず白色。子実体が紫色のものはほとんど見られないが、「ニオイカレバタケ*」は、全体が紫色の稀な例である。緑色のきのこも見られないが、水酸化カリウムで緑色になる種は複数ある。

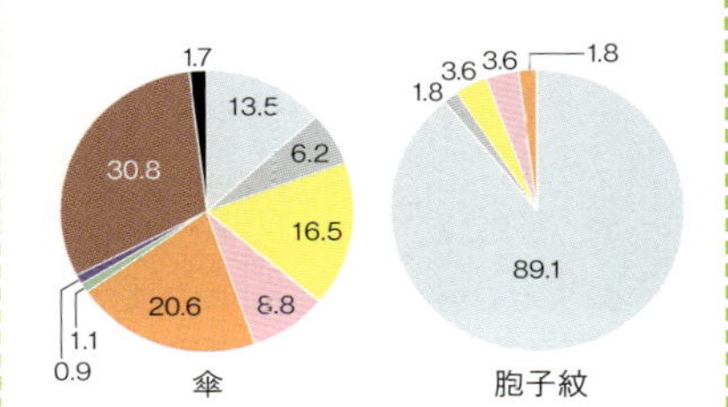

発生時期　単峰性の分布を示す。日本は四季があるので全世界（おもに北米、ヨーロッパを反映）のデータとは重ならないことが多いが、この科はよく一致している。

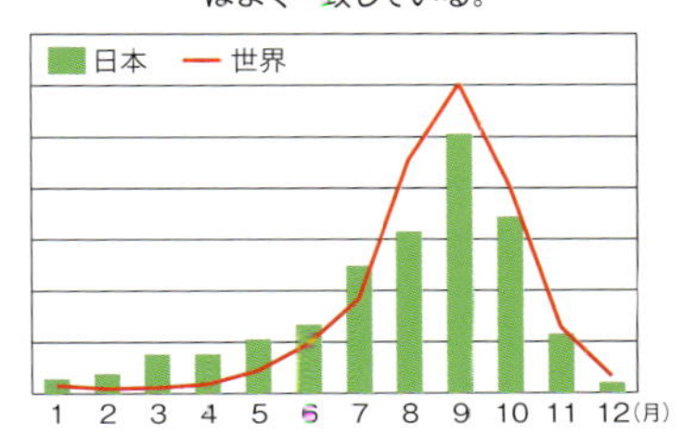

闇夜のブナ林に映える、幽き緑色の光

ツキヨタケ

夏秋 / 大 / 毒 / 枯れ木・倒木

Lampteromyces japonicus (MB)/*Omphalotus japonicus* (IF)

ハラタケ目ツキヨタケ科

傘上面

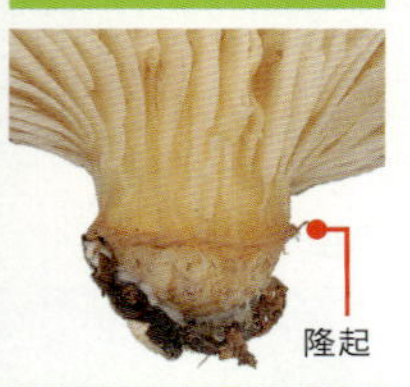

傘下面・柄表面

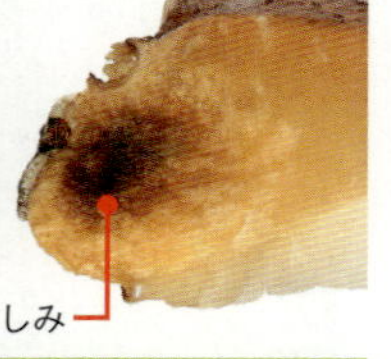

柄断面

おもな特徴

- 傘は①褐色～紫褐色で、扁平な扇形②表面は放射状に暗色の鱗片が配列する
- ひだは白色～淡黄色で、やや密
- 柄は①太く短い②表面は繊維状③つば状の明瞭な隆起をもつ
- ①縦に裂くと断面の柄周辺に黒いしみが見られる②発光性をもつ

中毒事例の非常に多い毒きのこ。ブナ林の代表的なきのこのひとつである。縦に裂くと基部に黒いしみがあるという特徴がよく知られている。傘と柄の境目につばのような隆起があることも特徴である。発光性も有名だが、微弱なので野外では確認しにくい。食用の「ムキタケ」(p.141)は本種に類似し、しばしば誤食されるが、上に挙げた特徴で識別可能。確実な同定にはグアヤクチンキや硫酸バニリンなどの試薬を用いることができる。「シイタケ」(p.154)、「ヒラタケ」(p.20)との誤食事例もある。

暗くなると発光していることがよく分かる。

野生のものもスーパーで慣れ親しんだ同じ顔

シイタケ

Lentinula edodes ハラタケ目ツキヨタケ科

夏秋
中
食
枯れ木・倒木

傘上面

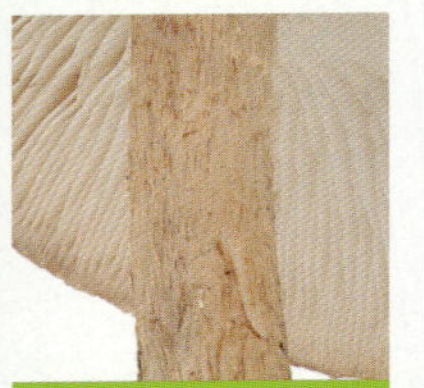

傘下面

柄表面

おもな特徴

- 傘は①褐色で平らに広がる②小型の白色系の鱗片が散在する③亀甲状にひび割れることもある
- ひだは①傘より淡色、密②褐色のしみを生じる
- 柄は①傘とほぼ同色②表面には繊維状鱗片をともなう

日本人なら知らぬ人はいないお馴染みのきのこであり､海外でも「Shiitake」の名前で広く食用にされる。野生のシイタケは栽培のものと見た目は変わらず､味も原木栽培のものとさほど違いがないといわれる。「マツオウジ」(p.260) は子実体の形状や強靱さなどが本種に似ていなくもなく、同じグループに含まれたこともあったが、現在はまったく別のグループに分けられている。本種は毒きのこの「ツキヨタケ」(p.152) と近縁であることが明らかになり、実際に誤食事例も報告されている。

地味だが落ち葉を腐らせる大切な役割をもつ

モリノカレバタケ

Gymnopus dryophilus ハラタケ目ツキヨタケ科

春～秋

中

地面

傘上面

傘下面

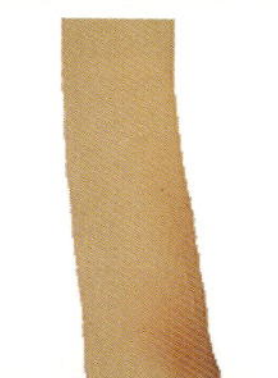

柄表面（約2倍）

おもな特徴

- 傘は①淡褐色で、中央部はやや濃色②表面は無毛平滑に近く、吸水性が顕著
- ひだは①傘とほぼ同色でかなり密②非常に浅いので柄との接し方が不明瞭
- 柄は①傘より濃色で細長い②表面は無毛平滑に近い

林内の落葉が積もった上にふつうに見られるきのこ。しばしば多数の子実体が菌輪をなす。傘の肉が薄く柄が細いので印象は弱々しく、いわば特徴がないのが特徴といえる。「アマタケ」とは雰囲気がよく似ているが、本種と異なり柄が毛に覆われる点などで区別される。同じツキヨタケ科の「エセオリミキ」(p.156) は柄が太く、全体的によりしっかりとした印象である。本種は海外ではシジゴスポラ・ミケトフィラという、ゼリー状のきのこに寄生されるきのことして知られている。

見た目も系統も全然違うきのこの「もどき」

夏秋

中

枯れ木・倒木

エセオリミキ

Rhodocollybia butyracea ハラタケ目ツキヨタケ科

傘上面

傘下面

柄表面（約2倍）

おもな特徴

●傘は①赤褐色で乾燥すると退色するが、中央部は濃色のままである②成熟すると平らに開き、反り返ることもある③表面は平滑で光沢がある

●ひだは①白色で、ほぼ離生し、密②老成すると縁部が鋸歯状になる

●柄は①傘と同色または淡色②平滑で頂部が粉状③基部は棍棒状に太まって急にまがり、菌糸体に覆われる

林内の落葉上に発生。和名は「オリミキ（ナラタケの方言名）のエセ（似て非なるもの）」という意味とされるが、「ナラタケ」(p.104) との共通点はあまりなく、まず混同することはない。「モリノカレバタケ」(p.155) のなかまにしては子実体ががっしりとしているが、肉質はやわらかく、水っぽい印象があるきのこである。モリノカレバタケとは発生環境、傘の中央が濃色である点、その他、全体的な印象などが類似するが、本種ほど柄の基部がふくらまない。

純白の出で立ちも、みるみる全身あざだらけ

アカアザタケ

Rhodocollybia maculata ハラタケ目ツキヨタケ科

春～秋
中
注意
地面

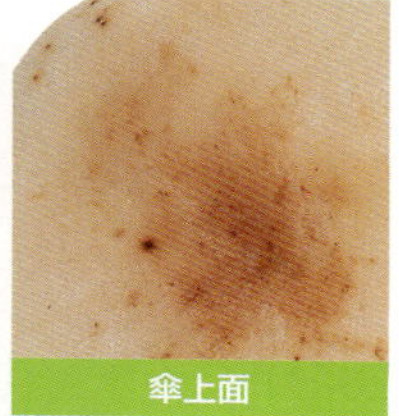

傘上面

傘下面

柄表面（約2倍）

- 傘は①白色で成熟するとほぼ平らに開く②表面に赤褐色～褐色のしみを多数散在する
- ひだは①白色で極めて密②縁部はのこぎりの刃のようにぎざぎざしている
- 柄は①傘と同色で変色性も同様、基部は濃色②肉質は強靭

林内の落葉上に発生し、菌輪をなすこともある。傘は初め白色に近いが、その名の通り、成熟につれて不規則な赤褐色のしみが目立つようになる。この特徴から同定は容易だが、幼時はしみがほとんど見られないこともある。傷をつけた部分も変色する。ひだは極めて密であり、これほど密な例はほかにほとんどない。また、幅が非常に狭いのも特徴で、傘の輪郭に貼りつくように走っているので、子実体を下から見ると大きくくぼんでいるように見える。人によっては中毒するともいわれる。

「貧者のステーキ」は A5 ランクの霜降り？

カンゾウタケ

Fistulina hepatica ハラタケ目カンゾウタケ科

夏秋

大

食

枯れ木・倒木

傘上面

傘下面

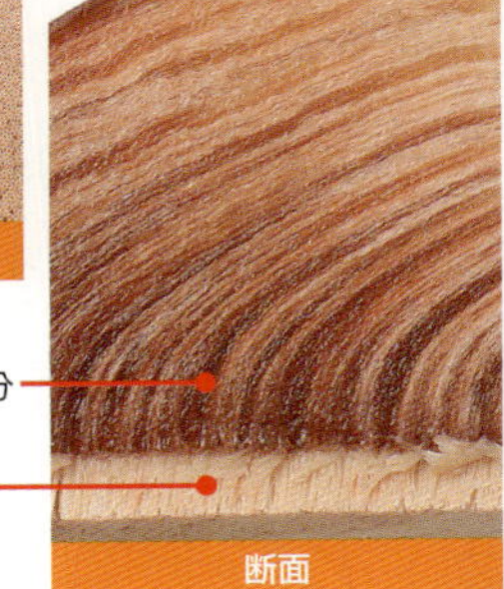

断面

おもな特徴

- 半円形～腎臓形、基部はせまい
- 上面は微粒や微毛に密に覆われる
- 下面は管孔状、孔口はほぼ円形
- 断面は淡褐色で、流線形の紋様

木から肝臓が生えているようなきのこ。おもにシイの木に発生し、地域によっては特段めずらしくない。学名 *hepatica* も「肝臓の」という意味。英名「Beefsteak Fungus」は「ビーフステーキのきのこ」という意味で、切断すると霜降り肉のような模様があり、肉汁を思わせる赤い液をにじませる。「スエヒロタケ」(p.159) や「ヌルデタケ」に近縁。傘の裏は管孔だが、イグチ類 (p.198) やタマチョレイタケ類 (p.246) の管孔とは異なり、細いチューブが集まったような状態で、1本1本分けられる。

さまざまな場所で旺盛に成長…ヒトの肺の中でも

スエヒロタケ

春〜秋
小
枯れ木・倒木

Schizophyllum commune ハラタケ目スエヒロタケ科

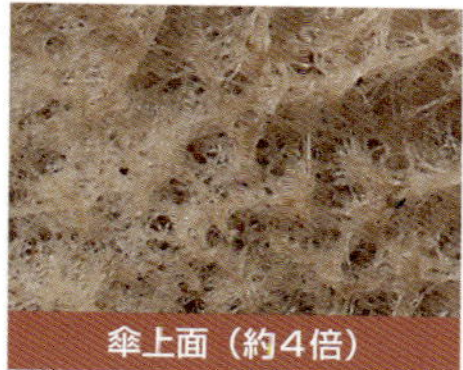
傘上面（約4倍）

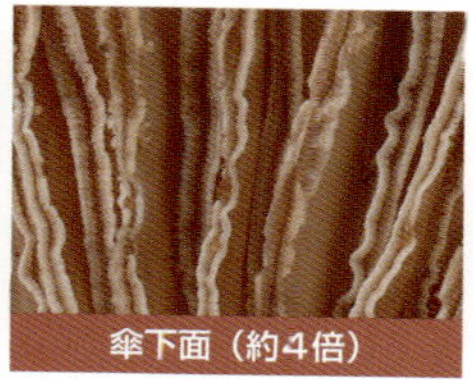
傘下面（約4倍）

柄表面（約4倍）

おもな特徴

- 灰色〜灰褐色で、縁部がやや指状に裂けた半円形〜扇形
- 上面は著しい淡灰色〜淡灰褐色の毛に覆われる
- 下面は褐色で、「偽ひだ」というひだのような構造がある。この偽ひだが二重になっている
- 柄はほとんど欠く

極めて普通種で、全世界に分布する。日当たりのよい乾燥した環境によく見られる。さまざまな枯れ木や倒木に群生するが、生えるものは木材とは限らず、カヤの実、ジャガイモの塊茎などに発生した例のほか、人間の肺の中に生えた事例も有名（肺スエヒロタケ症）。寒天培地で培養すると子実体を容易に形成する。海底下 2500 m の地層から採集された本種が子実体を形成した例も報告されている。形態的な最大の特徴は、ひだが 2 枚ずつ重なったように見える「偽ひだ」である。

ヌメリガサのなかま

Hygrophoraceae
ハラタケ目ヌメリガサ科

ロウ細工のような傘とひだ

「ヌメリガサ属（*Hygrophorus*）」と「アカヤマタケ属（*Hygrocybe*）」は、どちらも英語で「Waxy Cap（ワクシー キャップ）（ロウの傘）」とよばれるように、ろうそくのロウのような光沢があり、ひだが厚いことなどで特徴づけられてきた。しかし、DNAの研究により、この2つの属が近縁ではないこと、傘や柄に粘性をもたなくても、ヌメリガサ科に含まれることなどが明らかになってきた。

＊本書では MycoBank の分類に従いアカヤマタケ属をキシメジ科に含めた。

重要な特徴

1 柄に粘性

pLR ＝ 8.9

その名の通り、ぬめりがあるのが最大の特徴である。ただ、ナメコのような著しい粘性をもつものは少なく、「ワクシー・キャップ」の英名通り、ロウを塗ったような印象のものが多い。

ひだは垂生。

キヌメリガサ

柄にも傘にも粘性がある。

3 ひだが垂生

pLR ＝ 2.5

このなかまは特に子実体の色がさまざまだが、ひだの様子は比較的共通しており、厚めで、どちらかというと疎なひだが垂生するものが多い。

ひだは垂生で、疎。

傘にも柄にも粘性はない。

オトメノカサ＊

2 傘に粘性

pLR ＝ 3.17

傘にも粘性があるが、湿ったときに限って粘性をあらわすきのこも多い。この特徴は乾燥時には失われるが、その名残として葉の断片などが付着していることが多い。

傘は湿ったときだけ粘性がある。

ひだは直生～垂生。

サクラシメジ

補足説明

ヌメリガサ属もアカヤマタケ属も、顕微鏡で見ても特に目立った特徴をもたないが、ほかのきのこに比べて担子器が長く、それが、ひだの肉眼的な見た目にも影響している。ヌメリガサ属とアカヤマタケ属の識別点としては前者が菌根菌、後者が腐生菌とされることや、ひだを構成する菌糸の配列などが挙げられる。

アカヤマタケ属のきのこ。本書ではキシメジ科に含めたが、ヌメリガサ科に掲載されていることのほうが多い。

アカヤマタケ

4 胞子紋が白色

pLR = 2.1

ひだの色は必ずしも白色ではないが、胞子紋は必ず白色。

キヌメリガサ

胞子が成熟しても着色しないので、ひだも白色のままである。

5 胞子が非アミロイド

pLR = 2.0

試薬のメルツァー液をかけても着色しない性質を非アミロイドという。

各種データ

全世界種数… 100種
国内種数……… 30種

サイズマッピング

平均よりも小さめの種が多く含まれている。開ききった傘の直径と柄の長さが同程度になる種が多い印象。

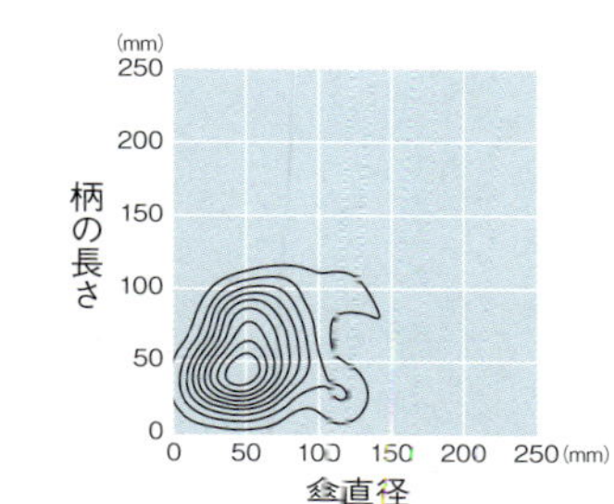

カラーパレット

傘が明るく、鮮やかな黄色～オレンジ色の種が多い傾向があるが、灰色や褐色の種もある。ひだの色は必ずしも白色とは限らないが、胞子紋は必ず白色。つまり、ひだが有色の種は胞子ではなく、ひだそのものが着色している。

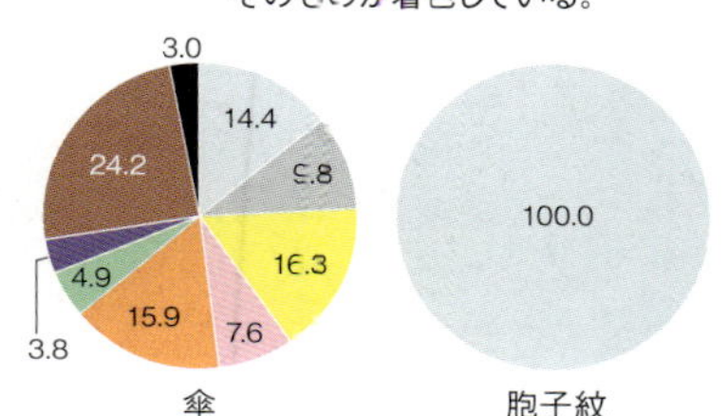

発生時期

夏にはあまり発生しない。サクラシメジは晩秋に発生する食用きのこのひとつとして、しばしばきのこ狩りの対象になる。

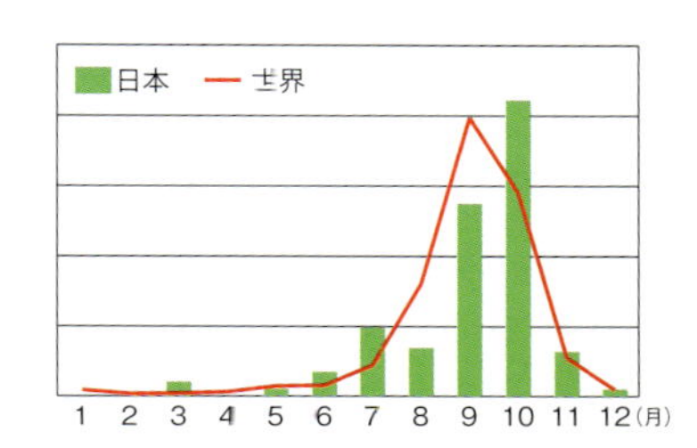

しばしば巨大な菌輪をなして発生する

サクラシメジ

Hygrophorus russula ハラタケ目ヌメリガサ科

秋
中
食
地面

傘上面

傘下面

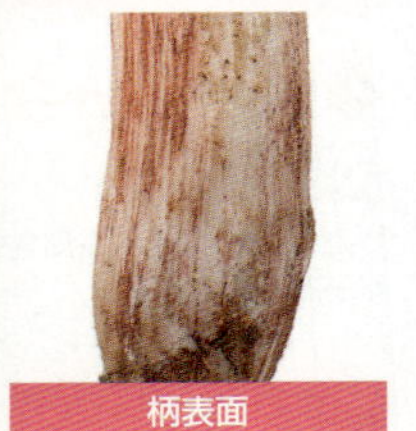
柄表面

おもな特徴

- 傘は①白色～赤褐色で不規則な濃淡あり②開き切っても低いまんじゅう形のことが多い③湿時粘性あり
- ひだは白色でやや密、垂生することもある
- 柄は①白色でやや赤みを帯びる②表面は平滑に近い
- 子実体全体に傷つくと赤色に変色する性質がある

広葉樹林や雑木林に発生し、しばしば多数の子実体が列をなしたり、菌輪といって輪を描いて発生したりする。子実体全体が淡紅色（桜色）を帯びる。ひだは垂生し、初め白色だが、のちに傘および柄と同色のしみを生じる。ゆでると黄褐色に変色するという特徴もある。サクラシメジ類には複数種が含まれ、「オオサクラシメジ」は針葉樹林に発生し、「アケボノサクラシメジ」は本種よりずっと淡色。「ヒメサクラシメジ」はモミ林に発生し、本種より濃色で傘が波打つ。

広葉樹林ではなく針葉樹林に発生

サクラシメジモドキ

秋
中
食
枯れ木・倒木

Hygrophorus purpurascens (MB)/ 未掲載 (IF) ハラタケ目ヌメリガサ科

傘下面

- 傘はピンク色～ワイン色で平らに開く
- ひだは白色で厚く、垂生し、やや疎
- 柄は傘とほぼ同色

傷つくとワイン色のしみを生じる。海外では雪どけとともに発生するきのことして知られる。よく似る「サクラシメジ」(p.162) は本種と違って広葉樹林に発生する。「ヒメサクラシメジ」は傘やひだが本種より暗色。

干し魚のような癖のあるにおいで有名

フキサクラシメジ

秋
中
食
枯れ木・倒木

Hygrophorus pudorinus ハラタケ目ヌメリガサ科

傘下面

- 傘は淡黄色～淡赤褐色で粘性がある
- ひだはやや疎
- 柄は平滑で上部に細点状の鱗片がある

山地の針葉樹林に発生。がっしりとして肉厚で、食用にされるが、干し魚にたとえられる強い臭気があり、好みが分かれる。ほかのサクラシメジ類とは、ひだが傷ついても赤色のしみを生じない点などが異なる。

サクラシメジより大型でほのかに桃色を帯びる

アケボノサクラシメジ

Hygrophorus fagi ハラタケ目ヌメリガサ科

秋
大
食
地面

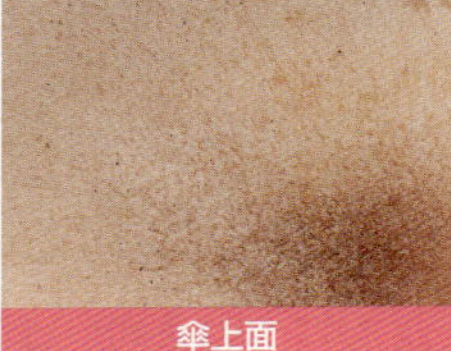
傘上面

傘下面

柄表面

おもな特徴

- ①中央部は淡紅色、縁部は白色で、成熟するとほぼ平らに開く②縁部は内側に強く巻く②表面に強い粘性がある
- ひだは傘とほぼ同色で垂生し、やや疎
- 柄は①傘とほぼ同色。下部は、やや黄色を帯びる②太く、しっかりとしており、基部はやや細まる

学名 *fagi* は、「ブナの」という意味で、その名の通り、ブナ林に特有のきのこ。ヌメリガサ属（*Hygrophorus*）のきのことしては大型の種で、菌輪をなして、大群生することがある。「アケボノ」は本種を含め、ほのかなピンク色を帯びる数種の和名に取り入れられる。中国語では「粉肉色」と表現される。「サクラシメジ」（p.162）とは深山に分布することや、サイズが大きいことなどで識別ができる。加熱すると特徴的な桜色は失われ、全体が黄変する点は、サクラシメジと同様。

食べたいと思ったら根気が必要

キヌメリガサ

Hygrophorus lucorum ハラタケ目ヌメリガサ科

秋冬
中
食
地面

傘上面

傘下面

柄表面（約2倍）

おもな特徴

- 傘は①明るい黄色でまんじゅう形～平ら、ときに反り返る②強い粘性をもつ
- ひだは①白色で垂生し、やや疎②強い粘性をもつ
- 柄は①白色～淡黄色で細長い②強い粘性をもつ
- つばは消失しやすい
- 肉は白色～淡黄色でやわらかい

カラマツ林の地上に生える晩秋のきのこ。食用になるが全体に強い粘性があり、こびりついたカラマツの葉を取りのぞかなければならず、たいへんな根気を必要とすることから別名を「根気茸（こんきたけ）」という。しかし、環境条件によっては乾燥することもある。黄色のヌメリガサ属（*Hygrophorus*）のきのこは複数あるが、本種は生息環境と発生時期から識別は容易。ただし、亜高山帯の針葉樹林に本種と混同されることがある別種があり、仮称で「コガネヌメリガサ」とよばれている。

ウラベニガサのなかま

Pluteaceae
ハラタケ目ウラベニガサ科

ひだの色と、ひだのつき方の組み合わせで同定

おもにつぼをもたない「ウラベニガサ属（*Pluteus*）」と、つぼをもつ「フクロタケ属（*Volvariella*）」からなる。中華料理によく使われ、栽培もされている「フクロタケ」も含む。ひだが離生すること、胞子が成熟するとピンク色を帯びるが、どちらか一方でこのグループと確定できるわけではない。前者はイッポンシメジのなかま、後者はテングタケなどにも共通するからである。

重要な特徴

シロフクロタケ

1 胞子紋がピンク

pLR ＝ 13.9

ハラタケ型のきのこの分類には、胞子紋の色が非常に有効であることが古くから知られている。ピンク色であれば、ウラベニガサ科かイッポンシメジ科にほぼ絞ることができる。

4 ひだがピンク

pLR ＝ 5.1

ひだは胞子の影響でピンク色になる。

シロフクロタケ

フクロタケ属にはつぼがある。

つぼ

ウラベニガサ

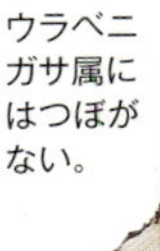

ウラベニガサ属にはつぼがない。

5 ひだが離生

pLR ＝ 4.1

ほとんどの種に共通し、野外でも一目でわかり、役に立つ。

3 つぼをもつ

pLR ＝ 11.1

フクロタケ属は、つぼをもつ数少ないハラタケ型きのこである。木の上でつぼを形成するのは、このなかまにほぼ限られる。ウラベニガサ属はつぼをもつことがない。

カサヒダタケ*

2 傘表面が脈状

pLR ＝11.3

ほかのグループにはほとんど見られない特徴。「カサヒダタケ」が最も顕著な例だが、ウラベニガサ属には傘表面が脈状に隆起する種が複数ある。

補足説明

ウラベニガサのなかまには、ひだを顕微鏡でのぞくと変わった形の巨大な細胞が見られるものがある。これは「シスチジア」とよばれる細胞で、機能は必ずしも明らかになっていないことが多いが、分類・同定には重要である。「ウラベニガサ」のシスチジアはかぎづめのような突起のあるおもしろい形をしているのでぜひ見てみてほしい。

ヒイロベニヒダタケ

オオフクロタケ*

大型のフクロタケ属で、つぼをもつ。

キヌオオフクロタケ*

倒木などに生えていて、つぼをもっていたら、フクロタケ属の可能性が高い。

各種データ

全世界種数… 190種
国内種数……… 40種

サイズマッピング

傘、柄ともに平均よりも小さい傾向があるが、「オオフクロタケ*」のようにかなり大型になる種もある。傘と柄の長さの比は平均的。

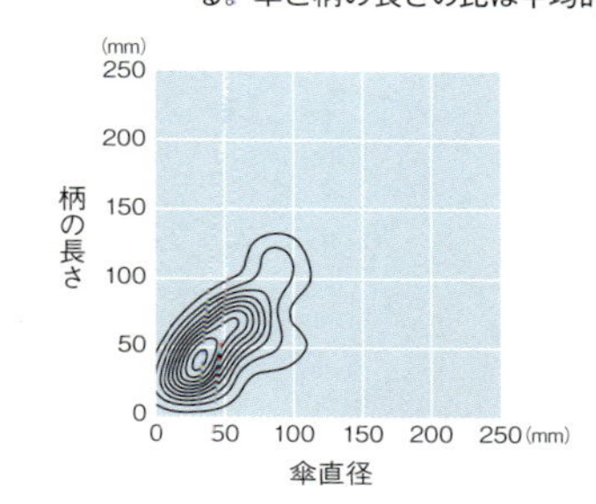

カラーパレット

全体的に地味な色の傘をもつ種が多いが、「ベニヒダタケ」のような明るい黄色の種も複数ある。柄は白色のことが多い。胞子紋は特徴的なピンク色だが、ややオレンジ色～褐色を帯びることもある。

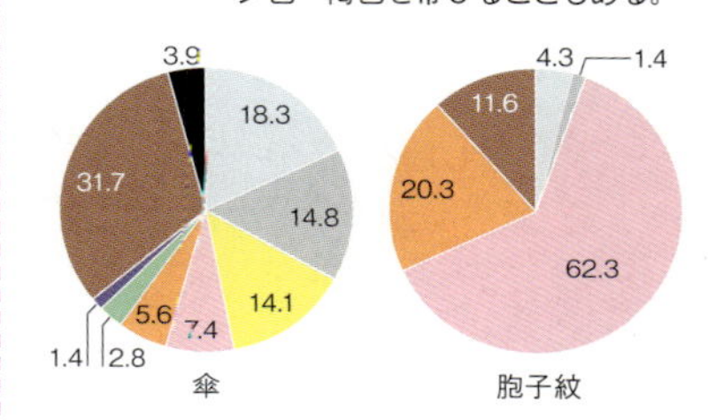

発生時期

ほかのグループに比べて、夏のピークが比較的大きい。確かに「ウラベニガサ」は夏のフィールドでよく見かける。

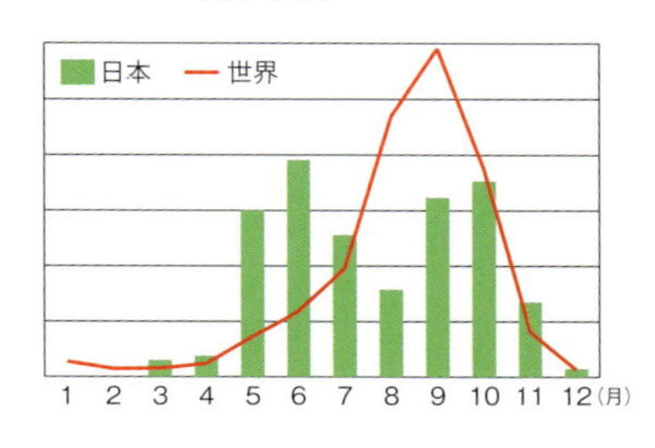

裏返すと肉色のひだがはっきりと離生し特徴的

ウラベニガサ

Pluteus cervinus ハラタケ目ウラベニガサ科

春～秋
中
食
枯れ木・倒木

傘上面

傘下面

柄表面（約2倍）

おもな特徴

- 傘は①灰褐色で平らに開き、中央部はやや突出する②表面は放射状繊維紋をあらわし、特に中央部で目立つ
- ひだは肉色で離生し、やや密
- 柄は白色系でやや繊維状①白色系で、やや繊維状②表面にはごく細かい毛がある
- 肉は水っぽく傷みやすく、子実体は老成すると全体的に色が薄くなる

里山の雑木林で普通に見られるが、山地のブナ林にもよく発生する。材から生える比較的大型の灰色系のきのこで、１本だけ単独で発生または数本が生じ、ひだがピンク色かつ離生であれば本種であることが多い。ただし、成長段階によって印象が大きく異なることがあり、傘の裏を見て本種と気づくこともある。ひだを顕微鏡で見るとおもしろい形の細胞（シスチジア）が見られる。厳密にいうとこの種には複数のよく似た種があるが、少なくとも本種のグループであることは容易にわかる。

黄色の傘色は和名には反映されず

ベニヒダタケ

Pluteus leoninus ハラタケ目ウラベニガサ科

夏〜冬	食
中	枯れ木・倒木
	ウッドチップ

傘上面

傘下面

柄表面（約2倍）

おもな特徴

- 傘は①黄色〜橙褐色でほぼ平らに開く②吸水性をもち、湿時は条線をあらわす
- ひだは白色で、成熟するとピンク色を帯び、離生しやや密
- 柄は①傘より淡色、基部は灰褐色②表面はやや繊維状鱗片に覆われる③基部には白色の菌糸体をともなう
- 傘の肉は非常に薄い

ひだは初めしばらく白色だが、成熟すると和名の通り紅色になる。「ウラベニガサ」（p.168）のなかまらしく、ひだが離生するのも特徴。「キイロウラベニガサ」とは肉眼的形態がほぼ同一で、しばしば混同されるが、顕微鏡で傘の皮（傘表皮）の構造を見ると異なっている。また、ほかにもほぼ傘表皮でしか区別できない、正式な名前のない類似種が知られている。「ヒイロベニヒダタケ」はサイズや形状が本種によく似るが、傘の色が黄色ではなく鮮やかな朱橙色である。

鮮やかでよく目立つが緋色より橙色に近いことも

ヒイロベニヒダタケ

Pluteus aurantiorugosus ハラタケ目ウラベニガサ科

春～秋
小
食
枯れ木・倒木

傘上面

傘下面

柄表面（約2倍）

おもな特徴

- 傘は①橙色～赤色でほぼ平らに開く②表面は微細なしわ状で湿時条線を有する③縁部に鮮やかな黄色の縁取りをあらわすことがある
- ひだは白色で成熟すると肉色を帯び、離生し、やや疎
- 柄は①傘と同色またはより淡色②表面は繊維状③基部に白色の菌糸体をともなう

枯れ木や倒木などに発生し、初夏によく見られる。特にシイタケやナメコを栽培しているほだ木から生えることが多い。小型ながら鮮やかなオレンジ色～赤色の傘および柄をもち、よく目立つ。若いひだと肉は白色で、傘および柄の表皮とは明瞭に色が異なる。「ベニヒダタケ」（p.169）は本種より黄色。このなかまの識別には、傘表皮の構造の顕微鏡観察が重要なことがあり、本種は棍棒形の細胞が子実層のようにきれいに並ぶ（子実層状被）が、ベニヒダタケは毛のように立ち上がる構造（毛状被）。

同定を間違えると致命的

シロフクロタケ

Volvariella gloiocephala (MB)/ *Volvopluteus gloiocephalus* (IF)

ハラタケ目ウラベニガサ科

夏〜冬

大

食

地面

傘上面

傘下面

柄表面

おもな特徴

- 傘は①白色で中央部は淡赤褐色②先端が丸い円錐形からほぼ平らに開く
- ひだは肉色で離生し密
- 柄は①傘とほぼ同色で表面は繊維状②つばを欠く
- つぼは小型

堆肥や道ばたの草が積んである場所などに発生する。ウッドチップから発生することもある。ほかのフクロタケ属(*Volvariella*)のきのこと同じく、柄の基部につぼをもつのが特徴。純白のテングタケ類とはひだが肉色を帯び、つばを欠く点で区別できるものの、「ドクツルタケ」(p.185)などの猛毒菌とは絶対に混同してはならない。特に幼時は厳重な注意が必要。「オオフクロタケ」は本種に類似し、同種ともいわれるが子実体がより大きく、本種と異なり有色である。

テングタケのなかま Amanitaceae ハラタケ目テングタケ科

「つば」と「つぼ」が特徴、猛毒多し

猛毒きのこを多く含むグループなので、きのこ狩りをする人は絶対に覚える必要がある。特徴は柄の上部に「つば」とよばれる構造をもち、柄の基部に「つぼ」とよばれる袋状の構造があること。ただし、種によってはつばを欠くものや、つぼがほとんど目立たないものもある。種の同定には、傘の縁部における「溝線」という細かい線の有無や、つぼの形状なども重要である。

重要な特徴

2 つばをもつ

pLR = 6.2

テングタケ類の重要な特徴だが、風雨などでしばしば失われることに注意が必要。また、幼時は、まだひだを覆った状態（内被膜）でつばになっていないこともある。ツルタケのなかまは、つばをもたない。

1 つぼをもつ

pLR = 36.5

つぼをもつ傘と柄のあるきのこは、テングタケ類とウラベニガサ科のフクロタケ類にほぼ限られる。フクロタケ類はひだがピンクで、つばを欠き、しばしば木から直接生えることで区別は容易。つぼの形態はさまざまで、袋状のものがわかりやすいが（タマゴタケ）、環が何段かできるもの（ベニテングタケ）、粉状のもの(ヒメコナカブリツルタケ）などもある。

3 柄が長い

pLR = 4.9（15 ~ 20 cm）

かなり大型で、柄が 20 cm に達する種もめずらしくない。細長くすらりと伸びるものが多く、ツルタケのようにツルの首にもたとえられるものもある。

補足説明

テングタケ属のなかで、傘の縁部に溝線がないグループは「マツカサモドキ亜属」というサブグループに含まれる。猛毒のシロタマゴテングタケ、ドクツルタケ、タマゴタケモドキ、シロオニタケなどはいずれもこのグループだが、溝線があってもベニテングタケやテングタケのような有毒種もあるので毒の有無の判断には使えない。

4 ひだは離生

pLR = 3.8

ほとんどの種が離生だが、やや上生する種もある。

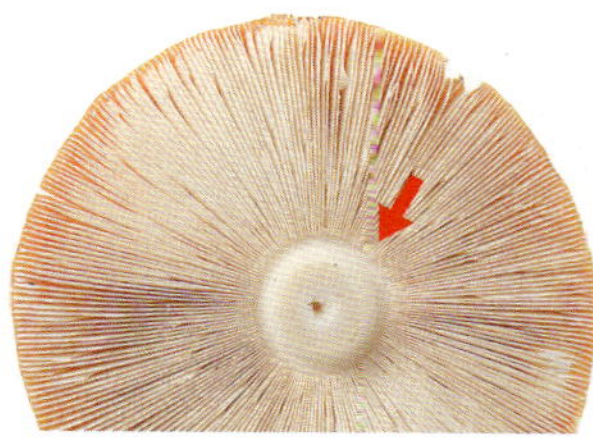

溝線がない。

タマシロオニタケ

5 根もとが塊茎状

pLR =2.8

つぼのように見えるが、柄がふくらんでいるだけのものもある。

各種データ

全世界種数…710種
国内種数………90種

サイズマッピング

サイズは傘、柄ともに平均よりかなり大きく、どちらも5～15cmの範囲のものが多い。種によっては非常に大型になる。

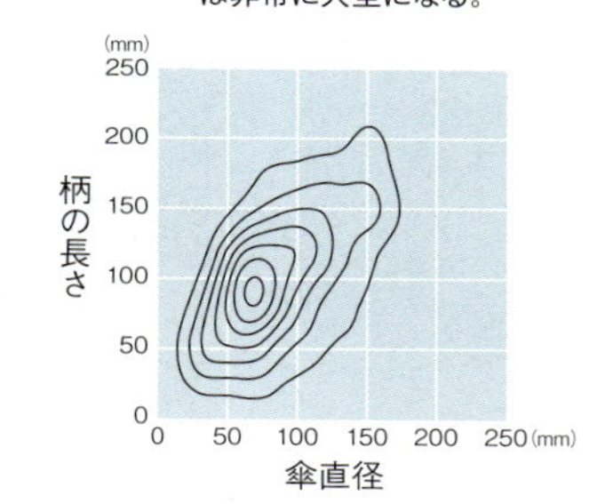

カラーパレット

黒いテングタケはクロタマゴテングタケなどが思い浮かぶものの、実は極めて少ない。ベニテングタケ、タマゴタケのような鮮やかな色の種も、全体の割合としては小さい。胞子の色を反映し、ひだが白い種が多い。

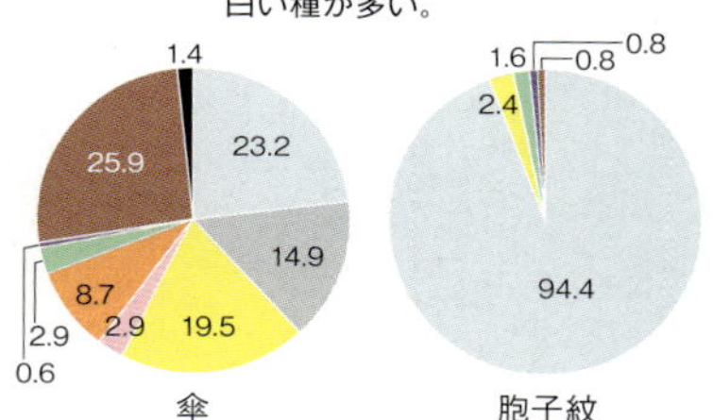

発生時期

イグチ類やベニタケ類と同じく、初夏に最初の発生のピークがあり、真夏にはいったん少なくなって、秋にもう一度発生する傾向がある。

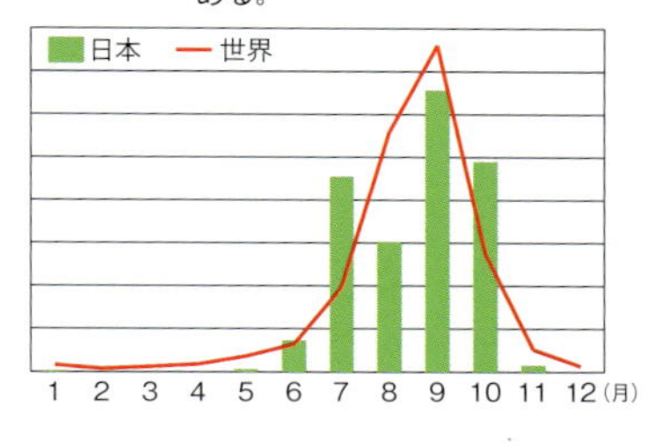

世界中の人を魅了してきた紅白きのこ

ベニテングタケ

Amanita muscaria ハラタケ目テングタケ科

傘上面（約0.7倍）

傘下面（約0.7倍）

つぼ表面（約0.7倍）

- 傘は①橙赤色～赤色で、多数の白色のいぼ（被膜の名残）をともなうが脱落することもある②半球形から平らに開く③縁部に短い溝線をあらわす
- ひだは白色で離生し、やや密
- 柄は白色で、つばより下はささくれ状
- つばは薄い膜状で垂れ下がる
- 柄の基部は塊茎状にふくらみ、環が何段かあるつぼをつける

世界で一番有名なきのこといっても過言ではないかもしれない、鮮やかな赤と白のコントラストが印象的なきのこである。代表的な毒きのことしても知られている。日本にも分布しており、低地の里山などで見ることはまずないが、適切な時期に中部地方のシラカバ林に行けば出会える可能性が高い。テングタケのなかまの多くは植物と共生関係にあり、本種はおもにシラカンバなどのカバノキのなかまをパートナーとしている。「黄色型」とよばれる、傘が明るい黄色のタイプもある。

広葉樹林のベニテンはまるでミニチュア

ヒメベニテングタケ

Amanita rubrovolvata ハラタケ目テングタケ科

夏秋
中
毒
地面

傘上面

傘下面

つぼ表面（約2倍）

おもな特徴

- 傘は①橙赤色で、中央部ほど濃色②表面に淡色の微細ないぼ（外被膜の名残）をともなう③縁部に溝線をあらわす
- ひだは白色で離生し、やや密
- 柄は①白色～淡黄色で細長い②表面は平滑に近い
- つばは柄より淡色で膜質
- つぼは赤みを帯びる

「ベニテングタケ」(p.174)をミニチュアにしたようなきのこ。比較的大型になることもなくはないが、両種のサイズには通常かなりの差異がある。サイズのほかに、傘表面のいぼと柄が黄色を帯びる点や、傘表面とつぼがフェルト状で、ぬいぐるみのような印象がある点なども異なる。山地に分布する点はベニテングタケと共通しているが、本種はシラカバ林ではなく、ブナなどの広葉樹林に発生する。発生環境がまったく異なることを知っていれば混同することはまずない。

有名なヒョウ柄の傘をもつ毒きのこ

テングタケ

Amanita pantherina ハラタケ目テングタケ科

傘上面

傘下面

柄表面

おもな特徴

- 傘は①褐色で中央部が濃色、ほぼ平らに開く②傘より淡色の明瞭ないぼ状の被膜をともなう③縁部に溝線をあらわす
- ひだは白色で離生しやや密
- 柄は①ひだと同色で直立し太め②表面はほぼ同色の繊維状鱗片が覆う
- つばは顕著だが脱落しやすい
- つぼは球形に近く縁部がリング状

代表的な毒きのこのひとつ。学名の *pantherina* とは「ヒョウの」という意味で、その名の通り、傘の模様がヒョウ柄なのが特徴。広葉樹林に発生し、都市部や里山でも多数見られる。「イボテングタケ」(p.177)は本種に似ており、かつて「針葉樹林型テングタケ」として識別されていたが、傘表面の被膜が本種のような膜状ではなく、より明瞭ないぼ状である。「ベニテングタケ」(p.174)、「ウスキテングタケ」(p.187)は傘の色以外は全体的な特徴が本種によく似ている。

針葉樹林のテングタケは少し大きめ

イボテングタケ

Amanita ibotengutake ハラタケ目テングタケ科

傘上面（約0.7倍）

傘下面（約0.7倍）

柄表面（約0.7倍）

おもな特徴

- 傘は①褐色でほぼ平らに開く②傘より淡色の明瞭ないぼ状の被膜をともなう③縁部に溝線をあらわす
- ひだは白色で離生しやや密
- 柄は①ひだと同色で直立し太め②表面はほぼ同色の繊維状鱗片が覆う
- つばは顕著だが脱落しやすい
- つぼは球形に近くリングが重なる

針葉樹林に発生。「テングタケ」（p.176）とよく似ており、分類学的に長らく同一視されてきた。本種は子実体のサイズがより大きく、傘表面のいぼがよりはっきりと、しっかりとしており、褐色を帯びる。また、本種のつばはほとんど柄から離れていて、自由に動かせる。しかし、脱落することも多い。毒成分はイボテン酸で、これは本種の名にちなんでつけられた。日本固有種とされてきたが2013年に韓国から報告された。ただし、現地では広葉樹林で採集されている (Kim et al., 2013)。

小ぶりながら「尖った」特徴をもつ

テングタケダマシ

夏秋
中
地面

Amanita sychnopyramis f. *subannulata* (MB)/
Amanita sychnopyramis (IF) ハラタケ目テングタケ科

傘上面

傘下面

柄表面

おもな特徴

- 傘は①褐色～暗褐色で半球形からほぼ平らに開く②縁部に溝線がある③表面にはピラミッド状の大小の被膜の名残が密に散在する
- ひだはほぼ白色で離生し、やや疎
- 柄はほぼ白色で、基部が塊茎状にふくらむ
- 膜質のつばをともなう

広葉樹林に発生し、場所によっては「テングタケ」(p.176) よりも頻繁に見られる。和名の通りテングタケに似ているが、それをミニチュアにしたような小型の種で、傘直径は 5cm 程度。傘表面のいぼもテングタケと異なり、本種のいぼはより尖った角錐状で褐色を帯びる。柄の基部には環状にいぼが配列し、その形状は砕いたピーナッツにたとえられることもある。いぼの様子はむしろ「イボテングタケ」(p.177) に似るが、本種より子実体がずっと大きい。

典型的なテングタケ属の特徴をもつ超大型菌

ミヤマタマゴタケ

Amanita imazekii ハラタケ目テングタケ科

夏秋

大

地面

傘上面（約0.5倍）

傘下面（約0.5倍）

柄表面（約0.5倍）

おもな特徴

- 傘は①淡灰褐色～灰褐色でほぼ平らに開く②表面は無毛平滑③縁部に溝線があるが短い
- ひだは白色で離生し、やや密
- 柄は白色で、表面は繊維状
- つばは白色膜質
- つぼは白色袋状

子実体は高さ約 20cm に達する大型のきのこで、傘が灰色系で、縁部の溝線が短いことなどで特徴づけられる。比較的最近の 2001 年に新種記載された種であるが、それ以前も普通種として認識され、複数の仮称でよばれていた。日本固有種とされてきたが、2015 年に韓国からも報告された (Cho et al., 2015)。猛毒の「ドクツルタケ」（p.185）とは全体的な形態が似ているが、ドクツルタケは傘が白く、溝線をもたないことで区別できる。稀に白色型もある。

きのこ狩り初心者にもわかりやすいテングタケ

タマゴタケ

Amanita caesareoides ハラタケ目テングタケ科

夏秋
大
食
地面

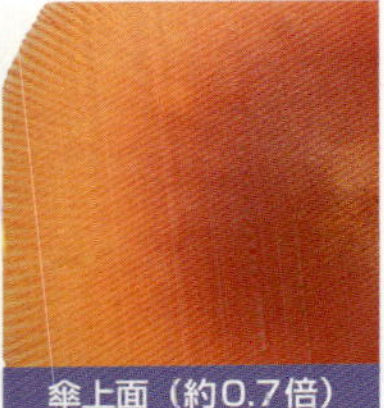
傘上面（約0.7倍）

傘下面（約0.7倍）

柄表面（約0.7倍）

おもな特徴

- 傘は①明るい橙色～赤色で中央部が濃色②初め卵状でのちに平らに開くが中央部は突出③表面はほぼ無毛平滑④明瞭な溝線をあらわす
- ひだは黄色で離生し密
- 柄は①ひだと同色②表面に橙色のだんだら模様
- つばは柄とほぼ同色で膜質
- つぼは白色袋状

赤い傘、だんだら模様の黄色い柄、純白のつぼといったわかりやすい特徴をもっており、同定は非常に容易である。猛毒きのこが多いテングタケ類の中で、初心者でも安心して食用にできる唯一の種といってもよい。和名の「タマゴ」は、幼時は卵に包まれたような形状をしていることに由来する。上から見てもすぐに同定できるので、ひだが黄色であることは実はあまり認識されていない。色の異なる「キタマゴタケ」「チャタマゴタケ」は、かつては亜種とされたが別種である。

タマゴタケよりタマゴテングタケに近い猛毒菌

タマゴタケモドキ

Amanita subjunquillea ハラタケ目テングタケ科

夏秋 / 中 / 猛毒 / 地面

(約0.5倍)

傘下面・柄表面

- 傘はくすんだ黄褐色、繊維状で溝線はない
- ひだはほぼ白色で離生、やや疎
- 柄の繊維状
- つば、つぼあり

死亡例もある猛毒菌。系統的には「タマゴテングタケ」のなかまで、形態や毒成分もそちらに準ずる。食用になる「キタマゴタケ」(下)と混同のおそれがあるが、本種は傘の縁部に溝線がなく、つばは白色。つぼはやや浅い。

タマゴタケ同様に食用だが類似の猛毒菌に注意

キタマゴタケ

Amanita javanica ハラタケ目テングタケ科

夏秋 / 大 / 食 / 地面

(約0.5倍)

傘下面・柄表面

- 傘は鮮やかな黄色、溝線あり
- ひだは黄色で離生し、やや密
- 柄はだんだら模様
- つばは黄色、つぼは白色膜質で深い

「タマゴタケ」(p.180)黄色型という印象のきのこ。類似種に猛毒の「タマゴタケモドキ」(上)がある。本種は傘の溝線が明瞭で、ひだもつばも黄色である点がタマゴタケモドキと異なるが、ひだとつばの色は紛らわしいこともある。

ツルの首のようにすらりと伸びた細長い柄

ツルタケ

Amanita vaginata ハラタケ目テングタケ科

傘上面

傘下面

つぼ表面（約0.5倍）

おもな特徴

- 傘は①成熟すると平らに開く②表面全体が赤褐色〜帯桃灰褐色の粉状〜パッチ状④明瞭な溝線をあらわす
- ひだは白色系で顕著に離生し密
- 柄は傘とほぼ同色で細長く、表面は上部が粉状、下部がささくれる鱗片状
- つばはもたない
- つぼは傘とほぼ同色で袋状で、地中に深く入り、はっきり見えない

テングタケのなかまでも「つばを欠く」ことで特徴づけられるグループの代表種。都市部でも初夏に多数の発生が見られる。傘が無毛平滑で、溝線が明瞭なのも特徴。和名の「ツル」は、すらりと細長く伸びた柄をツルの首にたとえたものとされる。学名 *vaginata* は「鞘の」という意味で、柄の基部を鞘のようなつぼが包むことに由来する。類似種の「オオツルタケ」(p.183) はひだに褐色の縁取りがあり、「カバイロツルタケ」(p.183) は傘や柄の色が異なり、「ツルタケダマシ」にはつばがある。

ツルタケに似るが、ルーペでひだの縁取りを確認

オオツルタケ

Amanita cheelii ハラタケ目テングタケ科

夏秋 / 大 / 毒 / 地面

柄表面（約0.5倍）

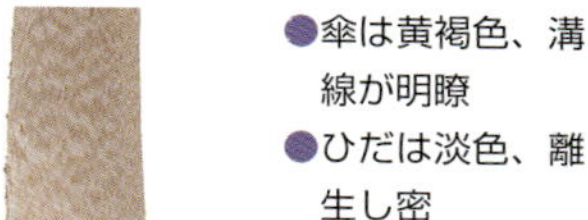

- 傘は黄褐色、溝線が明瞭
- ひだは淡色、離生し密
- 柄は繊維状鱗片で覆われる
- つばなし、つぼあり

過去に「ツルタケ」(p.182) の変種とされていた大型種。ひだの縁部が暗い灰色であることで、ほかのツルタケ類と区別される。毒は消化器系といわれ、韓国では急性腎障害の症例も報告されている。

ツルタケの赤茶色の色違いといった印象

カバイロツルタケ

Amanita fulva ハラタケ目テングタケ科

夏秋 / 大 / 毒 / 地面

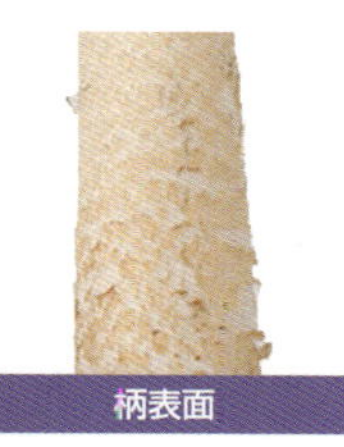

柄表面

- 傘は赤褐色、溝線がある
- ひだは淡色、離生し、やや密
- 柄に繊維状鱗片
- つばなし、つぼは不明瞭

過去に「ツルタケ」(p.182) の変種とされたほど形は酷似するが、色はまったく異なる。ちなみに「カバイロ」は「樺色」で、サクラの一種「カバザクラ」の樹皮の赤褐色を表す伝統的な色名に由来する。つぼは地中に入っており、はっきり見えない。

テングタケにしては小型で灰色の粉をかぶる

ヒメコナカブリツルタケ

Amanita farinosa ハラタケ目テングタケ科

傘上面（約2倍）

- 傘は灰褐色、粉状
- ひだは白色、離生、やや疎
- 柄は白色粉状で基部がややふくらむ。つばはない
- つぼは不明瞭で粉状

傘に粉をかぶり、特に幼時は顕著。つぼがはっきりとしない点でほかのツルタケ類と区別できるが、大谷（1983）は、つばもつぼももたないので、テングタケのなかまと気がつかないおそれがあると指摘している。

暗色のいぼをもつツルタケはこの種かも

テングツルタケ

Amanita ceciliae ハラタケ目テングタケ科

傘下面・つぼ表面

- 傘は灰褐色、被膜と溝線
- ひだは淡色、離生、やや密
- 柄は淡色で細長く、繊維状鱗片に覆われる
- つばなし、つぼは不明瞭

広葉樹の樹下に発生し、低地でも割と普通種。傘表面の被膜がパッチ状で大きく、地色より暗い灰褐色という特徴から、比較的わかりやすい。傘表面は「キリンタケ」に似ているが、キリンタケの柄にはつばがある。

最強猛毒きのこには身近な場所でよく出会う

ドクツルタケ

Amanita virosa ハラタケ目テングタケ科

夏秋

大

猛毒

地面

傘上面

傘下面

柄表面（約0.7倍）

おもな特徴

- 傘は①純白で中央部はやや有色②成熟すると平らに開く③表面は無毛平滑に近く、溝線を欠く
- ひだは傘と同色で離生し、やや密
- 柄は①傘と同色、つばより下部はささくれ状②頂部に白色膜質のつばを有する
- つぼは白色袋状で大型

最強の猛毒きのこともいわれる本種であるが、里山の雑木林でも意外なほど簡単に見つかる。しかも、大型で純白なのでよく目立つ。同じような環境で「アケボノドクツルタケ」「ニオイドクツルタケ」もよく見かけるが、混同されており、識別は困難である。このうちニオイドクツルタケ以外は水酸化カリウムで黄色に呈色し、アケボノドクツルタケは傘中央部が「曙」の名の通りピンク色を帯びる。ニオイドクツルタケは顕微鏡で見ると、胞子が楕円形で区別できる。

つぼの上面が柄から離れて襟状になる

コタマゴテングタケ

Amanita citrina ハラタケ目テングタケ科

夏秋
大
毒
地面

つぼ表面

- ほぼ白色〜淡黄色、表面に膜質の被膜の名残
- ひだは傘とほぼ同色で離生し、やや密
- 柄は細長い
- つば、つぼあり

球根のようなつぼは上部が柄から離れて襟状。傘表面の被膜は脱落していることもある。つばが淡黄色である点も識別のポイントとされている。食用とも毒ともいわれ、猛毒のアマトキシン類を含んでいるともいわれる。

傘のまだら状の繊維模様が美しいが猛毒菌

クロタマゴテングタケ

Amanita fuliginea ハラタケ目テングタケ科

夏秋
中
猛毒
地面

つぼ表面

- 傘は暗灰色、放射状繊維紋
- ひだは白色で離生しやや密
- 柄はだんだら模様
- つばは灰色膜質
- つぼは白色袋状

数少ない黒色のテングタケのひとつで、筆者のデータでは黒色のものは属全体の約1〜2%。系統的にはドクツルタケなどの猛毒きのこに近く、本種もまた猛毒といわれている。中国では多数の死亡例が報告されている。

傘の色以外はテングタケによく似ている

ウスキテングタケ

Amanita orientigemmata ハラタケ目テングタケ科

夏秋
大
猛毒
地面

柄表面（約0.7倍）

- 傘は淡黄色、粗大なパッチ状被膜および溝線
- ひだは淡黄色で離生し密
- 柄は白色繊維状
- つば、つぼあり

猛毒菌のひとつ。関東地方では道ばたや雑木林など身近な場所でもよく見かける。柄の基部はふくらむが、顕著なつぼ状にはならない。傘表面にいぼ状の被膜の名残をともなう点が「テングタケ」（p.176）などと類似する。

食用になるが自信がないなら手出し禁物

ドウシンタケ

Amanita esculenta ハラタケ目テングタケ科

夏秋
中
地面

傘上面

- 傘は暗褐色、溝線がある
- ひだは白色、離生、やや疎
- 柄は灰色の繊維状鱗片が
- つばは灰色膜質
- つぼは大型で白色袋状

傘色以外は「タマゴタケ」（p.180）に似るが、灰色が強いものや溝線が薄いものもある。学名 *esculenta* は「食用可」の意味だが、有毒の「クロタマゴテングタケ」（p.186）などの類似種が多く、食用はすすめない。

光沢のある傘をもつ針葉樹林の毒きのこ

コテングタケ

Amanita porphyria ハラタケ目テングタケ科

夏秋
中
毒
地面

つぼ表面

- 傘は褐色〜灰褐色、溝線はない
- ひだは白色〜灰色、離生し密
- 柄は球根状で灰色のだんだら模様
- つば、つぼあり

針葉樹林に発生する。傘は光沢があって溝線を欠き、あまり被膜の名残をともなわず、のっぺりとした印象がある。灰色のつば、球形のつぼが特徴。「コテングタケモドキ」（下）は傘が似るが、広葉樹林に発生し、つばが白色をしている。

傘表面のかすり模様や縁部のフリル状被膜が特徴

コテングタケモドキ

Amanita pseudoporphyria ハラタケ目テングタケ科

夏秋
中
毒
地面

つぼ表面（約0.5倍）

- 傘は灰褐色〜暗褐色、繊維状、溝線はない
- ひだは白色、離生、密
- 柄は白色、鱗片状
- 白色のつばとつぼをもつ

傘表面にいぼなどがなく、繊維状の模様があり、つぼは深い袋状。「クロタマゴテングタケ」(p.186) も傘に被膜の名残がなく、同様の繊維状模様があるが、柄のつばから下が灰色のだんだら模様である点などが異なる。

東北の一部では食用だが手は出さないこと

シロテングタケ

夏秋
中
毒
地面

Amanita neo-ovoidea ハラタケ目テングタケ科

つぼ表面（約0.5倍）

- 傘は白色、縁部に内被膜の名残が垂れ下がる
- ひだは白色、離生、密
- 柄は傘とほぼ同色
- つば、つぼあり

「シロタマゴテングタケ」のほか、未記載のよく似た猛毒種もある。日本のものと同種かはっきりしないが、中国では同名のきのこで死亡例があり、猛毒成分「α-アマニチン」が検出された（Liu et al., 2001）。

意外に普通種だが図鑑に現れたのは最近のこと

コトヒラシロテングタケ

夏秋
大
地面

Amanita kotohiraensis ハラタケ目テングタケ科

傘下面

- 傘は白色で粗いいぼ状
- ひだは白色、離生、密
- 柄は白色で塊茎状、繊維状鱗片に覆われる
- つばは白色綿毛状で早落性

和名は産地の「琴平山」（香川県）にちなむ。2000年に記載された種で、古い図鑑には載っていないこともあるが、四国に限らず各地で比較的よく見られている。中国からは中毒例が報告されている。全体に塩素臭がある。

触れるとべたっとして嫌な感じの猛毒きのこ

フクロツルタケ

Amanita volvata ハラタケ目テングタケ科

傘上面

傘下面

つぼ表面（約0.7倍）

おもな特徴

- 傘は①成熟すると平らに開く②表面全体が赤褐色～帯桃灰褐色の粉状～パッチ状
- ひだは白色系で顕著に離生し密
- 柄は①傘と同色でやや太め②表面は濃色の繊維状鱗片に覆われ、だんだら模様をあらわすこともある
- つばはもろくて脱落しやすい
- つぼは傘とほぼ同色で袋状

夏に雑木林でしばしば見られる。傘表面にパッチ状の赤みを帯びた被膜の名残をともなうこと、袋のような明瞭なつぼをもつこと、肉は傷つくと赤変することなどが特徴。触れるとべたっとした感じで手に付着し、猛毒のきのこであることもあり嫌な気分になる。近縁種に「シロウロコツルタケ」があり、図鑑によっては本種の新しい和名と紹介していることもあるが、別種である。「アクイロウロコツルタケ」という種も類似しており、これら３種は傘の溝線や胞子のサイズなどで区別される。

まさに「球」のように柄の基部が球根状にふくらむ

タマシロオニタケ

Amanita sphaerobulbosa ハラタケ目テングタケ科

傘下面

- 傘は白色。尖った粗大ないぼが散在
- ひだは同色、離生、やや密
- 柄は繊維状鱗片に覆われ、基部が球状
- つばあり

「シロオニタケ」（下）に似ているが本種は柄の基部が球のようにふくらむ。複数の類似種も柄は棍棒形で徐々にふくらむが、一気にふくらむのは国内産では本種のみ。シロオニタケのつばは成長とともに崩壊するが、本種のつばは永く残る。

不意に見かけると思わず息をのんでしまう美しさ

シロオニタケ

Amanita virgineoides ハラタケ目テングタケ科

内被膜（約0.7倍）

- 全体が白色。小型の尖ったいぼに覆われる
- ひだは離生、密
- 柄は倒棍棒形
- つばは膜質

大型で純白の子実体は、傘も柄もいぼに密に覆われる。ひだは初め被膜に覆われるが、その膜にも同様の突起が密生する。「シロオニタケモドキ」「ササクレシロオニタケ」(p.192) など類似の種が複数あり、識別は難しい。

柄のささくれが見分けのポイント

ササクレシロオニタケ

Amanita eijii ハラタケ目テングタケ科

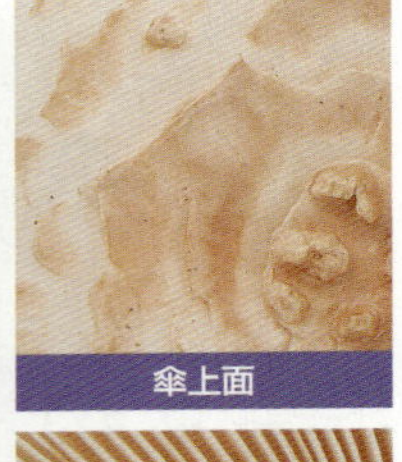
傘上面

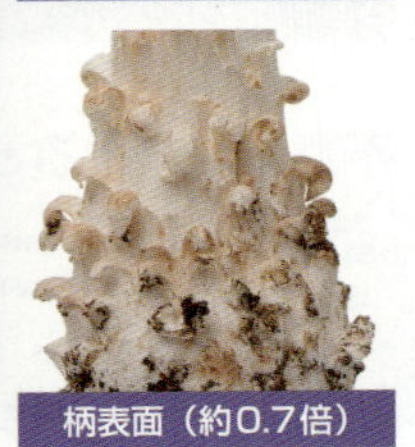
傘下面

柄表面（約0.7倍）

おもな特徴

- 傘は①白色～淡褐色でほぼ平らに開く②全体が淡褐色の尖った粗大ないぼに覆われる
- ひだは傘の鱗片とほぼ同色で離生し密
- 柄は①白色で基部が棍棒状②特に下部が顕著なささくれ状③傘とほぼ同色の膜質のつばをともなう

シロオニタケのなかまは多く、互いに類似しているが、本種はその名の通り柄の「ささくれ」が特徴で、これがよく似た「コシロオニタケ」や「シロオニタケ」（p.191）との識別点となる。本種はつばが永く残る特徴があり、これでシロオニタケ、「コササクレシロオニタケ」などと区別される。柄の基部は「タマシロオニタケ」（p.191）ほどふくらまない。「シロオビテングタケ」は全体的に似るが、傘縁部に明瞭な溝線がある。

和名の通り傘表面が黄色鱗状、肉に黄変性あり

キウロコテングタケ

Amanita alboflavescens ハラタケ目テングタケ科

夏秋
中
地面

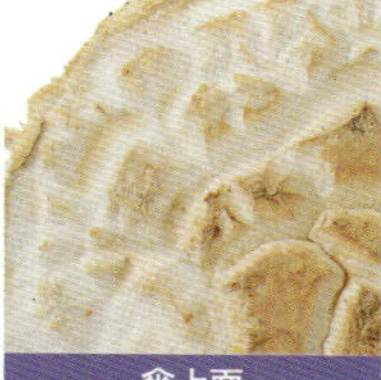

傘上面

傘下面

柄表面・断面

おもな特徴

- 傘は①成熟すると平らに開く②表面は淡黄色の被膜の名残に覆われる③縁部から被膜の名残が垂れ下がる
- ひだは、白色～クリーム色で、離生しやや疎
- 柄は①柄表面に傘と同様の黄色の鱗片をともなう②基部が顕著に膨大する
- つばは脱落しやすい
- 肉は傷つくと黄変、特有の臭気がある

コナラ類の樹下に発生する。和名の通り、傘表面に淡黄色の鱗状のいぼをともなう。柄の基部が紡錘状～カブ状に著しく膨大するのが特徴で、幼時は傘の直径を超えて、全体として雪だるまのような形状をとることもある。つばも黄色を帯びる。肉に黄変性があるのが特徴で、同様の特徴をもつテングタケ属（*Amanita*）のきのこはほとんどない。滋賀県から新種記載され、その後、日本各地で発見されている。長らく日本固有種とされてきたが、韓国からも報告された。

被膜（傘表面のいぼ、つば、つぼ）が特徴的な黄色

コガネテングタケ

Amanita flavipes ハラタケ目テングタケ科

夏秋
中
毒
地面

傘下面

- 傘は黄褐色で山吹色の大型のいぼ
- ひだは白色～黄色、離生、やや密
- 柄は白色～淡黄色で無毛平滑
- つば、つぼあり

鮮やかな黄色の被膜の名残が、傘にべたりと付着する。つぼは不明瞭。全体的な印象は「ガンタケ」に似ており、DNAの研究で、実際に近縁と判明（Oda et al., 1999）。かつては日本固有種とされていたが、その後アジア各地から報告されている。

全体が赤色を帯び、傷つくと赤変する

ガンタケ

Amanita rubescens ハラタケ目テングタケ科

夏秋
大
猛毒
地面

傘下面（約0.5倍）

- 傘は褐色で淡色のいぼ
- ひだは白色、離生、密
- 柄は淡褐色繊維状で基部が塊茎状
- つばは白色膜質

傷ついたり老成したりすると赤変する。以前は加熱すれば食べられるとされていたが、調理しても分解されない猛毒成分を含むことが判明した。海外の図鑑には、近年出版されたものでも本種を食用とする例が多い。

びっしりと鱗片に覆われ、光沢のある傘が美しい

ヘビキノコモドキ

Amanita spissacea ハラタケ目テングタケ科

傘上面

傘下面

つぼ表面

おもな特徴

- 傘は①黒褐色でほぼ平らに開く②傘より濃色の小型のいぼが密に分布する
- ひだは淡灰色で離生しやや密
- 柄は淡灰色でつばから上はだんだら模様②つばから下は繊維状鱗片に覆われる
- つぼは柄と同色で同心円状のいぼをともなう

傘には地の色より濃色のパッチ状のいぼをともない、地味ながら独特の模様をなす。柄にもだんだら模様がある。ちなみに「ヘビキノコ」は「キリンタケ」の別名とする説もあり、和名はヘビの鱗のような模様であることに由来する。本種より傘のいぼが淡色で、柄がほぼ白色である点で識別可能。「テングツルタケ」（p.184）は傘の様子が類似し、特に幼時は混同されうるが、つばを欠き、柄が細長く、模様を生じないことで識別できる。

低地の雑木林で見られるテングタケでは最大級

ハイカグラテングタケ

夏秋
大
地面

Amanita sinensis ハラタケ目テングタケ科

傘上面

傘下面

つぼ表面

おもな特徴

- 傘は①灰色でほぼ平らに開く②表面全体が灰色粉状で小型のいぼが混じる③縁部に溝線あり
- ひだは白色で顕著に離生し密
- 柄は傘とほぼ同色で繊維状鱗片に覆われる
- つばは白色で早落性
- つぼは不明瞭

夏の暑い時期に林内に発生し、そのサイズからよく目立つきのこである。全体が灰色の粉で覆われているのが特徴。傘表面のいぼは、傘のサイズに比べてかなり小型である。つばが白色で柄の灰色とコントラストをなすのも特徴だが、つばは脱落しやすい。「コナカブリテングタケ」は同じく灰色のテングタケ類で、表面が粉に覆われる点で類似しているが、子実体のサイズが本種よりもより小さく、傘の縁部に溝線をあらわさない。

流線型のフォルムが薙刀(なぎなた)を思わせる

ナギナタタケ

Clavulinopsis fusiformis
ハラタケ目シロソウメンタケ科

ベニナギナタタケ

Clavulinopsis miyabeana
ハラタケ目シロソウメンタケ科

ナギナタタケのなかまは、草地や林内の開けた場所などに、屈曲した棒状の子実体が束になって発生する。鮮黄色～オレンジ色はカロテノイド色素による。ほかに全体が白色の「シロソウメンタケ」、全体が紫色の「ムラサキホウキタケ」などがある。このなかまの分類には試薬の反応が重要とされ、塩化鉄で緑色、水酸化カリウムでは変色しない。
ナギナタタケは数本から数十本が束生し、先端から老成して褐色を帯びる。ベニナギナタタケは猛毒の「カエンタケ」(p.294)に似ているきのことして紹介される。一度、両種をくらべてみれば、さまざまな違いに気づくが、実際に両種を混同した中毒事故も起こっており(石川ら、2003)、注意が必要。

屈曲して生える様子が薙刀(なぎなた)を思わせる。

ナギナタタケ

夏秋 中 地面

おもな特徴

- ①鮮黄色の扁圧された棒状で、頭部と柄の区別はない②先端がやや尖る
- 束生するが個々の子実体が基部で融合することはない

夏秋 中 食 地面

ベニナギナタタケ

おもな特徴

- 子実体は①橙赤色～赤色でやや扁圧された棒状、先端は尖る②基部は白色の毛に覆われる
- 複数の子実体が束生する

カエンタケとは、色、形状、表面の溝の有無、質感など多くの違いがある。

イグチのなかま

Boletaceae イグチ目イグチ科
Suillaceae イグチ目ヌメリイグチ科
Gyroporaceae イグチ目クリイロイグチ科

傘の裏はスポンジ状の管孔

傘の裏が管孔であることが最大の特徴。管孔の色や孔口の大きさ、変色性などが識別の手がかりとなる。優秀な食菌が多いが、「ドクヤマドリ」のような毒きのこもある。樹木と関係をもつ菌根菌がほとんどだが、ツチグリから生える「タマノリイグチ*」のように、ほかの菌に寄生する種も知られている。ヒダハタケ科やオウギタケ科、イグチ科のキヒダタケなどは、イグチ目だがひだをもつ。

重要な特徴

*このページは、イグチ目のうち、イグチ科、ヌメリイグチ科、クリイロイグチ科のみで順位を出しています。

3 胞子紋が緑色

pLR = 19.7

胞子紋で見分けるまでもなくイグチ類とわかるので、意外と気づかれていない形質と思われるが、「オリーブ色（緑色）の胞子紋」はイグチ科特有といえる。

胞子が熟してオリーブ色に変わったヤマドリタケの管孔。

ニガイグチモドキ

ニガイグチのなかまは管孔が紫色がかる。

ヤマドリタケ

1 柄が網目状

pLR = 68.7

柄表面が網目状になるのはイグチ類にしばしば見られる特徴だが、属や種の同定にあたっては網目の有無に加えて、柄のどの部分に網目があるかなども重要。

4 傘の裏が管孔

pLR = 12.9

ひだと同様で、管孔もできる限り表面積を増やし、たくさんの胞子をつくる構造。

2 胞子に条線模様

pLR = 37.6

イグチ類のなかでも、おもにキクバナイグチやセイタカイグチなどの「キクバナイグチ属(*Boletellus*)」や「アワタケ属*（*Xerocomus*）」に見られる独特の形質である。走査型電子顕微鏡ではなくふつうの光学顕微鏡でも、はっきりと縦縞模様がわかる。

5 胞子が紡錘形

pLR = 12.5

イグチ科の複数の属がもつ特徴だが、生態的な意義があるのかは不明。

キンチャヤマイグチ

細かい鱗片が柄を覆うものも目立つ。

補足説明

傘と柄をもつ肉質のきのこで、ひだがあってもイグチのなかまもあることについては、「ヒダハタケ*」のような例があるが、「アミヒカリタケ」や「ラッシタケ*」のように、イグチ以外が管孔をもつ例もある。「カンゾウタケ」の傘の裏も管孔があるが、これは筒状構造の集合体で、イグチ類の管孔とは成り立ちが大きく異なる。

イグチ目には管孔をもたないきのこもある。

キヒダタケ

ツチグリ

変色性を示すものも多い。

オニイグチ

傷つくと、まず赤色になり、その後、黒色になる。

クロアザアワタケ

傷つくと青色から黒色に変わる。

各種データ

全世界種数…890種
国内種数……160種

サイズマッピング

小型の種から超大型の種までさまざまだが、全体的な傾向としては大型。海外では重さ約 30kg の子実体も報告されている（P. マルギナトゥス）。

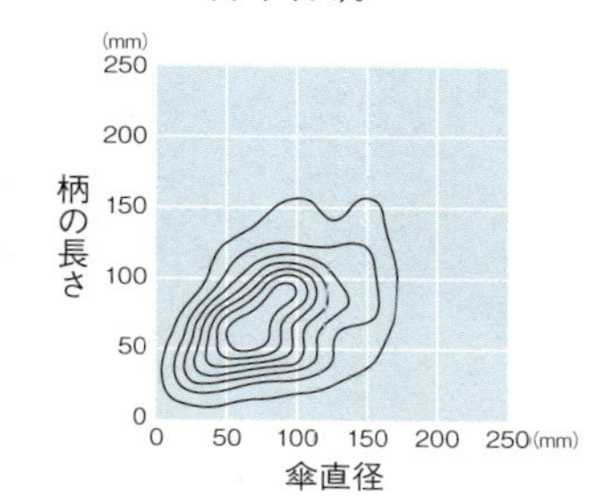

カラーパレット

色素のバリエーションが豊富である一方、純白に近い種もある。変色性をもつ種も多く、傷つけると化学反応を起こし、鮮やかな青色や赤色に変わる。

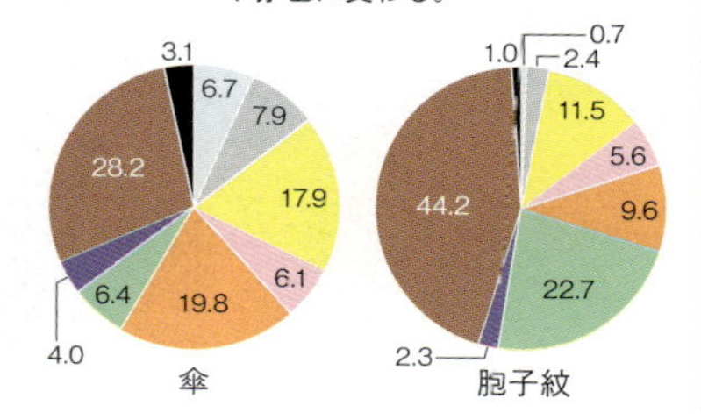

発生時期

全体として見ると二峰性を示すが、夏に多いか秋に多いかは種によって異なった傾向を示し、たとえば「アメリカウラベニイロガワリ*」は夏によく見られる。

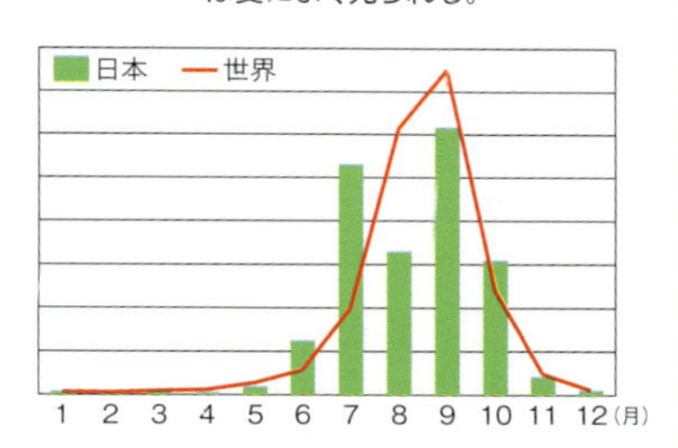

アミタケとの関係が深く、いつも一緒に発生

オウギタケ

Gomphidius roseus イグチ目オウギタケ科

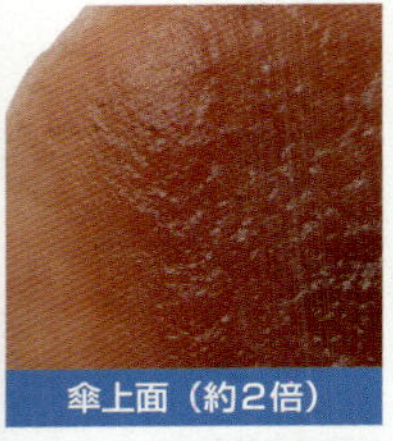
傘上面（約2倍）

傘下面（約2倍）

柄表面（約2倍）

おもな特徴

- 傘はは①明るい赤褐色でややまんじゅう形②湿時強い粘性がありゼラチン質③表面は平滑または放射状繊維紋をあらわす
- ひだは①白色系でやや垂生しやや疎②ややロウのような質感がある
- 柄は①白色系で、下部がやや細まる②基部は表面、肉ともに黄色
- つばは不明瞭で消失しやすい

ひだが扇のように強く垂生するのが和名の由来。綿毛状のつばをもち、柄の基部が黄色であることなどが特徴。加熱すると黒色に変色。肉は空気に触れると赤変することもある。本種は「アミタケ」（p.204）と深い関係があることが知られ、ほぼ常に同時に発生する。本種が「吸器」とよばれる特殊な構造をアミタケの菌糸に突き刺す様子が観察されており（Olsson et al., 2000）、これによってアミタケに寄生しているといわれる。「キオウギタケ」は傘が黄色で、マツではなくカラマツの林に発生する。

柄が黒褐色の毛に顕著に覆われる

ニワタケ

Tapinella atrotomentosa イグチ目イチョウタケ科

夏秋
中
枯れ木・倒木

傘上面

傘下面

柄表面

おもな特徴

- 傘は①暗褐色で扇形②まんじゅう形からたいらに開き、中央部はややくぼむ③縁部が内側に強く巻く④表面はビロード状
- ひだは①傘より淡色で、垂生し密②柄に近いところで横につながり網目状
- 柄は①偏心生～側生②太くて短く、表面は黒褐色の毛に密に覆われる

マツの枯れ木などに発生し、褐色腐朽を引き起こす。傘と柄の表面が黒褐色の毛にびっしりと覆われ、ひだが長く垂生し、柄が偏心生で質が強靱、という独自の特徴をもち、一度覚えればほかのきのこと間違えることはない。傘は老成するとほぼ無毛になることもあるが、柄の毛は残る。竹林に発生するものが「ヤブニワタケ」として区別されているが、肉眼的にはほぼ見分けがつかない。和名には「庭茸」という漢字があてられ、紋羽という布に似た表面から「モンパタケ」の別名もある。

ジコボウ、ラクヨウなどの地方名でも親しまれる

ハナイグチ

Suillus grevillei イグチ目ヌメリイグチ科

夏秋
中
食
地面

傘上面

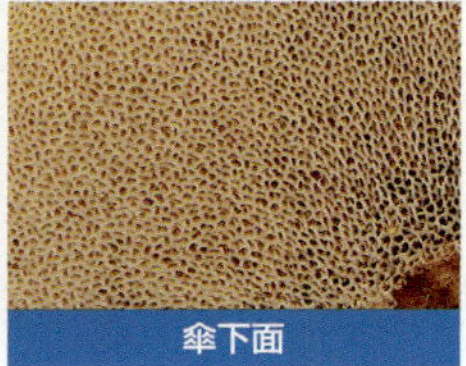
傘下面

柄表面

おもな特徴

- 傘は①褐色で縁部は黄色②湿時顕著な粘性をもつ
- 管孔は①黄色でやや垂生する②孔口は小型
- 柄は①黄色～褐色でやや太め②表面はつばから上は網目状、下は繊維状③基部に白色の菌糸体をともない、土の中に菌糸層がつくられる
- つばは膜状で顕著

カラマツ林の代表的なきのこで、「ジコボウ」(長野県など)、「ラクヨウ」(北海道など)の地方名でも知られる馴染み深い食用きのこである。発生量が多く、似た毒きのこも知られていない。もっぱらカラマツと共生関係を結ぶので、カラマツ林の少ない低地ではあまり見る機会がない。発生量は、若いカラマツ林のほうが多いといわれる。同じグループの「ヌメリイグチ」(p.203)や「チチアワタケ」(p.205)とは食用にあたって特に区別されていないことも多いが、発生環境や傘の色、つばの有無などが異なる。

つばをもつことが近縁種との識別の手がかり

ヌメリイグチ

Suillus luteus イグチ目ヌメリイグチ科

夏秋
中
食
地面

柄表面

- 傘に強い粘性
- 管孔は淡黄色、直生～やや垂生
- 柄は、つばより上は細粒点が密。つばは消失する

粘性が強い褐色系のイグチ。マツ林の比較的開けた場所に発生することが多く、しばしば大群生。同じマツ林のきのこである「チチアワタケ」(p.205)とはおもにつばの有無で区別されるが、消失してしまうと識別は困難。

優秀な食菌だが傷みやすいのが玉にキズ

シロヌメリイグチ

Suillus viscidus イグチ目ヌメリイグチ科

夏秋
中
食
地面

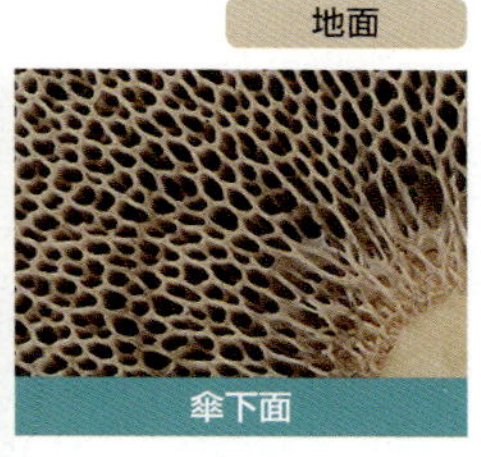

傘下面

- 傘に強い粘性
- 管孔は白色、孔口は大型
- 柄は白色、粘性あり。つばより上は網目、下は繊維
- つばは膜質

和名に「シロ」とあるが初めは褐色で、老成につれて色褪せて白色になる。管孔や柄の基部は傷つくとやや青緑色に変色。汚れたような外見のため、同一環境の「ハナイグチ」(p.202)ほど人気はないが食用にされる。

加熱すると色が変わる不思議

アミタケ

Suillus bovinus イグチ目ヌメリイグチ科

夏秋
中
食
地面

傘下面

- 傘は褐色
- 管孔は放射状、黄色で垂生、孔口は多角形で大型
- 柄は傘と同色で細長い
- オウギタケ(写真中央)と混生

マツ林の代表的なきのこのひとつ。粘性があること、管孔が垂生することなどが特徴。一般的に調理されたきのこを基にした同定は困難だが、本種は加熱すると赤紫色になるというわかりやすい特徴をもつ。

5葉性のマツ類と共生関係を結ぶ

ベニハナイグチ

Suillus spraguei イグチ目ヌメリイグチ科

夏秋
中
食
地面

傘上面

- 傘は赤褐色で鱗片状
- 管孔は放射状、黄色でやや垂生、孔口は中型
- 柄は褐色で鱗片状
- つばは柄の上部にある

傘は、幼時は鮮やかな赤色だが、のちに褐色となる。実験的にはアカマツ、クロマツなどの葉が2本のマツ類とも共生するが(広瀬、2007)、自然界ではもっぱらヒメコマツ、ハイマツなどの葉が5本のマツ類の樹下に発生する。

ゴムのような粘り気のある乳液を分泌

チチアワタケ

Suillus granulatus イグチ目ヌメリイグチ科

夏秋
中
食
地面

傘上面

傘下面

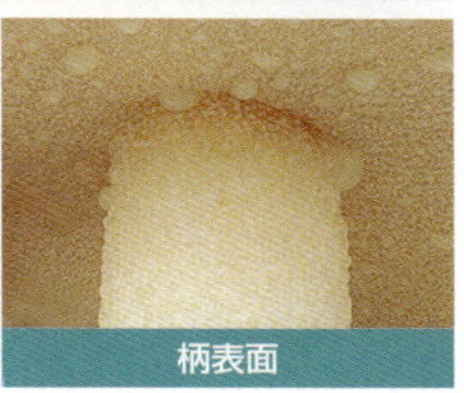

柄表面

おもな特徴

- 傘は①明るい褐色でややまんじゅう形②湿時顕著な粘性をもつ③乾燥して粘性を失うと、退色して黄褐色になる
- 管孔は①黄色系で孔口は微細②傷つくと淡黄色の乳液をにじませる③直生〜垂生する
- 柄は①白色系で太め②表面は同色〜やや濃色の微細な粒に覆われる
- つばはない

アカマツなど葉が2本のマツ（二葉マツ）類の樹下に発生する。傘が明るい褐色で強い粘性をもち、柄に淡色の細点が密に生じる点などが特徴。和名の通り、管孔から乳液を出す性質があり、これはイグチ類としてはめずらしい。同じマツ林に生じる食用の「ヌメリイグチ」（p.203）は本種としばしば混同されるが、つばをもつ。同じく食用の「アミタケ」（p.204）も地方によって同一視されるが、本種と異なり乳液を出さず、加熱すると紫色になる。

孔口が放射状に配列するカラマツ林の代表種

アミハナイグチ

夏秋
中
食
地面

Boletinus cavipes (MB)/*Suillus cavipes* (IF)　イグチ目ヌメリイグチ科

傘上面

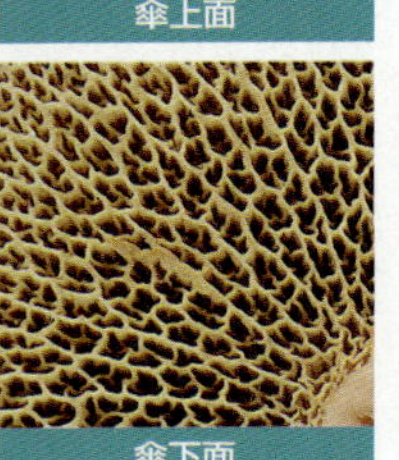

傘下面

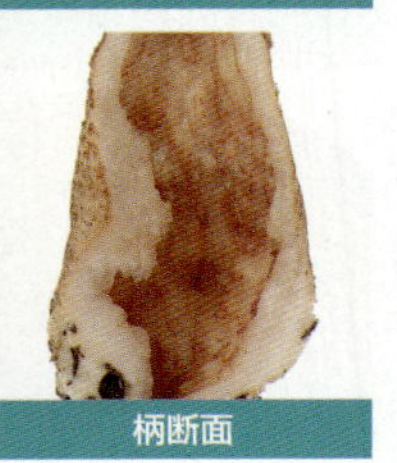

柄断面

おもな特徴

●傘は①黄褐色～褐色でほぼ平らに開く②表面は繊維状鱗片に密に覆われる③縁部に白色の被膜が残ることがある
●管孔は①黄色系で、放射状に配列、やや垂生②孔口は極めて大きく、楕円形、多角形などさまざま
●柄は①傘と同色で表面は鱗片状②基部に白色の菌糸体をともなう
●傘の肉はごく薄い

カラマツ林に生じる。褐色で比較的小型の地味な種。管孔は放射状に配列し、柄にやや垂生する。管孔と柄の境界部には白色膜質のつばをもつ。学名 *cavipes* は「空洞の柄の」という意味で、その通りに柄が中空。そのためか、大きさの割に重量感に乏しい印象がある。「ウツロベニハナイグチ」は傘が赤色なので容易に区別されるが、発生環境や傘の鱗片、柄が中空である点など、共通点が多い。「カラマツベニハナイグチ」もカラマツ林に発生する近縁種だが、傘の色（赤色）で区別される。

黄金色で目立つのに、長らく見過ごされていた

コガネヤマドリ

Boletus aurantiosplendens イグチ目イグチ科

夏秋
中
食
地面

傘上面

傘下面

柄表面

おもな特徴

- 傘は①明るい橙褐色②表面はほぼ無毛平滑で粘性はない
- 管孔は①成熟すると傘より暗色、顕著に離生②孔口は微細で円形〜多角形③孔口は幼時菌糸でふさがれる
- 柄は①傘とほぼ同色②上部が細かい網目状③基部が黄色のフェルト状菌糸体に覆われる
- 肉は青変性をもたず、苦味もない

和名の通り、全体が明るい黄色のヤマドリタケで、管孔も肉も黄色である。ほかのヤマドリタケ類と同様に、柄に網目模様がある。変色性はない。比較的最近の1998年に新種として発表されたが、論文中には「このような目立つきのこが何でこれまで報告されていなかったのか不思議である」という旨の記述がある。日本には傘の色が異なる「キアミアシイグチ」などを除いて、似た種がないので同定は容易だが、海外には同じような色と形状のイグチが存在し、本種と誤同定されている。

毒をもつ数少ないイグチ類のひとつ

ドクヤマドリ

Sutorius venenatus (MB)/*Neoboletus venenatus* (IF) イグチ目イグチ科

夏秋
大
猛毒
地面

傘上面

傘下面

柄表面（約2倍）

おもな特徴

- 傘は①黄褐色～褐色で成熟するとほぼ平らに開く②表面はビロード状で粘性はない
- 管孔は①黄褐色で、孔口は微細②傷つくと青変し、のちに褐色
- 柄は①白色～菌糸体でかなり太く、下部がさらに太まる②表面はほぼ無網平滑で網目状にならない③基部は黄色の菌糸体で覆われる

おもに富士山やその周辺に分布する。巨大で肉質の詰まったイグチであり、見た目はいかにも優秀な食菌であるが、実は「イグチ類に毒きのこなし」の定説を覆した強力な毒きのこである。全体的な形状は「ヤマドリタケ」（p.209）および「ヤマドリタケモドキ」（p.209）に似ており、特に前者とは生息環境が類似している。本種の柄にはほかの２種に見られる網目模様がない。また、本種は傷つくと緩やかに青変するが、ほかの２種は変色性を欠く。柄の中程に赤褐色帯状のしみが出る。

日本にも産する高級食材「ポルチーニ」

ヤマドリタケ

Boletus edulis イグチ目イグチ科

夏秋
大
食
地面

柄表面

- 傘は赤褐色で半球形～平ら
- 管孔は白色～緑色で孔口は微細
- 柄は淡褐色で太く、表面に網目模様がある

ヨーロッパでは「ポルチーニ」や「セップ」の名で、食菌として人気。針葉樹林に生え、日本では北海道や富士山周辺などに限って分布する。「イグチの王 (king bolete)」ともよばれ、傘の直径は 30cm 以上になることもある。柄の網目模様は、下部では不明瞭。

食用になるが虫に食われていることが多い

ヤマドリタケモドキ

Boletus reticulatus イグチ目イグチ科

夏秋
大
食
地面

柄表面（約2倍）

- 傘は暗褐色ビロード状
- 管孔は淡黄色～帯オリーブ褐色で孔口は微細
- 柄は黄褐色～灰褐色で太く、全体が淡色の網目状

広葉樹林に生え、道ばたや公園でもふつうで、大量発生することもしばしばある。優秀な食菌の「ヤマドリタケ」の近縁種で、本種も食用。ただし、劣化しやすく、外見は整っていても多数の虫が入り込んでいることがある。

美しく食用価値も高いが、なかなか見かけない

ムラサキヤマドリタケ

Boletus violaceofuscus イグチ目イグチ科

夏秋
中
食
地面

傘上面

傘下面

柄表面

おもな特徴

- 傘は①帯灰紫色で表面はしわ状②黄褐色のまだら模様が散在する
- 管孔は①灰色系②孔口は微細な円形③初め菌糸に覆われている
- 柄は①傘とほぼ同色で、濃淡がある②大きな縦長多角形の網目がほぼ全体を覆う③基部は白色の菌糸体に覆われる

意外と多い「傘と柄が紫色」のきのこのひとつ。本種は「ヤマドリタケ」(p.209)や「ヤマドリタケモドキ」(p.209)をそのまま紫色にしたような風貌で、傘はしばしば部分的に退色してまだら模様になる。柄の網目模様は淡色で、紫色の地に映えて美しい。ほかに紛らわしいきのこはないので、容易に見分けられる。「ブドウニガイグチ」は同じ紫色のイグチであり、ときに色調が似るが、柄に網目模様がなく、触れると褐色に変わり、苦味がある点などが異なる。

よく見かける地味なイグチ、青変のち黒変

夏秋
中
地面

クロアザアワタケ

Boletus nigromaculatus イグチ目イグチ科

傘上面

- 傘は黒褐色
- 管孔は淡黄色、孔口は大きい
- 柄は繊維状
- 肉は淡色

管孔は傷つくと青色に変色し、のちに黒色。柄は特に下部が赤色に変色し、のちに黒色。傘表面は成熟すると亀甲状にひび割れる傾向がある。中国には本種によく似るが、青変したのちに黒変しない種がある。

「ヤマドリタケモドキ」とは柄で見分けられる

夏秋
中
食
地面

ススケヤマドリタケ

Boletus hiratsukae イグチ目イグチ科

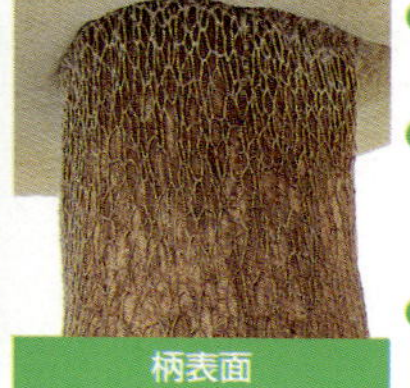

柄表面

- 傘は黒褐色、表面はビロード状
- 管孔は白色～黄色、初め孔口が菌糸に覆われる
- 柄の表面は地色より淡色の網目

針葉樹林に発生する。和名の通り、傘が煤けたような灰黒色で、ほかのヤマドリタケ類と同様に、柄に網目模様がある。柄が傘とほぼ同色で、網目が地の色より淡いことが重要な特徴。よく似た「ススケイグチ」は広葉樹林に発生し、柄が傘より淡色。

和名そのものの特徴をもち、分かりやすい

キアミアシイグチ

夏秋
中
地面

Boletus ornatipes (MB)／*Retiboletus ornatipes* (IF)　イグチ目イグチ科

傘上面

傘下面

柄表面

おもな特徴

- 傘は①黄褐色～灰褐色でほぼ平らに開く②表面はビロード状
- 管孔は①黄褐色で孔口は小型②傷つくと褐変する
- 柄は①傘より淡色で、表面は繊維状②表面は明瞭な網目状③基部は黄色の菌糸体に覆われる

和名の通り、柄（アシ）が黄色で、はっきりとした網目に覆われるのが最大の特徴。網目はしばしば柄の地の色よりも濃色。傘の色は変異が大きいが、柄の様子はほぼ一様である。管孔も同様に黄色で、やや垂生し柄の網目と連続しているように見える。「キアシヤマドリタケ」は本種に類似するが、幼時は管孔が菌糸にふさがれていること、苦味がないことなどで区別される。「ミドリニガイグチ」（p.216）とは管孔および孔口の色などが異なる。

一度見たら忘れない独特な存在感の大型食用菌

アカヤマドリ

Rugiboletus extremiorientale イグチ目イグチ科

夏秋
大
食
地面

傘上面

傘下面

柄表面

おもな特徴

- 傘は①赤褐色で低いまんじゅう形～ほぼ平らに開く②著しいひび割れを生じ、淡色の肉をあらわす③幼時は脳状の著しいしわがある
- 管孔は黄色で、孔口は微小
- 柄は①傘より淡色～ほぼ同色で、しばしば太い②表面は微細な粒点または小鱗片に密に覆われる

しばしば非常に大型になり、傘直径が 20 cm を超えることもある。傘に顕著なしわがあり、成熟するとひび割れて独特の模様を呈する。成熟した傘は、マシュマロのようにやわらかく弾力がある。中国には瓜二つの種があるが、少なくとも日本国内には、似たきのこはないので覚えやすい。幼時の傘は無毛平滑に近いこともある。かつてヤマイグチのなかまに含められていたが、傷つけても変色性がないことや、そのほか顕微鏡観察で見られる形質をもとに分けられた。

シラカンバなどカバノキのなかまと共生する

キンチャヤマイグチ

Leccinum versipelle イグチ目イグチ科

夏秋
中
食
地面

柄表面（約0.5倍）

- 傘は黄褐色〜赤褐色、やや綿毛状
- 管孔は灰黄色、孔口は微細
- 柄は白色で太く、全体を黒褐色細鱗片が密に覆う

シラカンバなどカバノキ類の樹下に発生。傘が明るい褐色で、柄にヤマイグチ属（*Leccinum*）に特徴的な点状鱗片がある。肉は傷や加熱で黒変するが、柄の基部は傷で青緑色に変色。食用にされているが、加熱不十分だと弱い毒性があるともいわれる。

低地の雑木林でよく見られるヤマイグチ

スミゾメヤマイグチ

Leccinum pseudoscabrum イグチ目イグチ科

夏秋
中
地面

柄断面

- 傘は褐色、不規則なでこぼこや亀裂
- 管孔は白色で孔口は大型。傷で褐色〜黒色に変色
- 柄は黒褐色の小鱗片が密に覆う

シデ類の樹下に発生する。傷つくと赤色に変わり、のちに、「墨染め」の和名の通り黒色に変色する。傘表面に顕著なでこぼこがある。柄は、傘の直径に比べてかなり長く、表面にヤマイグチ類の特徴である黒色の点状鱗片がある。

ヤマイグチ属とニガイグチ属の中間的性質をもつ

夏秋
中
毒
地面

ウラグロニガイグチ

Tylopilus eximius (MB)/*Sutorius eximius* (IF) イグチ目イグチ科

柄表面

- 傘は赤褐色〜濃褐色、不規則なでこぼこ
- 管孔は濃色、孔口は微細
- 柄は帯紫灰色、小鱗片に密に覆われる

和名の通り、管孔が黒色系のきのこ。ニガイグチ属（*Tyropilus*）とヤマイグチ属（*Leccinum*）の中間的な性質をもち、近年、「ストリウス」という新しいグループに分けられた。ストリウスは「靴の修繕屋」という意味。

大型で肉質も充実。でも、ひどい苦味

夏秋
大
地面

ニガイグチモドキ

Tylopilus neofelleus イグチ目イグチ科

柄表面

- 傘はピンク色を帯びたオリーブ褐色、ビロード状
- 管孔は紫褐色、孔口は小型、顕著に離生
- 柄の表面に不完全な網目

がっしりとした大型のイグチだが、肉は苦く、食用価値はない。この苦味はニガイグチ類の中でも特に強烈で、どう調理しても抜けないようだ。孔口が紫色であることがわかりやすい特徴で、柄上部の網目も識別点。

緑色というよりは黄色やオリーブ色のことが多い

夏秋

中

地面

ミドリニガイグチ

Chiua virens (MB)/*Tylopilus virens* (IF) イグチ目イグチ科

傘上面

傘下面

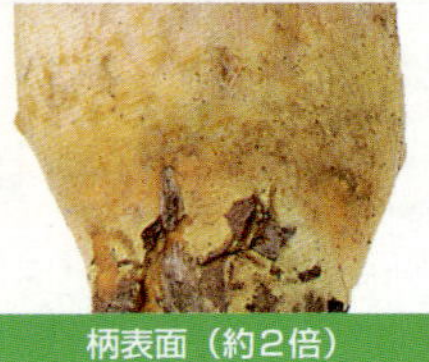

柄表面（約2倍）

おもな特徴

- 傘は①帯緑黄褐色で、ほぼ平らに開く②表面はフェルト状で、湿時は粘性がある
- 管孔は①ピンク色を帯びた灰色で、孔口は小型②上生だが、顕著に離生することもある
- 柄は①上部は黄色～桃色、基部は黄色②一部が網目状
- 管孔にも肉にも変色性がない

本種のような傘がオリーブ色のイグチはそれほど多くない。また、本種の傘はしばしば黄色を帯びることがあるのも特徴。柄の上部がしばしば赤色を帯び、基部が鮮やかな黄色であることなども特徴で、傘と柄の色の組み合わせから判別できる。「キアミアシイグチ」（p.212）の傘も似た色になることがあるが、本種より柄の網目が顕著で、柄全体が黄色。「アケボノアワタケ」（p.217）も柄の基部が鮮やかな黄色だが、全体的に赤色を帯びる。

「アワタケ」とは別のグループで雰囲気も違う

アケボノアワタケ

Harrya chromapes (MB)/*Harrya chromipes* (IF) イグチ目イグチ科

夏秋
中
食
地面

柄断面

- 傘はくすんだピンク色～淡赤褐色、湿時粘性あり
- 管孔は淡色で孔口は微小
- 柄は傘とほぼ同色、細鱗片に覆われ、基部は黄色

和名に「アワタケ」とあるが、ニガイグチのなかまで、ほかのアワタケ類とは形態も大きく異なる。「アケボノ」の名の通り、傘と柄が薄いピンク色を帯び、柄の基部が表面も断面も黄色であることが特徴。

管孔のピンクより、柄の網目が目立つ特徴

ホオベニシロアシイグチ

Pseudoaustroboletus valens イグチ目イグチ科

夏秋
大
食
地面

傘下面

- 傘は灰褐色、湿時粘性あり
- 管孔は淡紅色、孔口は微小
- 柄はほぼ白色、下部がやや太まり、表面に明瞭な隆起した網目がある

里山の雑木林でも見られる。和名の通り孔口が紅色を帯び、柄（アシ）が白色である。全体的に白っぽく地味な印象だが、柄表面の隆起した網目が特徴。傘の色は環境によって変異がある。管孔は傷つくと褐変する。

イグチとしてはめずらしく、辛味があるのが特徴

夏秋

中

地面

コショウイグチ

Chalciporus piperatus **イグチ目イグチ科**

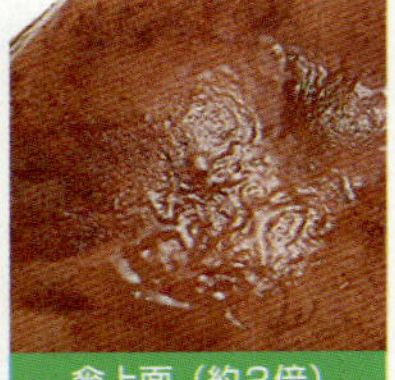

傘上面（約2倍）

傘下面（約2倍）

柄表面 柄断面（約2倍）

おもな特徴

- 傘は①赤褐色でまんじゅう形に開き、縁部は内側に巻く②表面はほぼ無毛平滑で湿時は粘性がある
- 管孔は傘より濃色で、孔口は大小の多角形
- 柄は①傘より淡色～ほぼ同色②基部には黄色の菌糸体をともなう③断面は黄色

小型で全体的に地味な色をしており、あまり「イグチらしくない」風貌のイグチである。傘の裏を見て、初めてイグチであることに気がつくこともある。柄の基部に黄色の菌糸の塊をともなうのが重要な特徴。和名の通り、「カルシポロン」という成分に由来する辛味があるが、「コショウのような」と表現して一般に想像されるより、相当強烈な味である。「アミタケ」（p.204）は本種に一見似ているが、傘の色が本種ほど赤みを帯びず、加熱すると赤紫色に変色する。

傘も柄も鮮やかな紅色のイグチ

ベニイグチ

夏秋
中
地面

Heimioporus japonicus イグチ目イグチ科

傘上面

傘下面

柄表面

おもな特徴

- 傘は①濃赤色で、低いまんじゅう形に開く②表面は無毛平滑で、湿時は粘性がある
- 管孔はオリーブ色を帯びた黄褐色で、孔口は微小
- 柄は①上部が黄色、それ以外が傘と同色②表面は明瞭な隆起した網目状

西日本に多く分布するが、関東での採集例もある。傘と柄が赤色、管孔が黄色で、柄に傘と同色で隆起した網目模様があることが特徴。非常に目立つ形態をしているので、同定は容易である。しばしば白いカビに侵されるという特徴がある。「アカジコウ」は傘の色が本種と同じ赤色系で、柄に網目模様があるが、柄は本種よりも通常細く、網目の色は傘と同色ではない。「ミヤマベニイグチ」は傘と管孔の色が似ているが、柄に網目模様がないことで識別できる。

若い子実体は管孔が黄色の膜に覆われる

夏秋
中
食
地面

キイロイグチ

Pulveroboletus ravenelii イグチ目イグチ科

傘下面

- 傘は鮮黄色、ビロード状
- 管孔は淡褐色、孔口は小型、初めは被膜に覆われる
- 柄は同色で、表面は繊維状

全体的に鮮やかなレモンイエロー。被膜が残っている状態ではフウセンタケやホコリタケのなかまのようだが、破れると管孔が現れる。表面にやや粘性があり、触れると黄色の粉が付着してなかなか取れない。肉は青変性が強い。

その名の通り非常に柄が長く、しばしば屈曲する

夏秋
大
地面

アシナガイグチ

Boletellus elatus イグチ目イグチ科

柄表面

- 傘は褐色、無毛平滑、粘性がある
- 管孔は黄色〜オリーブ褐色、孔口はやや大型
- 柄はワイン色、非常に細長い

おもに西日本で散発的に発生する。傘と管孔は地味でありふれた印象だが、和名の通り、柄がすらりと伸びる。柄の表面は、上部はやや細目状だがほぼ平滑。上部ほど細く、ヘビのように屈曲することもあるが、傘は柄の形状にかかわらず、水平に生じる。

背の高さよりも柄の網目状隆起が何より目立つ

セイタカイグチ

Aureoboletus russellii (MB) / *Boletellus russellii* (IF)　イグチ目イグチ科

夏秋
大
注意
地面

傘上面（約0.5倍）

傘下面（約0.5倍）

柄表面（約0.5倍）

おもな特徴

- 傘は①淡桃色〜淡褐色でほぼ平らに開く②表面はややフェルト状で褐色のしみが散在する
- 管孔は①成熟すると帯オリーブ褐色で離生②孔口は中型
- 柄は①赤褐色で細長い②淡色で縦長の顕著な網目に覆われる

傘よりも柄に特徴が多い。「背高」の名の通り長く伸びること、ささくれ状に隆起する網目に覆われること、傘よりも通常かなり濃色であること、肉質が強靭であることなどから、ひと目でそれとわかる。ほぼ白色の傘とのコントラストも、ほかに類を見ない。本種に似た「ヒゴノセイタカイグチ」というめずらしいきのこは、柄が細長く、顕著な網目に覆われる点は共通するが、上部が黄金色、下部が赤色をしておりグラデーションをなす。また、傘が本種より赤い。体質により中毒する。

傘の縁から膜状の鱗片が垂れ下がる

夏秋
中
食
地面

キクバナイグチ

Boletellus floriformis イグチ目イグチ科

傘下面

- 傘は淡紅色～赤紫色、亀裂を生じ、縁部は膜状に垂れる
- 管孔は黄色～オリーブ褐色、孔口はやや大型
- 柄はワイン色で、無毛平滑

おもに関東以西の照葉樹林などに多いという。傘表面がひび割れた様子が、大輪の菊の花のように見えるのが和名の由来。特に幼時は傘に対して柄が非常に長く、傷ついたときの管孔や肉の青変性が強いことも特徴。

亜高山帯でしか出会えない水玉模様のきのこ

夏秋
大
食
枯れ木・倒木

オオキノボリイグチ

Boletellus mirabilis (MB)/*Aureoboletus mirabilis* (IF) イグチ目イグチ科

傘下面

- 傘は暗赤褐色、水玉模様
- 管孔は帯オリーブ褐色、離生、孔口は中型
- 柄は基部が顕著にふくらみ、縦長の網目がある

亜高山帯の針葉樹林に発生。イグチのなかまとしてはめずらしく、材に生える。傘はフェルト状で水玉模様。これは「ベニテングタケ」(p.174)のように傘表面に被膜の名残があるのではなく、傘そのものの模様である。

肉眼的な分類は困難だが、属までの同定は容易

オニイグチ

Strobilomyces strobilaceus イグチ目イグチ科

夏秋
中
食
地面

傘下面　柄断面

- 傘は灰色、黒褐色の綿毛状鱗片に密に覆われる
- 管孔は白色～黒褐色
- 柄は綿毛状鱗片に覆われる
- 傷つくと赤変ののち黒変

オニイグチのなかまは傘と柄が黒色で、表面がトゲ状の鱗片で覆われる点で属までの同定は容易。ただし、種レベルは、肉眼のみでは困難で、一般に鱗片が綿毛状のものが「オニイグチ」または「コオニイグチ」とされる。

鱗片が平伏せず、逆立って尖る点で区別される

オニイグチモドキ

Strobilomyces confusus イグチ目イグチ科

夏秋
中
食
地面

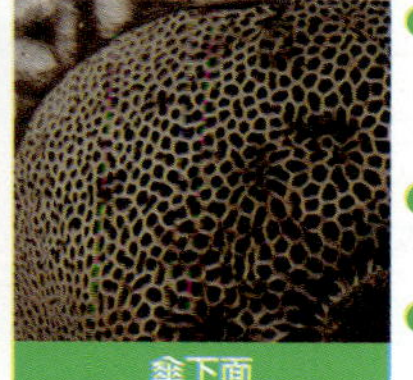

傘下面

- 傘は灰色、黒褐色のトゲ状鱗片に覆われる
- 管孔は白色～黒褐色
- 柄は綿毛状鱗片に覆われる

オニイグチのなかまは数種が知られていて、そのなかでも傘の鱗片がトゲ状に尖るものが「オニイグチモドキ」と同定されている。しかし、中間的なものもあり、正確な識別には胞子の電子顕微鏡観察やDNA解析を要する。肉は傷つくと赤くなり、のちに黒色。

明らかに傘の裏がひだ状だがイグチのなかま

キヒダタケ

Phylloporus bellus イグチ目イグチ科

夏秋
中
毒
地面

傘上面

傘下面

柄表面

おもな特徴

- 傘は①褐色で平らに開き、中央部がややくぼむ②表面は平滑～ビロード状
- 傘の下面はイグチのなかまだが、ひだをもつ。ひだは鮮黄色で幅広く、長く垂生し、疎
- 柄は①黄褐色～赤褐色②表面はビロード状

鮮やかな黄色のひだが特徴。通常管孔をもつイグチ類にあって、めずらしく傘の裏がひだになっている種である。確かに傘の上面だけ見るとイグチ類が連想され、触れるとイグチ特有のスポンジ状の質感がわかる。ほかには、傘の直径に対して柄が細いことなどが特徴。変種の「イロガワリキヒダタケ」は、ひだおよび肉が傷つくと強く青変する。「キヒダタケ」も若干青変するとされている。キヒダタケ属（*Phylloporus*）は全世界で約 70 種が知られているが、すべて傘の裏がひだになっている。

「地上の星」は湿度によって形が変わる

ツチグリ

Astraeus hygrometricus イグチ目ディプロキスティス科

夏秋
中
食
地面

乾燥時外見

内皮表面（約4倍）

子実体断面（約4倍）

おもな特徴

- 全体は①初めは球形で、成熟すると外皮が裂けて、内皮を露出する②基部に黒色の菌糸束をともなう
- 外皮の内側は白色で、亀裂がある
- 内皮は球形で褐色、成熟すると頂部にあな（頂孔）が開き、雨粒が当たるなどすると胞子を噴出
- 内部は初め白色で、胞子が成熟すると紫褐色になる

球形で大量の胞子を包む「内皮」と、初め子実体全体を包み、成長すると裂けて星状に広がる「外皮」からなる。外皮は革質で、乾湿の変化で開いたり閉じたりする。内皮は頂部にあなが開き、雨粒などが当たると「ホコリタケ」（p.74）のように胞子の煙を噴き出す。「コツチグリ」は本種にそっくりだがより小さく、外皮がより細かく裂ける。「エリマキツチグリ」（p.275）は本種に似るがまったく異なるグループで、外皮が一度開くと閉じることがなく、本種のような革質ではなく、もろい質感。幼菌のみ、食用。

春と秋、海岸のクロマツ林の風物詩

ショウロ

Rhizopogon roseolus イグチ目ショウロ科

春、秋
小
毒
地面

外皮表面（約4倍）

子実体断面（約4倍）

根状菌糸束（約4倍）

おもな特徴

- 全体は①黄褐色で、ゆがんだ球形②断面はスポンジ状で、初めは白色。成熟すると褐色になる③基部に根状菌糸束がある
- 表面にはピンク色～赤色の斑点があり、乾燥すると亀裂を生じて内部を露出する。傷つくと赤変する
- 独特の甘い香りがあり、成熟するとさらに強くなる

早春および晩秋に発生する球状のきのこ。アカマツ林、クロマツ林で見つかるが、海岸のクロマツ林が探しやすく、成熟した子実体は砂地に半分ほど埋まった状態で発見されることが多い。周囲の砂をかき分けると、食用に適した段階の幼菌を見つけられるかもしれない。形態の類似した近縁種が複数存在し、それぞれの種が特定の樹種と強い関係をもつという。本種と同じ樹種と関係をもつ「オオショウロ」は黒変性があり、「ホンショウロ」は変色性を欠き、「アカショウロ」はもともと赤いことで識別可能。

斜面で見つかる球形のきのこ

クチベニタケ

夏秋
中
地面

Calostoma japonica (MB) / *Calostoma japonicum* (IF) イグチ目ニセショウロ科 (MB) / クチベニタケ科 (IF)

子実体上面（約4倍）

子実体断面（約4倍）

菌糸束（約4倍）

おもな特徴

- 全体は①灰褐色～淡紅褐色で類球形②成熟すると内部が粉状になり、指でつまむと胞子が煙状に噴出する
- 表面は①まばらに小型のパッチ状鱗片をともなう②頂部に不規則な形状の濃色の亀裂がある③外皮は厚いゼラチン質の最外層を含む3層からなる
- 地中に伸びる菌糸束は半透明の軟骨質で、絡まり合って柄のようになる

林内の土の露出した場所によく発生する。「ニセショウロ」のなかまのような形状をしているが、頂部に口紅のような赤色を帯びた小孔があるのが特徴。解剖すると中からチーズのような質感の白色の塊が現れる。全体的に赤色を帯びるものは「ホオベニタケ」とよばれて以前は別種とされていた。海外には子実体が大量のゼラチン質に包まれる「C. キンナバリヌム」や、てるてる坊主のような形の「C. インシグニス」など、日本のクチベニタケからは想像できないような形態の近縁種が存在する。

ベニタケのなかま

Russula spp.　ベニタケ目ベニタケ科ベニタケ属
Lactarius spp.　ベニタケ目ベニタケ科チチタケ属

肉質のもろさでベニタケ科とわかるが、種の同定は困難

ベニタケ属とチチタケ属という2つの大きな属を含むグループ。いずれも子実体に球形の細胞を多く含む点が特徴で、それが独特のもろい肉質を生み出している。大部分のきのこ類と異なり、柄を縦に裂くことができない。慣れるとひと目でベニタケとわかるが、種の同定は難しい。チチタケ属は乳管菌糸という菌糸をもち、傷つくと乳液を出す。ともに菌根菌で、ふつうは地上に発生。

重要な特徴

＊このページは、ベニタケ科のみで順位を出しています。従来のチチタケ属は、最近、カラハツタケ属(*Lactarius*)とチチタケ属(*Lactifluus*)に分かれ、種解説ページでは、新しい学名を採用しています。

胞子には、いぼ状、とさか状、うね状、網目状などがある。ベニタケ類は肉眼的同定がしばしば困難だが、胞子が種の識別の決め手になることもある。しかし、胞子の形のバリエーションや大きさは両属ともほぼ同じであり、胞子から両属を区別することは難しい。

ベニタケ属

1 胞子に網目 pLR＝7.2

2 傘表面が脈状 pLR＝4.4

しばしば見られる特徴だが、乾燥して縮まったような印象で、顕著な形質ではない。

ベニタケ属も、傘がろうと状になるものが多い。

つば、つぼはない。

ドクベニタケ

3 胞子にうねや隆起 pLR＝4.2

4 胞子にいぼ pLR＝4.0

5 傘が紫色 pLR＝3.3

カワリハツ*、ウスムラサキハツ*、カラムラサキハツ*などがある。

名前が不明な紫色のベニタケ

チチタケ属

1 胞子にうねや隆起 pLR＝18.9

2 胞子に網目 pLR＝17.4

ろうと状のくぼみ

チチタケの乳液。白色だが、のちに褐色になる。乳液の色や変色性は種の同定手がかりになる。

チチタケ

3 傘がろうと状 pLR＝11.3

傘がろうと状になる種が多く、それにともない、しばしばひだが長く垂生する。

4 傘中央に乳頭突起 pLR＝5.4

ろうと状のくぼみの中央が、突出しているものもある。

5 グレバがオレンジ pLR＝5.0

地下生のチチタケ属のきのこには、断面がオレンジ色のものがある。

補足説明

顕微鏡がないと確認できないが、ベニタケ属とチチタケ属の違いは乳液の有無のほか、ひだに見られる「偽シスチジア」という特殊な構造が、チチタケ属のほうが多い。この構造は乳管菌糸が枝分かれし、末端がひだの表面付近でふくらんだもので、つまり乳液の有無と密接な関係がある。

胞子の電子顕微鏡写真

左はベニタケ属、右はチチタケ属の一例。どちらのグループにも同様の形のものが見られるので、胞子だけでは属の決定はできない。

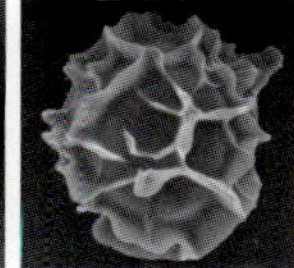

ベニタケ目全体で見ると、きのこ型のきのこでないものも含まれている。

ニンギョウタケ

ヤマブシタケ

各種データ

ベニタケ属	チチタケ属
全世界種数…**580種**	全世界種数…**270種**
国内種数………**70種**	国内種数………**60種**

サイズマッピング

ベニタケ属もチチタケ属も傘の直径に対して柄が短く太い。子実体のサイズの範囲は、両属でほぼ同一。

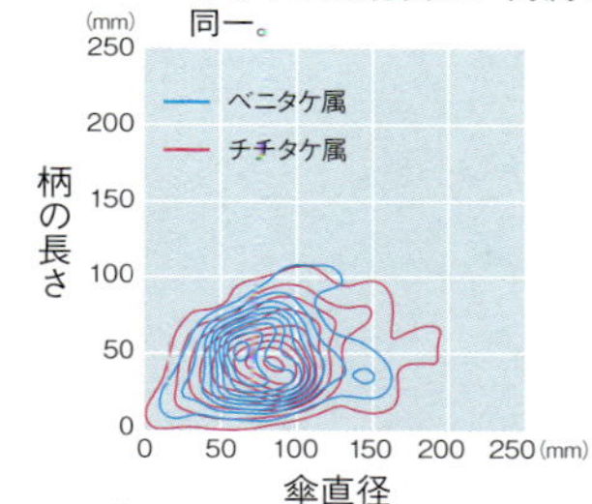

カラーパレット

ベニタケといっても、赤い種が多いわけではなく、アイタケやハリハツタケなど、緑や青のものも見られる。ベニタケ属は柄が白色の種が多いが、チチタケ属は柄も有色の種が多いようだ。

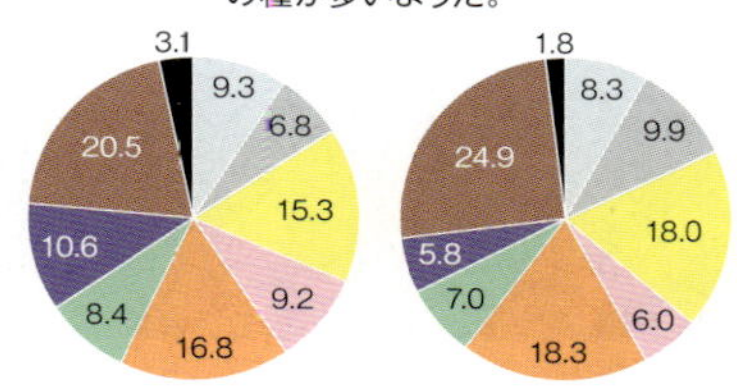

発生時期

発生時期は二峰性を示す。ベニタケ属は初夏にピークがあり、テングタケ類やイグチ類と同時に見られることが多い。チチタケ属は初夏より秋に多い傾向がある。

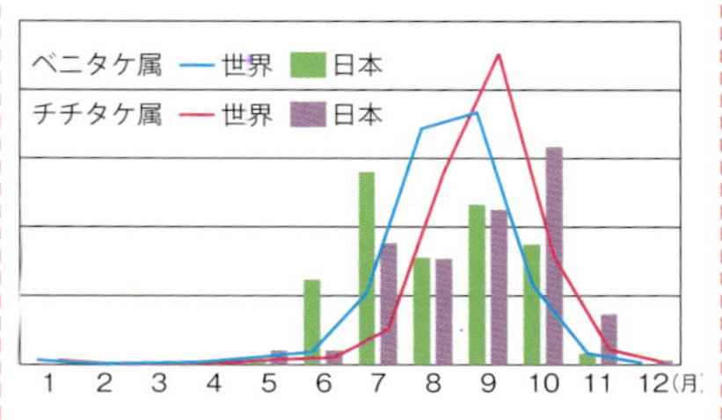

赤いベニタケは基本的に食用には向かない

ドクベニタケ

Russula emetica ベニタケ目ベニタケ科

夏秋
中
毒
地面

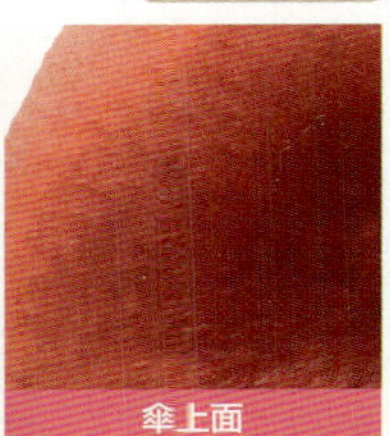

傘上面

傘下面

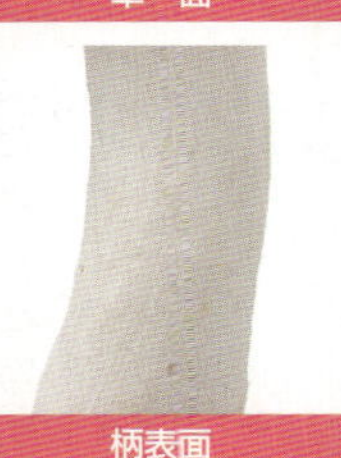

柄表面

おもな特徴

- 傘は①橙赤色～赤色でほぼ平らに開く②表面は湿時は粘性があり、条線をあらわす③表皮が容易にはがれる
- ひだは白色でやや疎
- 柄は白色で無毛平滑
- 肉に辛味がある

赤色のベニタケ属（*Russula*）はよく類似しており、最も識別困難なグループのひとつ。本種は表皮が容易にはがれること、硫酸鉄でピンク色に呈色することなどが特徴だが、野外で本種と同定したとして、正解かどうか判定できる人はいないかもしれない。同定の困難さは、海外のある学者が「あなたが赤いベニタケを全部ドクベニタケとよぶことに決めてもまったく責めない」と述べるほどだ (Kuo, 2009)。確実にいえるのは、中毒したくなければ赤いベニタケを食べないということだけである。

「カブトムシ」のにおいとは…？

ニオイコベニタケ

夏秋
小
地面

Russula bella ベニタケ目ベニタケ科

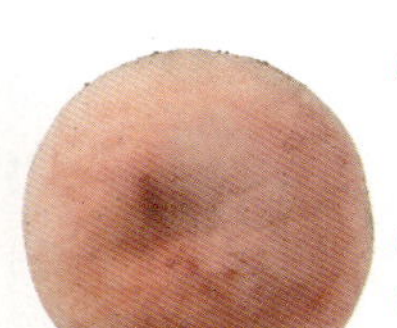
傘上面

- 傘は赤色、不規則な濃淡があり、表面は微粉状
- ひだは白色、密
- 柄は白色、桃色を帯び、微粉状。細かい縦じわがある

林や草地の普通種で、赤いベニタケの中では比較的わかりやすい。傘は退色すると、ときにまだら模様。「カブトムシ臭」で有名だが、あまりにおわないこともある。同じく「カブトムシ臭」のする「ケショウハツ」(p.232)は、本種と違って柄が桃色を帯びない。

ひだのしみや老成した子実体の不快臭が特徴

アカカバイロタケ

秋
中
地面

Russula compacta (MB)／未掲載 (IF) ベニタケ目ベニタケ科

傘下面

- 傘は赤褐色、中央がくぼむ
- ひだは淡色、密、傷つくと褐色のしみを生じる
- 柄は白色、細かいしわ状

老成すると干し魚（干しニシン）のような不快臭を強く発するきのこ。傘表面に条線がなく、老成するとひび割れる傾向があり、ひだが傷つくと傘と似た色のしみを生じる。柄は初めは白色だが、のちに傘と同色を帯びる。

色が特徴的なので覚えやすいベニタケ

ウコンハツ

Russula flavida ベニタケ目ベニタケ科

- 傘は鮮黄色〜橙黄色、中央がくぼむ
- ひだは白色、やや密
- 柄は傘と同色、粉状

傘と柄がウコンの根茎のように鮮やかな黄色のきのこ。ひだは白色。傘中央部がくぼむこと、柄に縦方向のしわがあることが特徴。「イロガワリキイロハツ」「ヤマブキハツ」も黄色のベニタケ類だが、いずれも柄が白色である点が本種と異なる。

おしろいをかぶったような粉っぽいきのこ

夏秋
中
地面

ケショウハツ

Russula violeipes ベニタケ目ベニタケ科

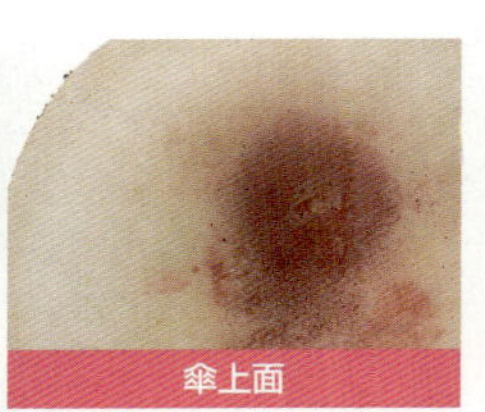

- 傘は赤色、微粉状
- ひだは白色、密、柄の付近で二叉分岐する
- 柄は白色、微粉状

赤色のベニタケは識別が困難だが、本種の傘は「ぼかし」がかかったような白色を帯び、微粉に覆われる点などから比較的認識しやすい。発生量は多く、各地でふつうに見られる。「カブトムシ臭」のあるきのこのひとつ。

「臭い初茸」は粘っこく、しみが多い

クサハツ

Russula foetens ベニタケ目ベニタケ科

夏秋
中
毒
地面

傘上面

- 傘は褐色、中央がくぼみ、粒状溝線がある
- ひだは淡色、密、褐色のしみが散在する
- 柄は無毛平滑

公園や里山の雑木林などで見られる。「クサ」とは「臭」で、特に古くなったものが不快臭を発する。「オキナクサハツ」（下）とは、傘表面のしわで識別できる。「クサハツモドキ」は本種よりも傘が淡色で、よい香りがする。

傘のしわが「翁」（おじいさん）を思わせる

オキナクサハツ

Russula senecis ベニタケ目ベニタケ科

夏秋
中
毒
地面

傘上面

- 傘は褐色、中央くぼみ、細かいしわ状、粒状溝線がある
- ひだは淡色、密、不連続な縁取り
- 柄は無網平滑

傘表面にしわがある点で「クサハツ」（上）、「クサハツモドキ」などと区別されるが、成熟すると傘表面がひび割れて肉を露出する点のほうが識別に有用。粘性、悪臭、毒成分、という嫌われる要素が三拍子でそろっている。

ニセクロハツとの区別が有名だが本種も毒きのこ

クロハツ

Russula nigricans ベニタケ目ベニタケ科

夏秋
中
猛毒
地面

傘上面

傘下面

柄断面

おもな特徴

- 傘は①灰黒色でまんじゅう形、中央部がくぼむ②表皮は無毛平滑で光沢はなく、縁部に条線もない③表皮は手ではがしにくい
- ひだは白色系で幅広く、かなり疎
- 柄は白色系で無毛平滑
- 肉は傷つくと赤変、のちに黒色となる

普通種。比較的大型で、ひだがかなり疎であることが特徴。傷つけると赤変し、のちに黒変することが猛毒の「ニセクロハツ」(黒変しない)との識別点だが、本種も変色がかなり遅いことがある。同じ黒色系の種には「クロハツモドキ」もあるが、こちらは本種よりもひだが密。ただし、類似種はほかにも複数知られている。本種は、かつては食用とされていたが、強い消化器系の毒をもつことが明らかになっている。本種からはしばしば「ヤグラタケ」(p.30)という別種が発生する。

傘を裏返せば「クロハツ」でないことがわかる

クロハツモドキ

Russula densifolia ベニタケ目ベニタケ科

傘下面

- 傘は初めは白色だが、のちに灰褐色から黒色。成長すると中央部がくぼむ
- ひだは密
- 柄は白色

同所的に発生することもある「クロハツ」（p.234）に似ているが、本種はひだの間隔がずっと密。傷つけると赤色から黒色に変色する。従来食菌とされていたが、現在はクロハツと同様の毒成分が知られている。

似た種が多いが、柄の頂部の青みが手がかり

シロハツ

Russula delica ベニタケ目ベニタケ科

夏秋
小
食
地面

傘下面

- 傘は白色、中央部がくぼむ
- ひだはほぼ白色、やや垂生しやや密
- 柄は白色、ひだとの境目がやや青みを帯び、太くて短い

全体が白色。柄の頂部が輪状に淡青色を帯びるのが特徴。ひだの縁全体が青色を帯びる「アイバシロハツ」は同種ともいわれる。本種と酷似するチチタケ属（*Lactarius*）のきのこがあるが、本種からは乳液が出ないので、容易に見分けられる。

ベニタケ属菌では最も同定しやすい種のひとつ

夏秋
中
食
地面

アイタケ

Russula virescens ベニタケ目ベニタケ科

傘上面

- 傘はは灰色がかった緑色、亀甲状にひび割れる
- ひだは白色系、やや密
- 柄は白色、無毛平滑

傘が緑色で、独特のひび割れを生じる。「アイ」は「藍」の意だが、傘の色は藍色（インディゴ）とは程遠く、藍を絞っただけの汁の色のようだ。成熟すると傘の中央部から黄褐色を帯びる。

比較的早い時期に発生し、遭遇頻度が高い

夏
中
食
地面

ヒビワレシロハツ

Russula alboareolata ベニタケ目ベニタケ科

傘上面

- 傘は白色、中央部はくぼみ、微粉状。縁部がしばしばひび割れ、溝線がある
- ひだは白色、やや疎
- 柄は白色、表面に小じわ

和名の通り傘縁部の表面にひび割れが生じる。子実体は小型で非常にもろく、発生時期が比較的早い（初夏）。「シロハツモドキ」は本種よりずっと大きく、ひだが密。「ツギハギハツ」は黄褐色のパッチ状にひび割れる。

赤い乳液や柄のあばた模様が同定の手掛かり

アカモミタケ

Lactarius laeticolor (MB)/*Lactarius deliciosus* (IF) ベニタケ目ベニタケ科

夏秋
中
食
地面

柄表面

- 傘は橙黄色、ろうと状、環紋がある
- ひだは同色、やや密
- 柄に楕円形のくぼみが散在
- 乳液は橙赤色で変色なし

モミ林に発生する。傷つけると橙赤色の乳液を出すが、変色しない。柄表面にごく浅いクレーターのようなくぼみがあるのが特徴。「アカハツ」(p.240)は本種に類似するがマツ林に発生し、乳液が青緑色に変色する。

乳液が緑色になるので、ひだの各所に緑色のしみ

キハツダケ

Lactarius tottoriensis ベニタケ目ベニタケ科

秋
中
食
地面

傘下面

- 傘は淡黄色、中央がくぼみ、無毛
- ひだは白色、やや密
- 柄は傘とほぼ同色
- 乳液は白色ののち青緑色

針葉樹林に発生する種で、日本から初めて報告された。味はおだやかで、乳液が灰緑色に変色する。同様の変色性をもつ「アオゾメツチカブリ」は辛味がある。「ハツタケ」(p.240)は、乳液が白色から青緑色に変色。

傷つけるとすごい勢いで乳液が溢れ出る

チチタケ

Lactifluus volemus ベニタケ目ベニタケ科

夏秋
中
食
地面

傘上面

傘下面

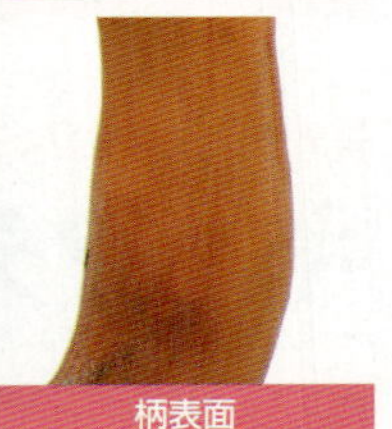

柄表面

おもな特徴

- 傘は①赤褐色で、ややろうと状②表面はビロード状
- ひだは黄色で密、しばしば褐色のしみができる
- 柄は①傘とほぼ同色②表面はビロード状
- 乳液は白色で豊富、のちに褐色に変色
- 乾くと干したニシン臭

和名の通り、傷つくと乳液を出すが、これはチチタケのなかまのほぼすべてに見られる特徴なので、種同定の手がかりにはならない。ただし、乳液が白色で量が非常に多いのは特徴といえる。本種にはいくつかの異なるタイプがあるといわれ、傘が暗色でビロード状に見えるものは「ビロードチチタケ」とよばれている。「チリメンチチタケ」と「ヒロハチチタケ」(p.239)は本種に似るが別種で、前者は傘にちりめん状のしわがあり、後者はひだが本種より疎で、乳液が白色だが、本種と異なり褐色にならない。

乳液は初め白いが、すぐに黄色に

キチチタケ

Lactarius chrysorrheus ベニタケ目ベニタケ科

夏秋
中
食
地面

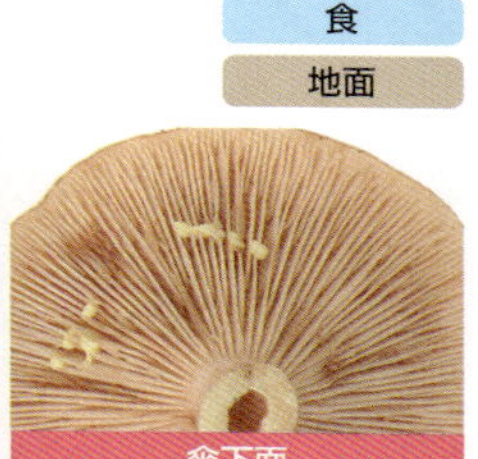

傘下面

- 傘は淡黄褐色、濃色の環紋がある
- ひだは淡色、垂生、やや密
- 柄は淡色で無毛平滑
- 乳液は白色から黄白色

子実体よりも、むしろ乳液のほうが黄色い。乳液は初め白色だが空気に触れると黄色に変色する。このような特徴をもつきのこはめずらしい。傘に環紋がある。食用とされるが、乳液に辛味や苦味がある。

肉厚でまばらなひだは、チチタケとは異なる印象

ヒロハチチタケ

Lactifluus hygrophoroides (MB)/*Lactarius hygrophoroides* (IF) ベニタケ目ベニタケ科

夏秋
中
食
地面

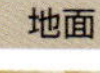

傘下面

- 傘はオレンジ色～橙赤色、ろうと状にくぼみ、表面はビロード状
- ひだは幅広く、非常に疎
- 柄は短く、無毛平滑に近い

ひだの幅が広く、非常に疎。乳液は白色で、時間が経っても変色せず、辛味などはない。学名の *hygrophoroides* は、「ヌメリガサのような」という意味で、ひだの様子が似る。「チチタケ」(p.238)は、本種より傘が濃色。

知らないとぎょっとする？ 緑色の変色

夏秋
中
食
地面

ハツタケ

Lactarius lividatus (MB)／未掲載 (IF) ベニタケ目ベニタケ科

傘上面（約2倍）

- 傘は淡紅褐色など、ややろうと状で環紋がある
- ひだはワイン色を帯びた淡黄色、やや垂生、密
- 柄は繊維状

マツ林の代表的なきのこで、古くから親しまれている食菌。和名の通り、一般にきのこシーズンとされる秋の早い時期に発生する。傷つくと暗赤色の乳液を出し、のちに青緑色に変色する。ひだは独特なワイン色を帯びる。

ハツタケと混同されるが、より明るい橙色

夏秋
中
食
地面

アカハツ

Lactarius akahatsu (MB)／*Lactarius hatsudake* (IF) ベニタケ目ベニタケ科

傘上面（約2倍）

- 傘は橙赤色、中央部がややくぼみ、不明瞭な環紋
- ひだは、やや垂生、やや密
- 柄は傘と同色で短く
- 乳液は橙赤色

おもにマツ林に発生する。傷つくとゆっくりと青緑色に変色する。「ハツタケ」（上）もマツ林に発生し、同様に変色する。本種より傘の環紋が明瞭だが、特に区別していない地方もある。

カレーではなく丁字（クローブ）のにおい

チョウジチチタケ

Lactarius quietus ベニタケ目ベニタケ科

夏秋
中
地面

傘上面

傘下面

柄表面

おもな特徴

- 傘は①黄褐色〜淡褐色で浅いろうと状に開く②表面には中央部ほど濃色の明瞭な環紋がある
- ひだは①傘とほぼ同色で、やや密②しばしばふたまた状に分岐する
- 柄は傘とほぼ同色で表面は微粉状
- 肉は傷つくと白色の乳液出す

ナラ、カシ類の樹下に発生する。チョウジ（丁字、クローブ）のようなにおいがあることが和名の由来だが、新鮮なときにはあまりにおいがなく、一度乾燥させないとわかりにくい。傘表面の不明瞭というわけではないが、ぼやけたような環紋が特徴。乳液にはやや苦味がある。同じく独特の香気を発する「ニオイワチチタケ」は本種によく似るが、本種のように乳液が白色からクリーム色に変色するのではなく半透明で変色しない点、においがカレーに似る点などが異なる。

ちりめん状と形容される傘のしわが特徴的

クロチチダマシ

Lactarius gerardii ベニタケ目ベニタケ科

傘下面

- 傘は黒褐色、しわ状～ビロード状
- ひだは白色、疎、暗褐色の縁取りがある
- 柄は傘と同色、ビロード状

老成すると傘表面に放射状でちりめん状のしわが生じる。乳液は白色で、ひだは疎、ときに縁取りがある。ひだとひだの間に脈状の連絡が見られる。「クロチチタケ」はひだがずっと密で、乳液は白色から赤色に変わる。

目の覚めるような瑠璃色(るりいろ)だが次第に色褪せる

夏秋
中
食
地面

ルリハツタケ

Lactarius subindigo ベニタケ目ベニタケ科

傘下面

- 傘は青色、ろうと状。環紋がある
- ひだは褐色、垂生、やや密
- 柄は傘と同色で無毛平滑
- 乳液も青色

ブナ科の林に発生する。全体が鮮やかな瑠璃色で、老成すると緑色を帯びる。2017年現在、三重県や埼玉県では絶滅危惧種。北米などに分布するL. インディゴと同一視されてきたが、別種であることが明らかになった。

針状の構造が集まって整った塊状をなしている

ヤマブシタケ

Hericium erinaceus ベニタケ目サンゴハリタケ科

秋
中
食
枯れ木・倒木

子実体表面

子実体断面

おもな特徴

- ①白色～黄褐色の多数の針が集合して、ゆがんだ球形をなす②上面は毛状
- 柄はほとんど目立たない
- 子実体全体の形状が山伏の法衣の飾り（梵天）に似ることが和名の由来

無数の針が集合して全体的に球塊状をなすという特異な形状のきのこ。図鑑の写真で見ると巨大なように錯覚しがちであるが、実際はてのひらに十分収まる程度のサイズである。質感は意外にもスポンジ状で、乾燥すると水をよく吸う性質がある。「サンゴハリタケ」「サンゴハリタケモドキ」と同じグループであり、これら３種は互いによく類似している。ただ、３種は柄の分岐が異なり、子実体全体の形を見ると、本種以外は球塊状でなく、凍った滝のように垂れ下がった形状をしている。

大型の株をなす食菌だが風味に癖が強い

ニンギョウタケ

秋
大
食
地面

Albatrellus confluens ベニタケ目ニンギョウタケモドキ科

傘下面

- 傘は黄白色、扇形で無毛平滑
- 孔口は微細
- 柄は白色、太く短く、単一の柄から複数の傘が生じる

マツ林に発生。傘の裏が管孔で、柄が傘の片側に偏る点などが「マイタケ」(p.252) を思わせ、地方によっては「シロマイ」などとよばれる。苦味はなく、食用にされる。「ニンギョウタケモドキ」は本種に似るが苦い。

コウモリには見えない鮮黄色のきのこ

コウモリタケ

秋
大
地面

Albatrellus dispansus (MB)/*Polypus dispansus* (IF) ベニタケ目ニンギョウタケモドキ科 (MB) / 所属未確定 (IF)

傘下面（約4倍）

- 傘は淡黄色～黄色、扇形、へら形など、縁部は波打つ
- 管孔は白色、垂生、孔口は微小
- 柄は偏心生～側生、太い

地上に発生するマイタケ型のきのこ。鮮やかな黄色で、ときに数十cmに達する。表面に細かいしわがある。強い辛味があるので食用にされないが、中国雲南省では一般的な食用きのことして市場で売られているという (Zheng & Liu, 2008)。

珊瑚形のきのこの中では比較的見つけやすい

夏秋

大

枯れ木・倒木

フサヒメホウキタケ

Artomyces pyxidatus ベニタケ目アミロステレウム科（MB）/ マツカサタケ科（IF）

傘上面

子実体先端（約2倍）

おもな特徴

- 全体は①帯橙桃色のサンゴ状②個々の枝は上向きに屈曲しながら盛んに分枝する③個々の枝は上から見ると王冠状
- 柄はほとんど目立たない

「琴柱状分岐（ことじじょうぶんき）」で有名なきのこ。琴柱とは琴の弦を支える道具のことで、本種はさかさまにした琴柱を横から見た形と似ている。上から見ると王冠のような形をしていることも併せて覚えておくとよい。昔の学名 *Clavicorona*（クラヴィコロナ）のコロナは「王冠」という意味。ホウキタケ類と形状は似ているが、本種はまったく異なるグループに含まれ、むしろベニタケ目の「ミミナミハタケ」や「マツカサタケ」に近縁であることが明らかになった。マツなどの針葉樹の枯れ木や倒木にふつうに見られる。

タマチョレイタケのなかま

Polyporaceae
タマチョレイタケ目タマチョレイタケ科

かたいきのこにも渋いおもしろさ

「硬質菌」ともよばれるグループ。ハラタケ型のきのこの多くがやわらかいのに対し、木質、コルク質、革質など、かたいものが大多数を占める。やわらかいきのこの多くが発生してまもなく腐るが、このなかまの子実体は一般的に永く残り、数年にわたって成長を続けるものもある（多年生）。冬はきのこが少ないが、このなかまをじっくり観察できるチャンス、と前向きに捉えることもできる。

＊このページは、硬質菌のうちタマチョレイタケ科のみで順位を出しています。

重要な特徴

1 管孔をもつ

pLR ＝ 7.9

このなかまの多くは、傘は下面が管孔状で、「多孔菌」の別名もある。同定にあたっては、ひとつひとつの孔の形やサイズが重要な識別形質となる。

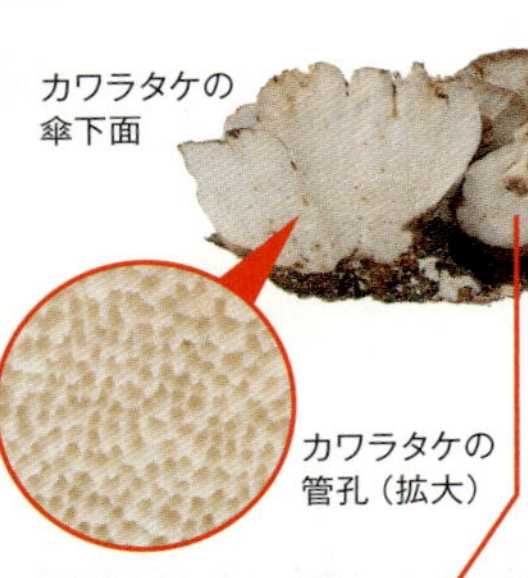

カワラタケの傘下面

カワラタケの管孔（拡大）

4 柄を欠くかほぼ無柄

pLR ＝ 5.8

幹や枝から、いきなり傘を広げるものが多い。

カワラタケ

2 傘が球形

pLR ＝ 7.5

成熟するにつれて平らに広がるものが多いが、未熟なうちは球形に近いことも多い。その状態では同定が困難である。

マスタケの幼菌（ツガサルノコシカケ科）

3 胞子がソーセージ形

pLR ＝ 6.8

なぜか胞子がソーセージ形～円筒形のものが多いが、この形はハラタケ型のきのこにはほとんど見られない。同じく硬質菌のシワタケ科にもソーセージ形の胞子が多い。

5 胞子の幅が狭い

pLR ＝ 5.2（2.5µm 以下）

同じ硬質菌のタバコウロコタケ科やマンネンタケ科との識別に有用。

補足説明

材を腐らせる「木材腐朽菌」の代表的なグループである。種によってどの樹種に発生するかがある程度決まっているので、採集する際に少なくとも広葉樹に発生していたか、針葉樹に発生していたかは記録として残しておきたい。エゴノキに生える「エゴノキタケ*」のように、特定の樹種と強い結びつきがある種もある。

硬質菌全体を広く見ると、なかにはやわらかいもの、傘下面が管孔ではないもの、柄があるものもある。

ブナハリタケ
子実体はやわらかく、針を垂らす。

ハナビラタケ

アミスギタケ*
やわらかい革質。傘下面は管孔だが、柄をもつ。

各種データ

全世界種数… **1100種**
国内種数……… **120種**

サイズマッピング

「柄がない」ものを0cmとしてカウントしていないので、実際の分布はもっと下方向に偏ることに注意されたい。なかには5cmを超える長い柄をもつ種もある。

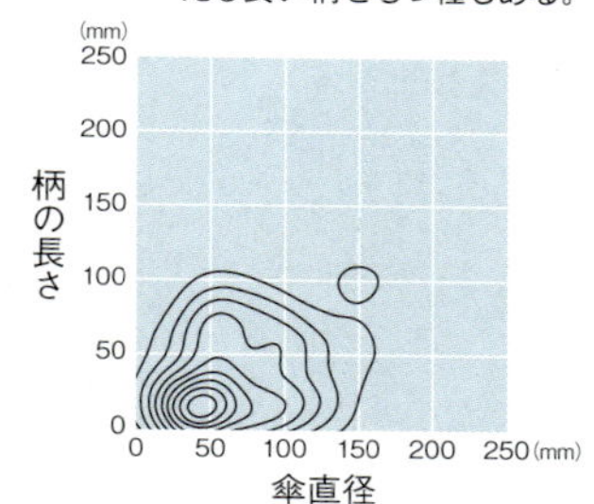

カラーパレット

地味な色が中心で、ピンク色、緑色、紫色はほとんどない。ヒイロタケのような鮮やかな種はごく稀な例。傘そのものの色ではないが、しばしば傘表面に緑藻が生育し、緑色を呈する。

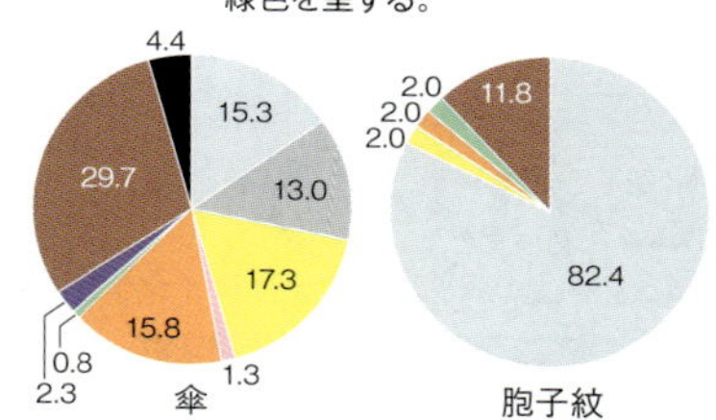

発生時期

いつも不思議に思うのだが、年間を通して発生するものが多いはずのサルノコシカケ類でも、夏と秋のデータが多数を占めている。冬にあまりきのこを採集する機会がないことがデータの偏りの原因になっている可能性がある。

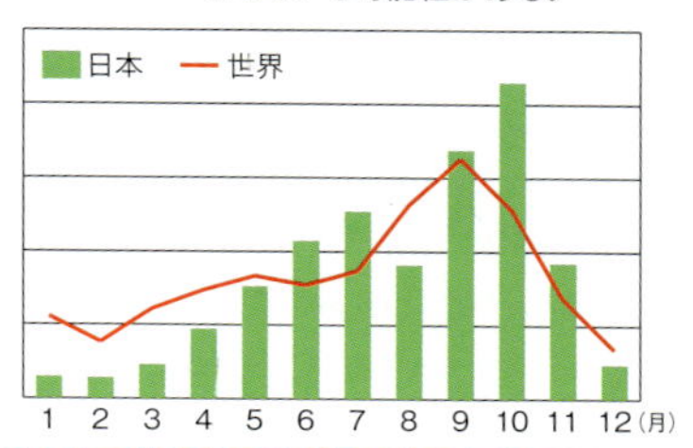

出会わない日はないほどありふれた硬質菌

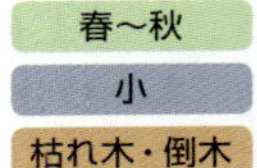

カワラタケ

Trametes versicolor タマチョレイタケ目タマチョレイタケ科

傘下面

- 傘はは扇形で青色や褐色の環紋があり、不規則な切れ込み。表面に微毛
- 管孔は白色、孔口は小型
- 柄を欠く

瓦のように多数重なり合って発生し、*versicolor*（さまざまな色の）の学名の通り、色調は黄褐色、褐色、青黒色、黒色など多様であるが、通常青色を帯びる点が、類似種には見られない特徴である。

「きのこ染め」の材料になる鮮やかなきのこ

春〜秋
中
枯れ木・倒木

ヒイロタケ

Trametes coccinea タマチョレイタケ目タマチョレイタケ科

傘下面

- 傘は鮮やかな橙赤色。表面は凹凸があり、ほぼ無毛
- 管孔は傘より濃色で、孔口は微細
- 柄を欠く

都市部などでも最もふつうに見られる硬質菌のひとつで、鮮やかな赤色がよく目立つ。孔口は超小型。最近は「きのこ染め」によく用いられる。「シュタケ」は孔口がより大きく、本種より北方に分布する。

カワラタケとは、傘の裏のひだで見分ける

カイガラタケ

春～秋
中
枯れ木・倒木

Lenzites betulina タマチョレイタケ目タマチョレイタケ科

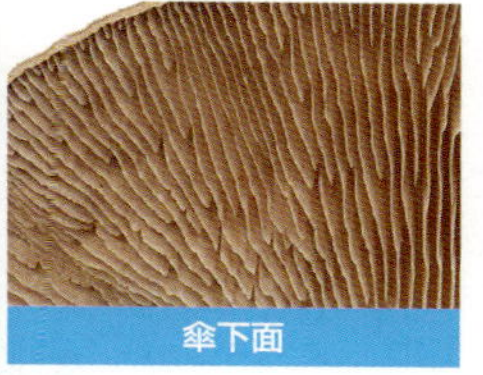
傘下面

- 傘は淡褐色～灰褐色、環紋があり、微毛が生える。老成するとしばしば藻類が生じて緑色になる
- 下面は淡褐色、粗いひだ状

傘の薄いサルノコシカケのなかまとしては比較的大型で、傘上面に貝殻のような環状の模様があり、下面は乱れたひだ状。傘上面には細かい毛が密生する。古くなると傘表面に緑藻類が付着し、緑色を呈することが多い。

胞子散布に創意工夫、虫を集めて運ばせる

ヒトクチタケ

春～秋
小
枯れ木・倒木

Cryptoporus volvatus タマチョレイタケ目タマチョレイタケ科

傘下面

- 上面は黄褐色のひづめ形で、光沢がある
- 管孔は褐色で、白色の膜につつまれ、膜は基部が丸く開口する

枯死して間もないマツの幹に発生する。成熟すると傘の裏に開口部が1つ生じるのが和名の由来。本種は胞子を飛ばすのではなく、干し魚のような臭気で子実体内部に虫を誘引し、胞子を体につけて運ばせる。

大量の胞子を噴き出すサルノコシカケ

春夏秋冬
大
枯れ木・倒木

コフキサルノコシカケ

Ganoderma lipsiense (MB)/*Polyporus lipsiensis* (IF)

タマチョレイタケ目マンネンタケ科（MB）／タマチョレイタケ科（IF）

傘上面

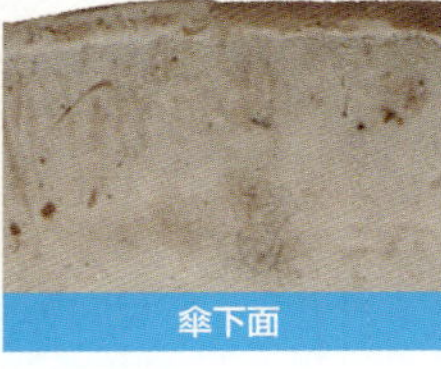

傘下面

傘断面

おもな特徴

- 全体は①半円形～ひづめ形②質感はかたい③縁部は白色
- 上面は①溝状の環紋をもつ②しばしば褐色の胞子が豊富に積もっている
- 管孔は①白色で、傷つくと褐色に変色する②孔口は円形で微小
- 柄を欠く
- 多年生で、宿主の幹や根を腐らせる

年々成長を続け、しばしば非常に大型になる。「粉吹き」の和名の通り、傘表面が褐色の粉（胞子）に覆われるのが特徴。無数の胞子を放出するので、しばしば周辺も褐色になる。サルノコシカケの中でも最もありふれた種のひとつと認識されていたが、低地に発生するものはほとんど「オオミノコフキタケ」という別種であることが判明した。こちらはその名の通り、「実（胞子）」が本種より大きな種で、肉眼での外見の観察ではまず識別できないが、断面を見ると各層の発達具合が異なることがわかる。

針葉樹に発生するマンネンタケのなかま

マゴジャクシ

夏秋
大
枯れ木・倒木

Ganoderma neojaponicum タマチョレイタケ目マンネンタケ科

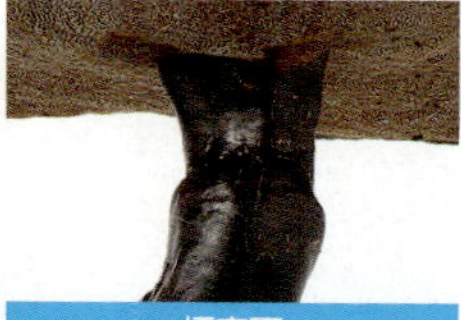
柄表面

- 傘は赤褐色〜黒褐色、成長途中は縁部が淡色
- 管孔は白色〜灰色
- 柄はほぼ側生、傘と同色。ごつごつとして細長い

傘も柄もかたく、ニスを塗ったような光沢がある。地方によっては「マンネンタケ」（下）と同一視されるが、本種は針葉樹に発生し、傘全体がより暗色である。マンネンタケは広葉樹に生える。

広葉樹に生え、シカの角のような形も

マンネンタケ

夏秋
大
枯れ木・倒木

Ganoderma sichuanense タマチョレイタケ目マンネンタケ科

傘下面

- 傘は黄褐色〜紫褐色、成長途中は縁部が淡色
- 管孔は白色〜黄色
- 柄はほぼ側生、傘と同色。ごつごつとして細長い

傘も柄もかたく、ニスを塗ったような光沢がある。生育環境によっては傘が広がらず、柄の状態でシカの角のような形になる。これを「鹿角霊芝（ろっかくれいし）」とよび、人工栽培でも再現可能。薬用、鑑賞にもされる。

野生ものを見つけたら舞って喜ぶ幻のきのこ

秋
大
食
枯れ木・倒木

マイタケ

Grifola frondosa

タマチョレイタケ目ツガサルノコシカケ科（MB）/トンビマイタケ科（IF）

傘上面

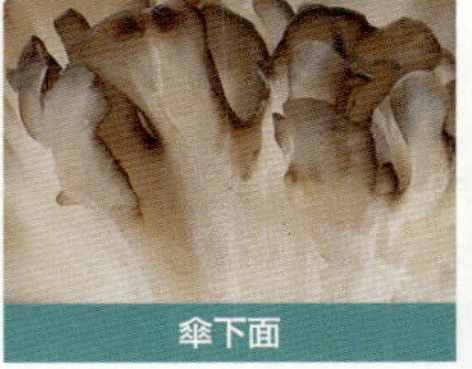

傘下面

全体断面

おもな特徴

- 傘は①褐色扇形でつけ根から放射状に広がる②表面に放射状繊維紋
- ひだは傘より淡色で、孔口は微細
- 傘を重ねて生えるが柄は共通で短い

人工栽培技術が確立し、今では食卓に欠かせないきのことして親しまれているが、かつては「幻のきのこ」とも称される希少種であった。現在も天然のマイタケを見つけるのは容易ではない。北方ではミズナラなど、南方ではシイやサクラなどの広葉樹の大木の基部に発生し、しばしば巨大な株を形成する。一度発生場所を確保すれば翌年以降も発生が期待できる。類似種に南米産の「アンニンコウ（ガルガル）」という種があり、近年国内でも栽培が行われている。

分類がややこしいことが好事家の話題に

マスタケ

Laetiporus cremeiporus タマチョレイタケ目ツガサルノコシカケ科

夏秋
大
注意
枯れ木・倒木

傘上面

傘下面

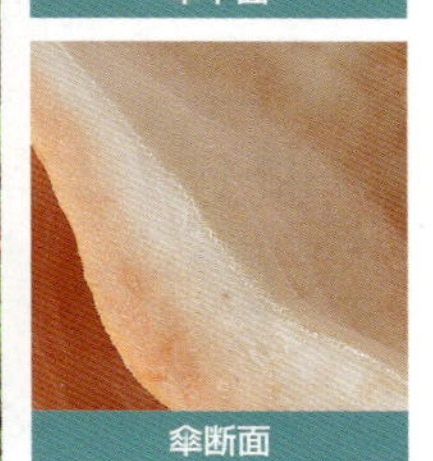
傘断面

おもな特徴

- 傘は①鮭肉色～オレンジ色、半球形で波打つ②表面は繊維状～しわ状
- 管孔は白色系で、孔口は微細
- 柄はほぼ欠く
- 傘が多数重なりあってしばしば巨大な株をなす
- 若いうちはやわらかく、食用になるが、生食すると中毒する

木の幹から幾重にも重なり合って発生する。明るい色で、かなり大型の株をなすので林内で非常に目立つ。和名は、傘の色がマスの肉のようなオレンジ色であることによる。広葉樹型と針葉樹型があるといわれていたが、DNAなどを用いた研究により、後者は「ミヤママスタケ」として分けられた。両者は傘上面の色は類似するが、ミヤマママスタケの下面は黄色を帯びる。「シロカイメンタケ」(p.254)はときに本種に類似するが、本種ほど重なり合って生えず、表面に毛が生えている。

見た目はさながら「スベスベマンジュウキノコ」

夏秋
大
枯れ木・倒木

カンバタケ

Piptoporus betulinus (MB)/*Fomitopsis betulina* (IF)
タマチョレイタケ目ツガサルノコシカケ科

傘下面

- 傘は褐色、半円形。表面に光沢があり、やや環紋をあらわす
- 管孔は白色、孔口は微細
- 柄はない

カバノキ類に発生するパンのような見た目のきのこ。断面には大理石模様があらわれる。アルプスの氷河で発見された古代人の遺体、通称「アイスマン」が携行していたきのこで、薬用に使われていたようである。

和名は「シロ」でも、若いときはオレンジ

夏秋
大
枯れ木・倒木

シロカイメンタケ

Piptoporus soloniensis (MB)/*Piptoporellus soloniensis* (IF)
タマチョレイタケ目ツガサルノコシカケ科

傘下面

- 傘は幼時はオレンジ色、成熟するにつれて白色。微毛があるが、のちに無毛
- 下面は管孔状、孔口は微小
- 柄を欠くか、ごく短い

若いときはオレンジ色で、成熟するにつれて退色し、白色に近くなる。成熟段階によって肉質が大きく変化するのも特徴で、初めは水分を多く含み重いが、成熟すると発泡スチロールのように乾燥して軽くなる。

傘と柄と管孔をもつがイグチとは別のグループ

クロカワ

Boletopsis grisea イボタケ目マツバハリタケ科

秋
中
食
地面

傘上面

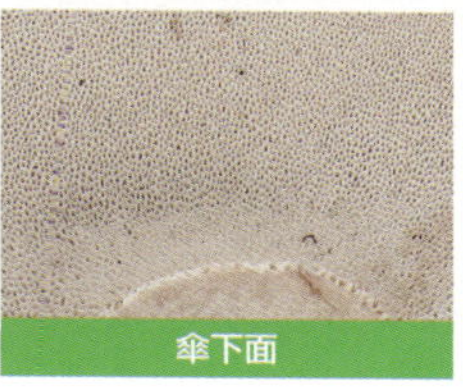
傘下面

柄表面

おもな特徴

●傘は①黒色でほぼ平らに開き、縁部は著しく波打つ②表面は革質で微毛に覆われ、縁部はやや亀裂状

●下面は①白色系で管孔をもち、孔口は微細②短く垂生する

●柄は①傘とほぼ同色で太く短い②表面は微毛に覆われる

●肉は傷つくと赤紫色になる

晩秋にマツ林などに発生する。子実体は高さが低いので落ち葉に隠れていることも多く、色が地味なため、慣れないと見つけるのが難しいきのこである。傘の下面は明るい白色であるが、傘の縁部が内側に巻くので外からは通常見られない。下面はイグチのような管孔状であり、学名*Boletopsis*も「イグチのような」の意味であるが、系統的にはまったく別のきのこである。傷つくと赤紫色に変色する性質がある。特に似たきのこはない。

ブナ林に分布する発生量の多い食用きのこ

ブナハリタケ

Mycoleptodonoides aitchisonii

タマチョレイタケ目マクカワタケ科（MB）/ シワタケ科（IF）

秋
中
食
枯れ木・倒木

傘上面

傘下面

柄表面

おもな特徴

- 傘は①淡黄色〜淡褐色で扇形、縁部はやや波打つ②表面は無毛平滑に近いが、不明瞭な環紋をあらわすこともある③傘を重ねて生える
- 傘下面は上面と同色で、微細な針状
- 肉は水っぽく、乾燥すると著しく縮むが強靱
- 老成すると特有の甘い香りを発する

和名の通りおもにブナに生え、秋のブナ林ではふつうに見られる種のひとつ。倒木や立ち枯れの幹に大群生し、強烈な甘い香りを放つ。近年、危険な毒きのことして有名になった「スギヒラタケ」（p.149）は白色で形状が似ており、本種と同じ「カノカ」の地方名でよばれることがあるが、スギなどの針葉樹に発生する。傘の下面がひだ状で、本種のような針状ではない。「カノシタ」（p.281）は傘下面が針状で、地方によっては本種と同一視されるが、非常にもろく、材上ではなく地上に発生する。

マツなどの根もとにしばしば大きな株をなす

ハナビラタケ

Sparassis latifolia タマチョレイタケ目ハナビラタケ科

秋
大
食
枯れ木・倒木

傘上面

子実体全体（約0.1倍）

おもな特徴

- 全体は①淡橙色の花弁状の薄片が集合してほぼ球形をなす②薄片は波打ち、縁部にしばしば不規則な切れ込みが生じる③表面は無毛平滑
- 柄は短く、ほとんど目立たない

亜高山帯を中心に発生する、夏の代表的な食用きのこのひとつで、歯切れのよい食感が好まれる。その名の通り、花弁のような裂片が集合して大きな株をなす。カラマツなどの針葉樹の幹の基部に発生することが多いが、広葉樹に発生することもある。健康食品としての宣伝では「幻のきのこ」と称されることもあるが、地域によってはめずらしいきのこではない。似たきのこは特にないが、詳しい研究の結果、本種が実は複数種からなることが示されている。

豊潤な香気を発し、幻のきのことして珍重される

秋
大
食
地面

コウタケ

Sarcodon imbricatus イボタケ目マツバハリタケ科

傘上面

傘下面

柄表面

おもな特徴

- 傘は①淡褐色～黒褐色で柄の基部までろうと状にくぼむ②表面は粗大な反り返った鱗片に覆われる
- 下面は①褐色で、針が垂れ下がり、②柄に長く垂生する
- 柄は太くて短く、傘との境界は必ずしも明瞭ではない
- 乾燥すると黒変し、強い香りを放つ

林内地上に発生するろうと形のきのこで、傘の上面は大きな鱗片に、下面は細かい針にびっしりと覆われる。しょうゆのような独特の強い香気が特徴で、風味は「マツタケ」（p.34）に勝るという人もいる。真偽は不明だが、マムシがこの香気に誘引されるので、採集の際は注意するようにという言い伝えがある。発生が比較的稀なこともあり、高値で取り引きされる。「シシタケ」とは鱗片のサイズや傘のくぼみ具合、針の長さなどが異なるとされるが、同種ともいわれる。

苦味の強さにはバリエーションがあるらしい

ケロウジ

Sarcodon scabrosus イボタケ目マツバハリタケ科

秋
中
地面

傘上面

傘下面

柄表面

おもな特徴

- 傘は①褐色でほぼ平らに開き、縁部は波打つ②表面は微毛および鱗片に覆われる
- 下面は①灰色で、針が垂れ下がり、③長く垂生する
- 柄は①上部は褐色、下部は灰黒色②基部に菌糸体をともなう
- 肉は非常に苦い

マツ林に発生する。傘の裏がもろい針状であることが特徴。柄の基部は黒色で、青みを帯びた菌糸の束をともなう。「コウタケ」(p.258)、「シシタケ」などに類似するが、本種はそれらより小型で、肉に非常に強い苦味があるのが特徴。この苦味はとても食べられたものではないほどである。なかには苦味の少ないものがあり、食用にする人がいるというが、別種の可能性もある。また、「コウタケ」ほど傘の鱗片が顕著でなく、くぼみの程度も小さい。

開けた場所のマツの切り株に生えることが多い

マツオウジ

夏〜冬

中

注意

枯れ木・倒木

Neolentinus suffrutescens (MB) / *Neolentinus lepideus* (IF)

キカイガラタケ目キカイガラタケ科（MB）/ タマチョレイタケ目タマチョレイタケ科（IF）

傘上面

傘下面（約2倍）

柄表面

おもな特徴

- 傘は①黄褐色〜淡褐色で鱗片に覆われる②成熟すると平らになり、ときに反り返る
- ひだは①白色でやや垂生する②縁部に鋸歯状の切れ込みを生じる
- 柄は①白色で直立する②ささくれ状の鱗片に覆われる③つばをもたない
- 松やにのようなにおいがする

マツなどの針葉樹の倒木や切り株などから発生し、しばしばかなり大型である。意外とほかに似たきのこがなく、松やにのようなにおいが特徴的なこともあり、同定しやすい種といえる。北方や高標高地域では、カラマツなどに発生するつばをもつタイプが見られることがあり、「ツバマツオウジ」とよばれている。かつては同じく材上に発生する「シイタケ」（p.154）と近縁と考えられていたこともあったが、実際にはまったく異なるグループであることが明らかになった。

黄色や橙赤色のナギナタタケとは似て非なる

ムラサキナギナタタケ

Alloclavaria purpurea

タバコウロコタケ目ヒナノヒガサ科（MB）／目・科所属未確定（IF）

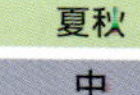

食

子実体表面

子実体断面

おもな特徴

- 全体は①くすんだ灰紫色の棒状②先端がやや尖る③束生するが個々の子実体がつけ根で融合することはない
- 頭部と柄の区別はない

マツ林、特に海岸のクロマツ林にしばしば大群生する。形の似たきのこに「ナギナタタケ」（黄色）（p.197）、「ベニナギナタタケ」（橙赤色）（p.197）、「シロソウメンタケ」（白色）などがあるが、色が異なるので間違えることはない。特殊な細胞をもち、もともと異質といわれてきたが、DNA を使った研究の結果、本種はそれらとはまったく異なり、コケの上に発生するハラタケ型のきのこに近縁なグループと判明した (Dentinger & McLaughlin, 2006)。

スッポンタケのなかま *Phallaceae spp.* スッポンタケ目スッポンタケ科

嗅覚で感じる驚異の生態

形態はさまざまだが、においで昆虫などを誘い、胞子を散布してもらうグループで、フィールドでは実物を目にする前に、においで存在がわかることもある。スッポンタケ型のきのこは、多くは先端にスッポンの首のような形状の「傘」をもつ。そのほか「カゴタケ属（*Ileodictyon*）」のような格子状のもの、「ツマミタケ*」「サンコタケ」のように腕を広げたようなものもある。

*このページは、スッポンタケ木のスッポンタケ科のみで順位を出しています。

重要な特徴

グレバを食べる昆虫

2 胞子紋が緑色

pLR = 14.1

胞子を含むどろどろの液体は、成熟につれて液化した「グレバ（胞子をつくる組織）」である。スッポンタケ類のグレバは通常緑色を帯びている。

5 粘性がある

pLR = 5.4

グレバに粘性があることからくる特徴。

菌蕾の断面。すでにグレバができている。

ゼラチン質

菌蕾（幼菌）

傘表面に網目。

傘の頂部に孔が開いている

柄は、あながたくさん開いていて、中は中空。

断面

3 若い子実体は卵形

pLR = 9.7

若い子実体は白色球形の卵のような形態をしており、菌のつぼみという意味で「菌蕾（きんらい）」とよばれる。英語では「egg」あるいは「button」という。

1 つぼをもつ

pLR = 26.5

柄の基部にある袋状の構造は、テングタケのなかまの「つぼ」と同じ、若い子実体を包んでいた外被膜の名残である。

4 胞子の幅が狭い

pLR = 7.8（2.5µm 以下）

昆虫に運ばれやすいためか、胞子のサイズは一般的に小さい。

補足説明

野外ではしばしば「卵」（幼菌）の状態で発見される。カッターなどで切断して断面を観察してみるのもよいが、持ち帰って湿らせた状態にして置いておくと、運がよければ卵が割れて子実体の成長が始まる。その時点で初めて正体がわかることもある。ダイナミックな変化は感動的なので、ぜひ一度試してみてほしい。

スッポンタケ目のきのこは、ユニークな形のものが多い。

カゴタケ

アカヒトデタケ*

サンコタケ

ツノツマミタケ*

各種データ

全世界種数… 110種
国内種数……… 40種

サイズマッピング

図には傘をもつ種のみを反映していることに注意されたい。小さな卵のどこに収納されていたのかと不思議に思うほどに、短時間で柄を高く伸ばす。

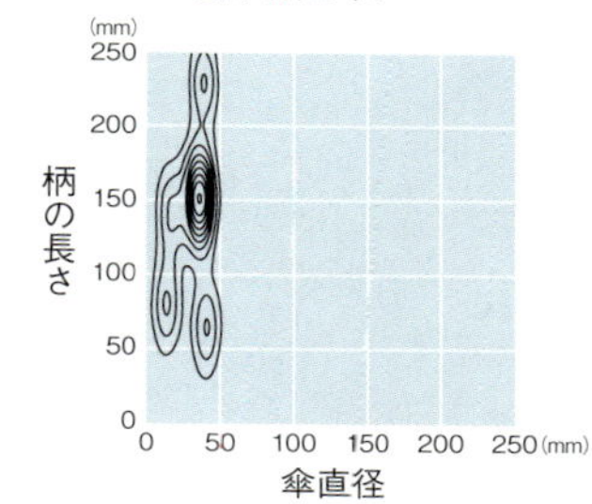

カラーパレット

カロテノイド色素を含み、オレンジ色～赤色を呈する種が比較的多い。また、傘や柄の上部は通常緑色～オリーブ色のグレバに覆われるが、ときにグレバが雨で洗い流され、地の色を見せていることがある。

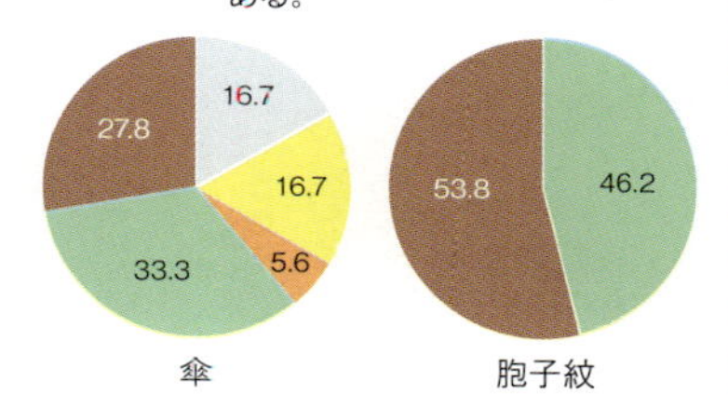

発生時期

形態、生態ともに奇妙なグループであるが、発生時期は、ほかのきのことの差異はさほど認められない。「キヌガサタケ」は梅雨時に発生することが知られている。

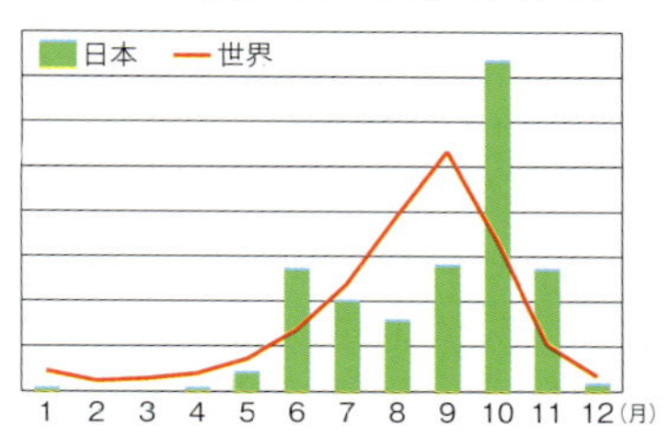

スッポンの頭のような部分から悪臭を放つ

スッポンタケ

Phallus impudicus スッポンタケ目スッポンタケ科

夏秋
大
食
地面

傘上面

柄表面

卵表面

おもな特徴

●頭部は①白色から淡黄色で、尖った円錐形、網目状の隆起がある②表面は暗緑色のグレバに覆われる③頂部にあな（頂孔）が開き、柄に続いている

●柄は①白色系②スポンジ状で中空③球形の菌蕾（きんらい）から伸びる

●菌蕾の内部は寒天質。基部に根状菌糸束をともなう

庭園や林内の地上に発生する独特な形状のきのこ。頭部に悪臭を放つ液体（グレバ）を付着する。グレバには無数の胞子が含まれていて、においに誘われてハエなどが集まり、胞子を運ぶ。食用にする際はグレバを洗い流し、つぼの部分は除去する。「キイロスッポンタケ」は柄が黄色、「キヌガサタケ」類は成長すると網目状のベールを広げるので、すぐに見分けられる。本種の菌蕾に寄生する「スッポンヤドリタケ」というきのこがあるが、極めてめずらしい。

蝋燭、松明、絵筆の３点セットのひとつ

キツネノタイマツ

Phallus rugulosus スッポンタケ目スッポンタケ科

傘上面

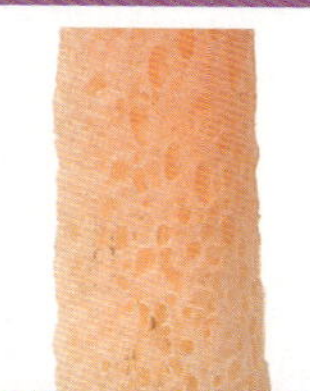
柄表面

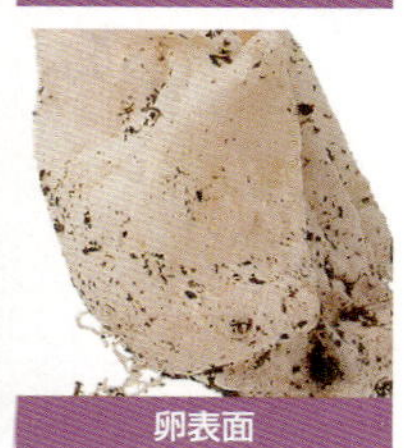
卵表面

おもな特徴

- 頭部は①濃紅色で、尖った円錐形、しわ状～いぼ状の隆起があり、同じく尖る柄にかぶさるように生じる②表面は暗緑褐色のグレバに覆われる③頂部にあな（頂孔）が開く
- 柄は①上部は赤みを帯び、下部は白色系②表面は網目状で中空
- 菌蕾は白色で、柄のつけ根を鞘状に覆う

公園のウッドチップ上や堆積した落ち葉の上などにしばしば多数発生する。初めは勢いよく直立するが、次第に力を失い、屈曲したりうなだれたりして、ついには倒れてしまう。同じグループの「スッポンタケ」(p.264)は本種より大型で、上部が赤色を帯びない。本種がスッポンタケのように「傘」とよべる部分をもつのに対し、類似種の「コイヌノエフデ」「キツネノエフデ」「キツネノロウソク」はいずれも傘にあたる構造はなく、柄の頂部にグレバが直接付着したような格好となる。

純白のレース状のベールをまとう

キヌガサタケ

Phallus indusiatus スッポンタケ目スッポンタケ科

傘上面

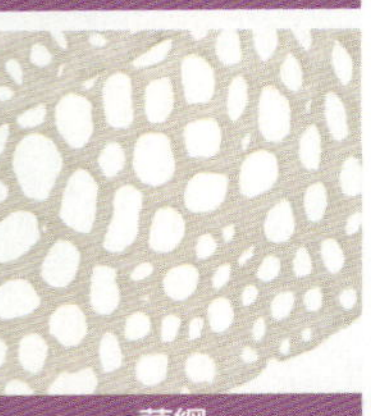

菌網

根状菌練

おもな特徴

- 傘は①円錐形で表面は網目状の隆起がある②暗緑色のグレバに覆われる③頂部にあな（頂孔）が開いている
- 柄は①白色系②スポンジ状で中空
- 子実体は①傘縁部からドーム状に白色の菌網を広げる②菌網の縁部はほぼ柄の基部付近に達する
- 菌蕾の内部はゼラチン質。基部は根状菌糸束をともなう

竹林には目立つきのこが少ないが、初夏と秋には本種との出会いが期待できる。「きのこの女王」の異名をとる美しいきのこで、レースのような「菌網（きんもう）」という構造を頭部直下から地面近くまでベールのように広げる。菌網をもつスッポンタケ類は複数種知られる。「ウスキキヌガサタケ」は発生が稀で、菌網が橙黄色。「マクキヌガサタケ」は竹林にはあまり発生せず、本種ほど菌網が広がらない。「アカダマキヌガサタケ」は、柄の基部の菌蕾（きんらい）が赤色を帯びる点が異なる。

3本の「腕」が上に伸びて先端で繋がる

サンコタケ

夏秋

大

地面

Pseudocolus schellenbergiae (MB)/ *Pseudocolus fusiformis* (IF)

スッポンタケ目スッポンタケ科

腕表面

基部表面

幼菌

おもな特徴

- 柄は腕より淡色で太く、中空
- ①オレンジ色の3本の腕が柄から上方に伸び、頂端で互いにつながる②先端付近にグレバをともなう③腕の表面は著しいしわ状〜でこぼこ状④菌蕾は白色で、柄の基部を鞘状に覆う
- 菌蕾の基部に根状菌糸束がある

白色の菌蕾（きんらい）から子実体が生じ、柄の上部から托枝（たくし）とよばれる「3本の腕」が生じる。腕の数は基本的に3本だが、それ以上になることもある。和名の「サンコ」とは仏具の「三鈷杵（さんこしょ）」のことで、まさにこのきのこのように、3つに分かれて上部でつながるような形状をしている。類似種の「カニノツメ」（p.268）は腕の数が2本で、子実体の特に上部が赤色を帯びる。「ヨツデタケ」は腕が4本で、本種と異なり柄の基部から腕が分かれる。

「カニの爪」とは言い得て妙の奇妙な造形

カニノツメ

Clathrus bicolumnatus (MB)/*Laternea columnata* (IF)

スッポンタケ目スッポンタケ科

秋
中
地面
ウッドチップ

腕表面

菌蕾断面

おもな特徴

- 腕は① 2 本②頂部が赤色、下部にかけて白色③上部が弓状に曲がり、頂部でつながる④腕の内側にグレバ⑤表面はでこぼこで、質感はスポンジ状
- 菌蕾（きんらい）は白色球形～楕円形

名が体を表すとは限らないのがきのこの世界だが、これはまさしく「カニの爪」そのものに見える。爪の先端に付着しているものは「蟹みそ」ではなく、胞子を含み、悪臭を放つ「グレバ」である。まだ卵形の状態の菌蕾（きんらい）を解剖してみると、塊状のグレバがゼラチン質に包まれており、その表面には脳のようなしわがある。「サンコタケ」（p.267）など、近縁種には腕の数にバリエーションがあるものもあるが、本種は基本的に 2 本のようである。

完全に広がると美しい「籠目」をなす

カゴタケ

Ileodictyon gracile スッポンタケ目スッポンタケ科

夏秋

中

地面

腕表面

幼菌上面

おもな特徴

- 菌蕾は白色球形で、ゼラチン質
- 全体は粗大な網目状で、腕は白っぽく、内側に暗緑色〜暗緑褐色の粘性のあるグレバが付着する
- グレバは果実臭

林内地上に発生し、やや稀。ほかのスッポンタケ類と同様に菌蕾（きんらい）から生じ、腕はくしゃっと丸まったような状態で収納されているが、次第に展開し、最終的には直径 10cm 程度のゆがんだ球形に近い形状をとる。展開後に菌蕾から分離することもある。ニュージーランドのマオリ族はこのなかまの菌蕾を食用にしていたという。グレバは臭気を放つが、「スッポンタケ」（p.264）のような悪臭ではなく、しばしば「果実臭」と表現される。「アカカゴタケ」に色が異なり、網目も本種ほど大きくない。

ラッパタケのなかま *Gomphaceae spp.* ラッパタケ目ラッパタケ科

ラッパとホウキ、形は違えども兄弟

おもにろうと状の「ラッパタケ」のなかまと、サンゴ状の「ホウキタケ」のなかまからなる。後者は「ホウキタケ科」とされていたこともあった。正式な名前がまだないものが多く、ウスタケなどは将来複数種に分割される可能性がある種もある。材の表面に平たく広がる「ラマリシウム*属（*Ramaricium*）」、地下生で球状の「ガウチエリア*属（*Gautieria*）」なども含む。

重要な特徴

ラッパタケ目は、ラッパタケのなかまとホウキタケのなかまの 2 つに代表される。

ハナホウキタケ

1 きのこはろうと状

pLR ＝ 8.2

おもに「ラッパタケ」や「ウスタケ」などの形状を反映している。ろうと形のきのこはチチタケやカヤタケのなかまもあるが、このなかまのように基部近くまでくぼむことはあまりない。

ウスタケ属の一種

柄の下のほうまでくぼむ。

しわが寄っただけのような「しわひだ」。

断面

ウスタケ属の一種幼菌

スリコギタケ

2 きのこは棍棒形

pLR ＝ 6.7

ラッパタケの学名 *Gomphus* は「棍棒形の」という意味で、横から見ると棍棒形にも見える。「スリコギタケ」のように、本当に棍棒形のものもある。

補足説明

ホウキタケのなかまはその名の通り箒やサンゴのような形状をとるのが最大の特徴といえる。なお、カレエダタケ*（アンズタケ目）やフサヒメホウキタケ（ベニタケ目）は、形は似ているがまったく別のグループである。

3 胞子の幅が広い

pLR＝6.2（15～20µm）

この科に含まれるガウチエリア属の特徴を反映している。胞子はもともとかなり大型で、なかには胞子を水酸化カリウムに浸けると、外側の層が翼のように広がる種もある。

4 胞子をつくる面が紫色

pLR＝5.7

オオムラサキアンズタケ*、ウスムラサキホウキタケ*などに見られるように、子実層面が紫色。

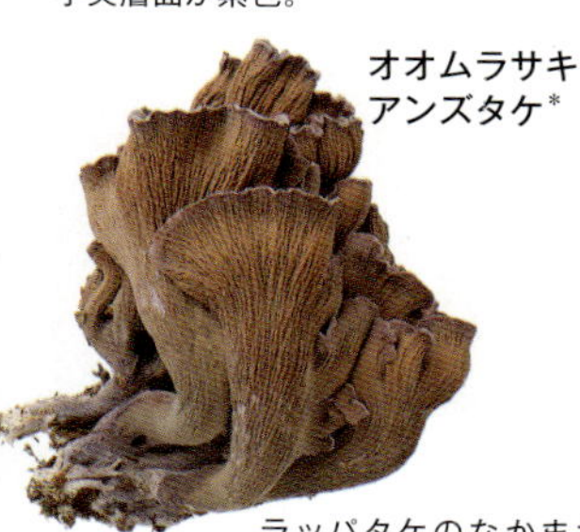

オオムラサキアンズタケ*

ラッパタケのなかまだが、ろうと状のものが集まってサンゴ型になる。

5 傘直径が大きい

pLR＝5.4（150～200 mm）

フジウスタケのような大型種がある。

フジウスタケ（断面）

各種データ

全世界種数… 420種
国内種数……… 50種

サイズマッピング　データが少ないが、傘をもたないホウキタケのなかまは反映していないことに注意されたい。また、ひだが強く垂生し、傘と柄の境界が判然としない場合もある。

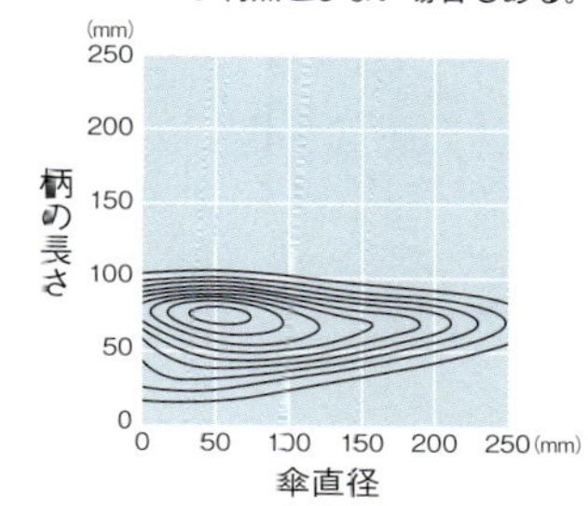

カラーパレット　ほかのグループにはあまり見られない紫色の割合が高く、その代表例としてオオムラサキアンズタケ*、ムラサキホウキタケ*が挙げられる。黒色の種がほとんどないのが興味深い（「クロラッパタケ」はアンズタケ目）。

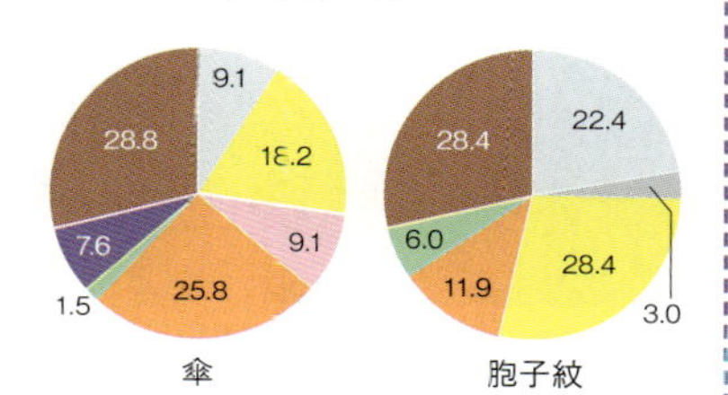

発生時期　単峰性の分布を示し、冬から春にかけては、このグループは、ほとんど見られない。

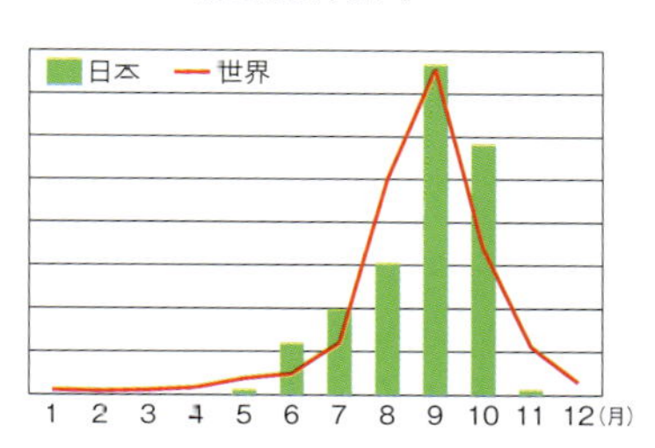

学名は「美しい」という意味

ハナホウキタケ

Ramaria formosa

ラッパタケ目ラッパタケ科

秋
大
毒
地面

表面（黄色型）

全体断面

赤色型

おもな特徴

- 全体は①サンゴのような形で、短く太い柄から、上に向かうにつれて細かく枝分かれしていく②枝の先は黄色を帯びる。成熟後に退色して色が大きく変化することもある
- 黄色、オレンジ色、赤色など色のバリエーションが多く、将来は複数種に分かれる可能性がある
- 肉は白。傷つくと変色することもある

学名の *formosa* は「美しい」という意味。その名の通りサンゴの形の美しいきのこだが、胃腸系の毒をもつ。色はバリエーションがあり、黄色、オレンジ色、赤色などさまざま。形状や肉の変色性、質感もいくつかのタイプがあることから、将来的には複数種に分かれるといわれている。むしろ、これまで桃色を帯びるホウキタケ類を大まかに「ハナホウキタケ」としてまとめてきたともいえる。本種に限らず、ホウキタケ属（*Ramaria*）のきのこには正体不明のものが多いので、今後の研究の進展が期待される。

傘のくぼみは、ほぼ柄の基部に達するほど深い

ウスタケ

夏秋
大
毒
地面

Turbinellus floccosus ラッパタケ目ラッパタケ科

傘下面

- 全体は橙赤色、ろうと状
- 上面は粗大なささくれ状鱗片に覆われる
- しわひだが長く垂生する
- 柄は基部が赤色で短い

「ウス」は「臼」のことで、内側が深く落ち込む傘の形を臼に見立てた。亜高山帯のモミなどの樹下にふつうに見られる。子実体のサイズや色がさまざまで、複数種に分けられるといわれている。

その名の通り富士山でよく見られる大型きのこ

フジウスタケ

夏秋
大
毒
地面

Turbinellus fujisanensis ラッパタケ目ラッパタケ科

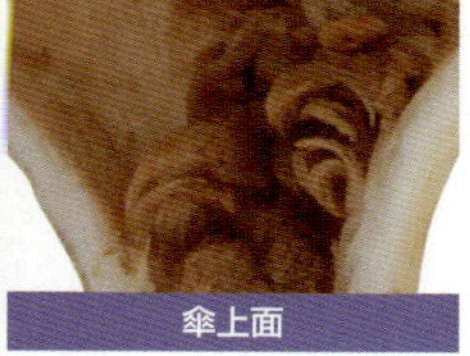

傘上面

- 全体は肌色、ろうと状
- 上面は粗大なささくれ状鱗片に覆われる
- しわひだが長く垂生する
- 「ウスタケ」より大型

富士山などの亜高山帯〜高山帯の針葉樹林に発生する大型種。近年のDNAを使ってこのグループが調べられた結果、複数種が混在していることが示されている（安藤ら、2012）。

出会いは稀だが、一目でわかる棍棒状

スリコギタケ

秋	食
大	落ち葉
	ウッドチップ

Clavariadelphus pistillaris ラッパタケ目ラッパタケ科（MB）/ スリコギタケ科（IF）

子実体表面

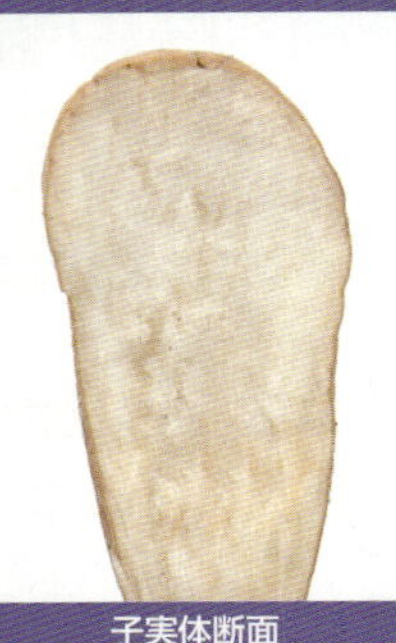

子実体断面

おもな特徴

- 全体は細長い棍棒状で頂部は丸い。表面は乾燥し、成熟すると著しい縦じわを生じる
- 傷つくと紫色～褐色に変色

棍棒形のきのこで、発生はやや稀。高さは 30cm に達することもある。和名の「すりこぎ」は、本種の形状をよく表しており、英語でもすりこぎ（pestle）にたとえられる。ひだや管孔をもたず、表面のほぼ全体で胞子を形成する。ラッパタケやホウキタケに近縁。よく似た「スリコギタケモドキ」は本種とは異なり、子実体の頂部が平らである。また、系統的にまったく異なる子嚢菌にも、本種に似た形状をとるものがある。

裂けた外皮が、えりまき状になる

エリマキツチグリ

Geastrum triplex ヒメツチグリ目ヒメツチグリ科

夏秋
中
地面

子実体上面

子実体断面

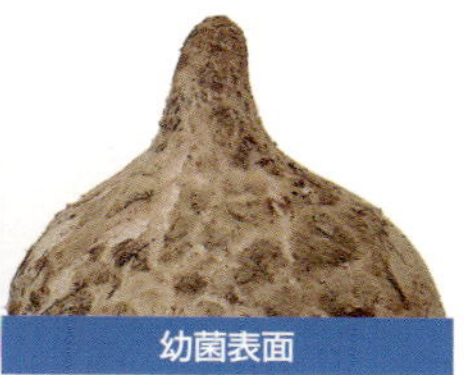

幼菌表面

おもな特徴

- 全体は①初めとっくり形で表面は緑色を帯びた粗大な鱗片状②成熟すると外皮が放射状に裂け、途中で折れてえりまき状をなす
- 外皮は厚いがもろく折れやすい
- 内皮は①灰褐色球形②頂部には尖った頂孔があり、周辺の色は淡色

成熟すると外皮が反り返って裂け、内皮のまわりを囲んで、まるで「えりまき」を巻いたような形状になるのが特徴。外皮が裂ける前の幼菌は先端が尖った、しずくのような形をしていて、緑色を帯びる。見かけは「ツチグリ」(p.225)のなかまに似ているが、系統的にはかなり遠縁である。本種は世界的に分布するとされていたが、DNAなどを用いた研究により、細部の形態や分布域の異なる複数種からなることが明らかになった。

アンズタケのなかま *Cantharellaceae* アンズタケ目アンズタケ科

形は一様に近いが、色は多様

「アンズタケ」は、日本ではあまりなじみがないが、多くの国で非常に珍重される食用きのこである。樹木と関係をもつ菌根菌で、海外のアンズタケハンターはマツやオークなど特定の樹種を手がかりに探すという。ほかにも多くの食用種が含まれる。このなかまは近年、DNAを用いた研究により分類が大きく変わっており、特に北米やアフリカなどから多くの新種が見出されている。

重要な特徴

1 きのこはろうと状

pLR＝8.0

「アンズタケ属（*Cantharellus*）」や「クロラッパタケ属（*Craterellus*）」の特徴。英語ではトランペット型と表現される。ラッパタケのなかまほどは、深いろうと状にはならない。

アンズタケ

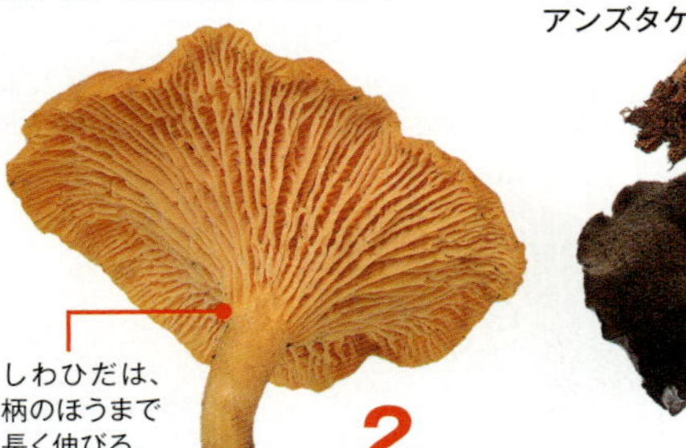

2 胞子をつくる面が垂生

pLR＝2.9

クロラッパタケ

しわひだは、ごく浅く、灰色。

3 胞子紋が黄色

pLR＝2.6

胞子紋が明るい黄色のきのこは、実はそれほど多くない。また、このなかまの種の同定には子実体の色がよく使われるが、胞子紋の色も重要視されている。

4 胞子をつくる面が脈状

pLR＝2.5

このなかまの胞子をつくる面（子実層托）は、ラッパタケ科と同じく、脈状～しわ状で、「しわひだ」とよばれている。顕著に垂生することが多いのもラッパタケ科と共通。

5 胞子をつくる面の幅が狭い

pLR＝2.3

しわひだや針の幅は一般的に狭く、傘にはりついたような印象。

補足説明

きのこの同定には、ときに味とにおいも重要であり、しばしばそれらが和名や学名に反映されていることがある。アンズタケはその名の通り、アンズのような香りがあり、英語名にも「アプリコット」が含まれている。ドイツ語名の「プフィッフェリンク」は味が「コショウ（プフェッファー）」に似ることに由来するという。

アンズタケ目には、傘下面が針状のきのこもある。

カノシタ
（カノシタ科）

アンズタケ同様、ヨーロッパで好まれている食菌。

しわひだではなく、針が下がる。この針の表面で胞子がつくられる。

秋、イギリスのマーケットで、山積みになっていたアンズタケ。

各種データ

全世界種数… **170種**
国内種数……… **15種**

サイズマッピング

傘が放射状に大きく広がる種が多く、縁部はしばしば波打ったり裂けたりする。色やサイズの多様性は大きいが、形状は比較的似通っている印象がある。

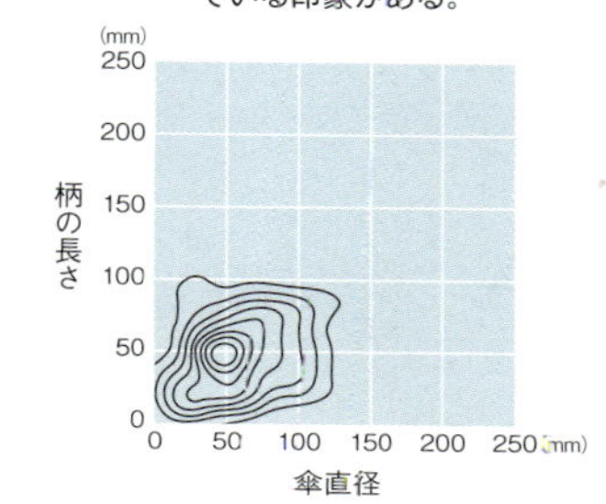

カラーパレット

黄色～オレンジ色系が多い。アンズタケの鮮やかな黄色は、おもにβ-カロテンによる。トキイロアンズタケ*のピンク色、クロラッパタケの黒色などバリエーション豊富で、ミキイロウスタケのような独特な色調の種もある。

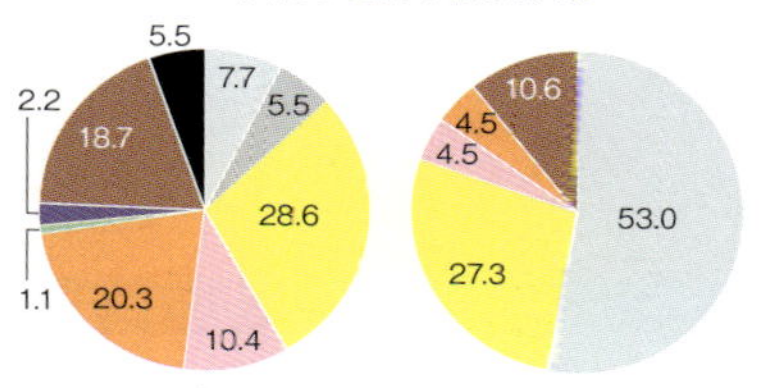

発生時期

菌根菌で栽培が困難なため、食用きのこのなかでも季節の影響を強く受ける。海外では発生時期になるとアンズタケ類が市場に山積みになっている光景が見られる。

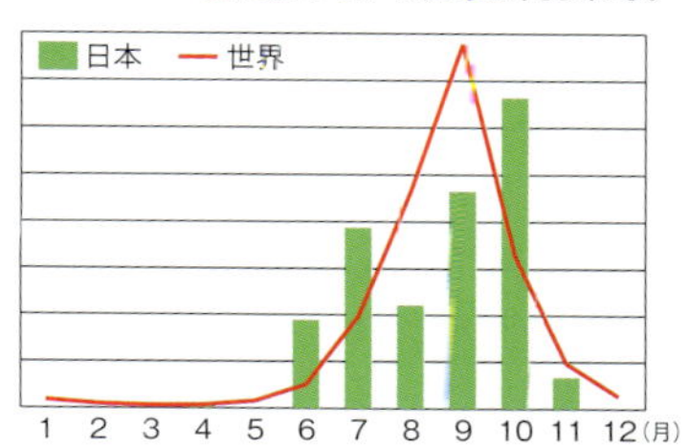

ヨーロッパでは人気だが国内認知度は低い

アンズタケ

Cantharellus cibarius アンズタケ目アンズタケ科

秋
中
食
地面

傘上面

傘下面

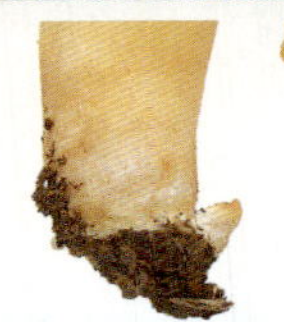

柄表面

おもな特徴

- 傘は①鮮黄色でろうと状②縁部が不規則に波打つ
- ひだは①よく発達したしわひだで、垂生する②しばしば乱れ、横につながることもある
- 柄は①傘とほぼ同色で太く短い②基部に白色の菌糸体をともなう
- アンズなどと同じ香り成分「ベンズアルデヒド」を含み、甘い香りを発する

独特の色と形状をしており、和名の通りの甘い香りをもつことからも、容易に覚えられる種である。近年、日本産のものが分布、発生時期、変色性などの異なる数種からなることが報告された（小川ら、2014）。ほかのアンズタケ類とは子実体の色で大体区別できる。本種と同じ黄色で、比較的よく見られる「ヒナアンズタケ」は、サイズがずっと小さく、柄が相対的に長いことで識別できる。

淡い朱鷺(ときいろ)色のラッパタケ

トキイロラッパタケ

Cantharellus luteocomus (MB)/*Craterellus lutescens* (IF)

アンズタケ目アンズタケ科

秋
中
食
地面

傘下面

- 傘は淡桃色〜鮭肉色、ろうと状、縁部は波打つ
- 下面は傘と同色、しわひだは浅く、垂生
- 柄は傘と同色、細長い

鳥の「トキ」のような桃色にちなんで命名されたが、むしろ黄色〜オレンジ色に近く、白色系のものは「白色型」とよばれる。「アンズタケ」(p.278)より小さく華奢で、しわひだは浅い。柄は相対的に長い。

「幹色」は馴染みがないが、とにかく色が特徴的

ミキイロウスタケ

Cantharellus tubaeformis (MB)/*Craterellus tubaeformis* (IF)

アンズタケ目アンズタケ科

秋
中
食
地面

傘下面

- 傘は黄褐色〜灰褐色、ややろうと状、縁部は波打つ
- 下面は灰黄褐色、しわひだは垂生する
- 柄は黄色〜灰黄色、細長

針葉樹林に発生し、ときに大群生する。傘が褐色系で、柄が緑がかったような鮮やかな黄色で、ほかのアンズタケ類と見分けやすい。比較的遅い時期にも発生するため、英名は「冬のアンズタケ」という。

大きさの割に肉が薄く、軽くてもろい印象

クロラッパタケ

Craterellus cornucopioides アンズタケ目アンズタケ科

傘上面

内側

外側

おもな特徴

- 傘は①黒褐色で顕著なろうと状②表面は細かい鱗片に覆われる
- 下面は灰色系でしわひだを生じるがあまり目立たない
- 柄は傘とほぼ同色
- 肉は非常に薄く、ややかたい膜質
- 胞子紋は子実体の色と異なり、白色～クリーム色

林内地上、特に広葉樹の樹下に発生することが多い。あまり多くの数を見ることはないが、稀な種でもない印象である。だが、ヨーロッパでは珍重されている食菌である。似た毒きのこは今のところ知られていない。「食べ過ぎると腸閉塞になる」という噂があるが、筆者調べでは医学論文のデータベースでそのような例を見つけることができなかった。色合いが比較的類似しているきのこに「アクイロウスタケ」があるが、傘の裏側がしわひだ状であることで区別できる。

日本では「鹿の舌」、フランスでは「羊の足」

カノシタ

Hydnum repandum アンズタケ目カノシタ科

夏秋
中
注意
地面

傘上面

傘下面

柄表面

おもな特徴

- 傘は①黄色でほぼ平らに開き、縁部は波打つ②中央部はややくぼむ③表面は無毛平滑に近い
- 下面は①傘とほぼ同色の針状②個々の針はやわらかく、やや屈曲する
- 柄は①やや偏心生②表面は無毛平滑に近い
- 全体が白色のものは変種で「シロカノシタ」とよばれる

傘と柄をもち、傘の裏にびっしりともろい針が密生するのが特徴。柄が中心から離れた場所につき、傘が不規則にゆがんだ形状をしているのも特徴である。また、独特の香りがある。質がもろいので、持ち帰るときは壊れないように注意する。「シロカノシタ」は本種と異なり、子実体全体が白色。漢字では「鹿の舌」だが、スペイン語でも同じ（レングア・デ・ベナド）。フランス語では「ピエ・ド・ムトン（羊の足）」である。

キクラゲのなかま

Auriculariaceae キクラゲ科
Dacrymycetaceae アカキクラゲ科
Tremellaceae シロキクラゲ科

黒赤白のゼラチンきのこ

「キクラゲ目」「アカキクラゲ目」「シロキクラゲ目」「ロウタケ目」は、ゼラチン質で、おおむね花びらのような形状をしている。互いに近縁関係はないが、しかし、よく似ていることから、「キクラゲ類」とか「膠質菌（こうしつきん）類」と総称されることも多い。このページでは、比較的よく見られる「キクラゲ科」「アカキクラゲ科」「シロキクラゲ科」をさまざまな側面から比較する。

徹底比較

3グループはいずれも担子菌で、担子器で胞子をつくる点は一般的なきのこ類と同様だが、担子器の形状が大きく異なっている。この性質からかつては「異担子菌類」ともよばれていた。

キクラゲのなかま

アラゲキクラゲ

顕微鏡での観察 担子器が細長く、横方向に隔壁ができる。それぞれの細胞から小柄が伸び、胞子をつくる。胞子は長く、ソーセージ形のものが多い。

生態 漢字で「木耳」と書くように樹木に発生し、特に幹についたままの枯れ枝や落ちた枝に発生することが多い。白色腐朽菌の一種で、材を白っぽくしながら分解して栄養を吸収する。

人との関わり キクラゲ、アラゲキクラゲは食用になり、おもにアジアで広く利用されている。

ニカワハリタケ

アカキクラゲのなかま

ニカワホウキタケ

ハナビラダクリオキン

顕微鏡での観察 担子器が音叉のような形で、先端に胞子をつくる。胞子には横隔壁を生じることがあるが、この特徴はほかの担子菌にはほとんどない。隔壁を多数生じるのにともない胞子が長さを増す傾向があり、長さが25～40μmに達するのは、ほぼこのなかまだけに限られる。

生態 すべて木材腐朽菌で、倒木の幹や加工された材などに発生することが多い。褐色腐朽菌の一種で、材を褐色にしながら分解する。種によって広葉樹と針葉樹のどちらに生えるか、偏りがある。

人との関わり 人にとって有益とも有害ともいいがたいが、食用にされる種もある。

補足説明

子実体は、コンニャクやゴムのように弾力のあるゼラチン質である。乾燥すると著しく縮み、かたくなって色も変わるものが多い。水を吸った状態のほうが発見も同定も容易なので、野外で観察したい場合は湿った条件を選んだほうがよい。肉眼的形態のみでは目レベルの同定が難しいこともあり、その場合は顕微鏡を用いる。

乾くと縮んでかたくなる。写真はアラゲキクラゲ。

シロキクラゲのなかま

シロキクラゲ

顕微鏡での観察 担子器が縦に4つに分かれ、上から見ると十字形をしている。それぞれの細胞から小柄が伸び、胞子をつくる。「吸器」という構造をほかの菌の菌糸に突き刺して栄養を得る。

生態 きのこをつくるものは、すべて菌寄生菌である。木の枝などから生えているように見えても、必ずほかの菌に寄生している。中国ではシロキクラゲを栽培するとき、特定の菌に寄生させて成長を促進させている。

人との関わり しばしば酵母の形をとる。その一種の「クリプトコッカス」は恐ろしい病原菌である。

各種データ

	全世界種数	国内種数
キクラゲ科	30 種	9 種
アカキクラゲ科	69 種	36 種
シロキクラゲ科	260 種	19 種

サイズマッピング

キクラゲ類 中型で、種による差があまりない。

アカキクラゲ類 群生するので目立つが、個々のきのこは、どれもかなり小型。

シロキクラゲ類 小型のものから、直径15cmを超えるものまで幅広い。

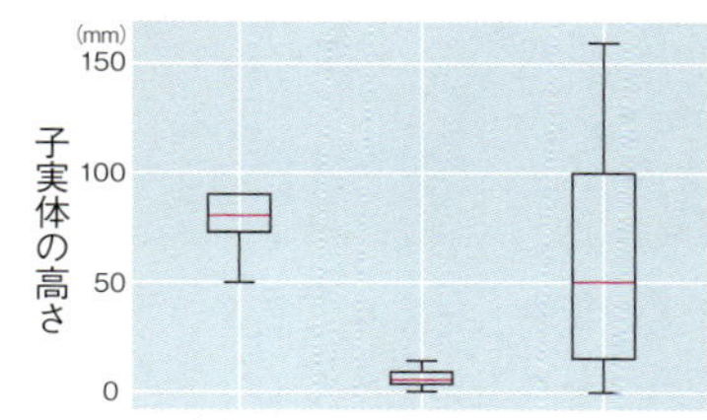

赤線が中央値、四角い範囲は25-75%、上端と下端はそれぞれ最大値と最小値を示す。

カラーパレット

それぞれ「褐色～黒色」、「黄色～オレンジ色」、「白色」が占める割合が大きいが、その色しか含まないというわけではない。たとえば、シロキクラゲ科には黄色のコガネニカワタケや黒色のクロハナビラニカワタケ*もある。

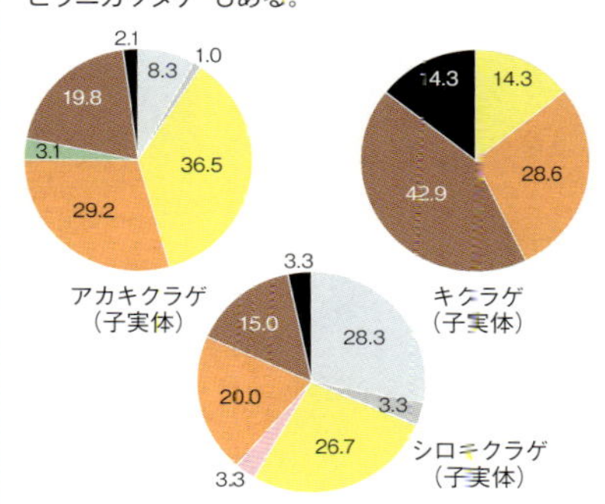

発生時期

乾燥した子実体が腐りにくい性質もあり、発生時期が長い印象。

きのこに乏しい時期や場所でもよく見かける

キクラゲ

Auricularia spp. キクラゲ目キクラゲ科

春〜秋
中
食
枯れ木・倒木

子実体上面

- 全体は褐色、ゼラチン質で弾力がある
- 乾燥すると黒くかたくなり、砕けやすい
- 外面は微毛に覆われる

ほぼ一年中、林内などでふつうに見られる。乾燥すると収縮するが、水に漬けるともとにもどる。食用としてなじみの深いきのこではあるが、近年、複数種からなることが明らかになった。

キクラゲにも毛があるがこちらはより目立つ

アラゲキクラゲ

Auricularia polytricha (MB)/*Auricularia nigricans* (IF)
キクラゲ目キクラゲ科

春〜秋
中
食
枯れ木・倒木

子実体上面

- 全体は褐色、ゼラチン質で弾力がある
- 乾燥すると黒くかたくなり、砕けやすい
- 外面は長めの微毛が顕著

背面が粗い毛に覆われる。流通している「キクラゲ」は、実際には本種であることも多い。「キクラゲ」（上）と異なり、内面（子実層面）が紫色を帯びる。また、本種は地理的分布がより南方に偏り、子実体の発生温度も高い。

独特の色調と脳のようなしわがちょっと不気味

ヒメキクラゲ

冬〜春
大
枯れ木・倒木

Exidia glandulosa
キクラゲ目ヒメキクラゲ科（MB）/キクラゲ科（IF）

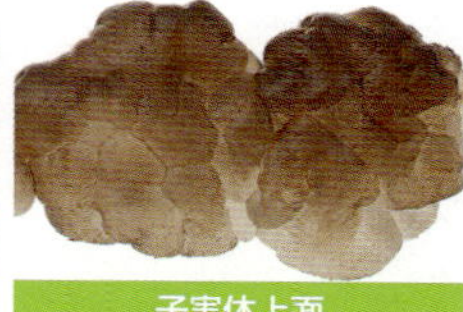

子実体上面

- 全体は黒色不定形、複数の子実体が癒合することもある。表面には多数のいぼ状突起がある
- 乾燥すると黒くかたくなる

冬から春に発生。多数の子実体が癒合し、しばしば材の大部分を覆う。古くなると光沢を失って青黒くなり、ゼラチン質ではなくもろい軟骨質となる。食用にもされるが、有毒の「クロハナビラタケ」との区別が必要。

スギの木に生える数少ないきのこのひとつ

ニカワハリタケ

夏秋
小
食
枯れ木・倒木

Pseudohydnum gelatinosum
キクラゲ目ヒメキクラゲ科（MB）/所属未確定（IF）

子実体下面（約2倍）

- 全体は淡褐色、扇形で表面は毛状
- 下面は淡灰色〜黄白色、先端のまるい針を垂らす
- 柄は太くて短い

スギの材に発生することが多い。傘下面に針状突起が密生し、英名の「cat's tongue」（猫の舌）の由来となっている。全体がゼラチン質で、針の質感も意外にやわらかい。白色と灰色の2タイプが知られている。

ホウキタケではなくアカキクラゲのなかま

ニカワホウキタケ

夏秋
小
枯れ木・倒木

Calocera viscosa アカキクラゲ目アカキクラゲ科

子実体

- 全体は鮮黄色〜オレンジ色、ゼラチン質で光沢がある
- まばらに分枝し、先端は比較的丸い

コケの生えた針葉樹の枯れ木などに発生する。「ホウキタケ」に似ているが、アカキクラゲのなかまで、肉質もゼラチン質。海外の図鑑には白色型も存在するとあるが、国内からの報告は見当たらない。

和名の「ダクリオ」は学名に由来

ハナビラダクリオキン

春〜秋
中
枯れ木・倒木

Dacrymyces chrysospermus アカキクラゲ目アカキクラゲ科

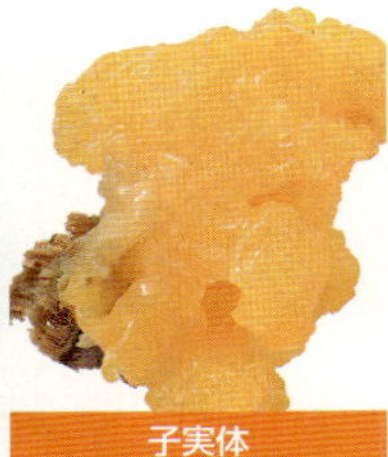
子実体

- 全体は鮮黄色〜オレンジ色、ゼラチン質で光沢がある花弁状
- 複数集合して、しばしば脳状になる

針葉樹から発生するゼラチン質の不定形のきのこ。「ダクリオ」はギリシャ語の「涙」という意味の単語に由来する。「モモイロダクリオキン」という色違いの種がある。「魔女のバター」の英名もある。

透き通ったゼリー質で中国ではデザートの材料

シロキクラゲ

春～秋
中
食
枯れ木・倒木

Tremella fuciformi シロキクラゲ目シロキクラゲ科

子実体

- 全体は白色、ゼラチン質で透き通り、縁部が裂けて花弁状
- 乾燥するとかたくなる

本種を含むシロキクラゲ類は、ほかの菌に寄生する。本種の宿主は「アニュロヒポキシロン」のなかまで、中国ではこれを「餌」として人工栽培を行う。日本ではこの菌に近縁なクロコブタケとともに見られることが多い。

健康そうな樹木の樹皮を唐突に破って現れる

ハナビラニカワタケ

春～秋
中
食
枯れ木・倒木

Phaeotremella pseudofoliacea (MB) / *Tremella foliacea* (IF)
シロキクラゲ目フェオトレメラ科（MB）/ シロキクラゲ科（IF）

子実体

- 全体は淡褐色、縁部は著しく波打ち、花弁状の裂片が集合して塊をなす
- 基部付近は暗色

ときに大型で径 20cm ほどになる。国内では類似種は知られていない。一見、枯れ木などから発生する腐生菌のように見えるが、材の内部ではキウロコタケ属（*Stereum*）など、ほかの菌から栄養を得ているとされる。

冬虫夏草のなかま

Cordycipitaceae　ボタンタケ目コルディセプス科
Ophiocordycipitaceae　ボタンタケ目オフィオコルディセプス科
Clavicipitaceae　ボタンタケ目バッカクキン科

難易度は高いが奥の深い世界

広く「冬虫夏草」とよばれている菌類で、生きた昆虫に感染し、死体から子実体を生じる性質をもつ。昆虫以外にもクモや、ツチダンゴなどの他種のきのこ、あるいは植物の実などに生える種が知られている。非常に小型で目立たない種が多く、慣れてないと見つけるのは難しい。また、見つけたあとも、地中や材の中に埋まっている宿主を慎重に掘り出す根気が必要だ。

重要な特徴

＊このページは、ボタンタケ目のうち「冬虫夏草」とよばれている菌群を含むコルディセプス科、オフィオコルジケプス科、バッカクキン科のみで順位を出しています。

1 胞子に仕切りがたくさんある

pLR = 23.5

このなかまの胞子は、ほかのきのこにはほとんど見られない長い糸状であり、多数の横隔壁がある。成熟すると隔壁部分が分断され、複数の胞子（二次胞子）を生じるものがある。

2 胞子が糸状

pLR = 18.9

長さ200µmを超えることもしばしばある。二次胞子に分かれる性質もあって長さが計測できないことがあるが、太さは常に計測可能であり、それが同定に重要な安定した形質とされている。

3 結実部が細長い

pLR = 10.8（5mm以上）

冬虫夏草のなかには、分生子柄という特殊な菌糸が束になり、シンネマ（分生子柄束）という細長い頭部を形成するものがある。

4 胞子の両端が平ら

pLR = 9.7

細長い胞子が断片化して多数の二次胞子になると、両端が平らになる。

5 結実部が黄色

pLR = 7.2

黄色色素をつくるものが多く、培養菌糸も鮮黄色のことがある。

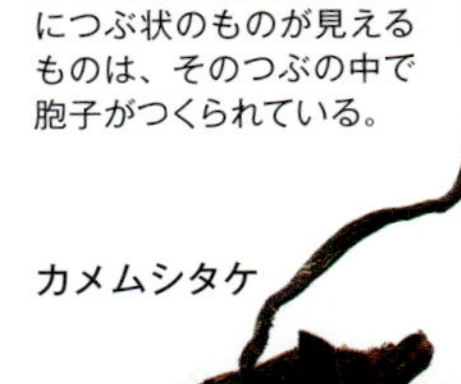

子孫の残し方には2通りある。カメムシタケなどのように、結実部の表面につぶ状のものが見えるものは、そのつぶの中で胞子がつくられている。

カメムシタケ

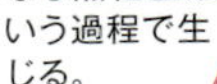

シンネマの先端は大量の胞子で粉状になる。この胞子は「分生子」とよばれ、子嚢胞子とは異なる無性生殖という過程で生じる。

ツクツクボウシタケ

補足説明

最大の特徴はやはり「(おもに) 昆虫から生える」ことであろう。決まった宿主のみに生える「宿主特異性」という性質をもつため、昆虫を同定することで候補種を絞り込むことができる。これは植物病原菌の同定に植物の知識が役に立つのと同じである。

カメムシタケ (左) とサナギタケ。結実部がオレンジ色で目立つ。

マメザヤタケ (クロサイワイタケ目)

子嚢核をもつ共通点から、かつてはクロサイワイタケのなかまと同じ「核菌類」とされた。

ヌメリタンポタケ*

ツチダンゴという地下生のきのこから生える。

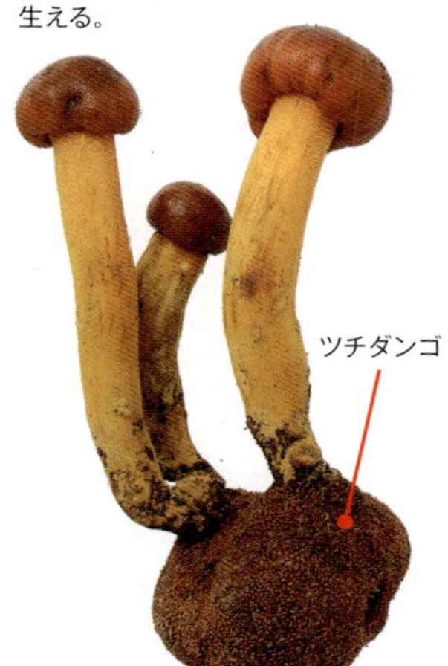

各種データ

全世界種数…750種
国内種数……220種

サイズマッピング

子実体は通常、宿主から伸びる柄とその先端に生じる結実部からなる。高さは数 cm に達する種が多いが、幅は総じて狭く、ほとんど針金状の種もある。

カラーパレット

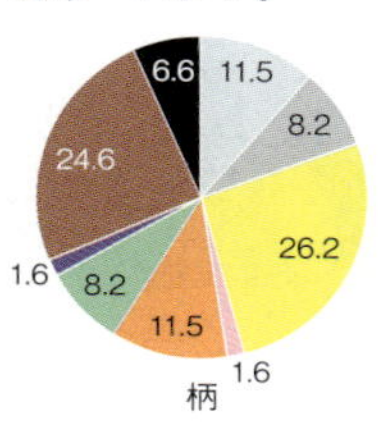

結実部の色データが未取得なので、柄のみを示す。結実部の色はコルディセプス属は黄色～オレンジ色、メタコルディセプス属は緑色、オフィオコルディセプス属は褐色～黒色が多い傾向があり、色が属の同定に有用である。

発生時期

種により発生時期は異なるが、一般に冬虫夏草の発生のピークは梅雨時といわれている。個々の種の発生期間は短く、時期を逃すとぱったりと見られなくなってしまうことが多い。

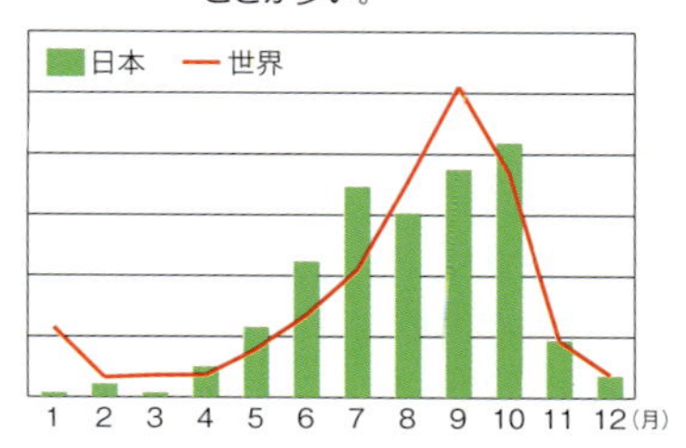

ガの蛹を宿主とする冬虫夏草の一種

サナギタケ

Cordyceps militaris ボタンタケ目ノムシタケ科

夏秋
中
昆虫
地中

全体

おもな特徴

- 一頭の宿主から数本が生じることがあるが、通常分岐しない
- 結実部は橙朱色の棍棒形。
- 結実部の表面に子嚢殻が半埋生し、濃色の粒点状に見える
- 柄は①結実部よりやや淡色の円筒形②基部は細まり地中の宿主につながる
- 培養下ではカイコに感染させることで、天然と同様の子実体を形成させることができる

地中のガなどの幼虫や蛹から発生する冬虫夏草（広義）の一種。冬虫夏草類のなかで最も有名かつ、ふつうに見られる種のひとつである。コケの生えた森林や草地に発生することが多く、鮮やかな橙朱色が特徴である。「カベンタケ」のような棍棒形のきのこには一見類似するものもあるが、注意深く柄の根もとを掘り、宿主の虫を掘り出すことができれば確実に識別できる。また、本種のような冬虫夏草類の場合、結実部をルーペで見ると胞子を含む細かい粒（子嚢殻／しのうかく）が確認できる。

無性生殖でふえる冬虫夏草

ツクツクボウシタケ

Isaria cicadae ボタンタケ目ノムシタケ科

夏秋
小
昆虫
地中

全体

おもな特徴

- ①先端のシンネマとよばれている部分は黄褐色で細長い棍棒形②シンネマでは「分生子」という白色の胞子をさかんに作り、先端部は粉状
- 宿主は全体が白色の菌糸に覆われる

公園、庭園、雑木林などでごくふつうに見られ、年によって特定の地域で大量発生することもある。地中のツクツクボウシ（セミ）の幼虫に寄生し、宿主（寄生する相手）は表面全体が菌糸体に覆われる。宿主の頭部から数本のシンネマを伸ばして無性生殖を行う。ごく稀に有性生殖を行う胞子をつくる「ツクツクボウシセミタケ」が混生することもあるが、こちらは黄褐色の結実部をもつ。本種がつくる物質から免疫抑制剤のフィンゴリモドが開発され、多発性硬化症などの治療薬として利用されている。

小さな虫の命を糧に、赤く色づく線香花火

春〜秋
中
昆虫
地中

カメムシタケ

Ophiocordyceps nutans ボタンタケ目オフィオコルディセプス科

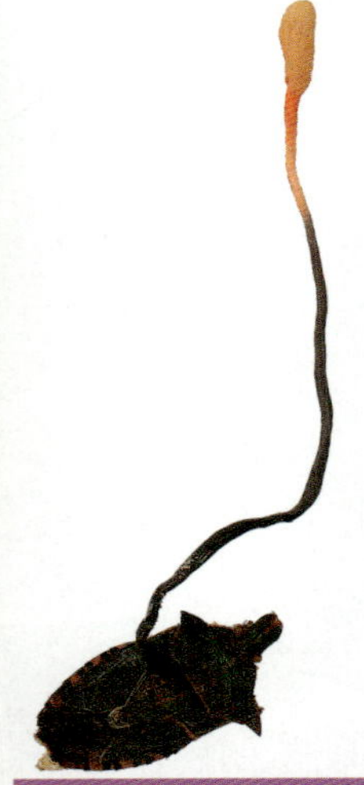

全体

おもな特徴

- 結実部はオレンジ色〜赤色の棍棒形。胞子を作る子嚢殻という粒が埋もれていて、つぶつぶしている
- 柄は黒色の針金状
- カメムシの体内から 1 〜数本が発生。宿主となったカメムシは、ふつうは菌糸に覆われない

雑木林でも比較的よく見かける冬虫夏草（広義）の一種。和名の通りカメムシに発生するが、特定の種ではなく、さまざまなカメムシ類を宿主（寄生する相手）とするようである。通常、マッチ棒の先端のような赤い頭部と針金のような黒色の柄の一部が地上に出ており、柄の基部を慎重に掘ると宿主が現れる。稀に先端部が白色化して細かい枝分かれを生じることがあり、この状態は「エダウチカメムシタケ」とよばれる。

主亡き館の扉を内側から開ける

クモタケ

Nomuraea atypicola
ボタンタケ目
オフィオコルディセプス科

夏
中
昆虫
地中

おもな特徴

- ①先端は棒状で、紫色の粉（分生子）に覆われる②断面はややゼラチン質で中空
- 柄は①白色系で屈曲し、表面は繊維状

夏に林内地上、特に斜面の土が、むき出しになった場所に見られる。宿主のトタテグモ類は地中に筒状の巣をつくるが、クモタケは宿主を殺して地上に伸びてくる。宿主のクモは菌糸に覆われ、原形を留めていないことが多い。

明るい黄色で目立つ冬虫夏草の普通種

アワフキムシタケ

Ophiocordyceps tricentri
ボタンタケ目オフィオコルディセプス科

おもな特徴

- ①先端は楕円形②表面に子嚢殻の突出部が多数
- 柄は帯黄色で非常に細長い

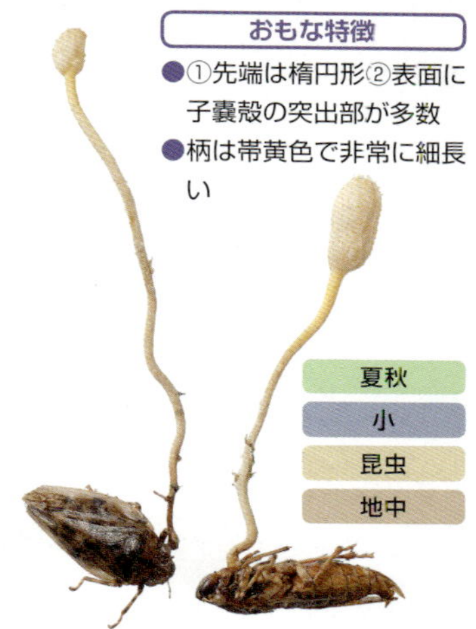

夏秋
小
昆虫
地中

地中のアワフキムシ類の成虫に寄生する。明るい黄色ということもあり目立つ。細長い柄の先端に１つの小型の結実部を形成する。子実体の形態は「ハチタケ」に類似するが、宿主を見れば本種であることがわかる。

複数の虫体から同時に多数発生も

ハナサナギタケ

Isaria japonica ボタンタケ目ノムシタケ科

おもに地中のガのなかまの幼虫や蛹などに発生する。稀に同じ宿主個体から「ウスキサナギタケ」という黄色棍棒形のきのこが発生していることがある。ウスキサナギタケは、実はハナサナギタケの別の姿（有性世代）である。類似種に「コナサナギタケ」があるが、本種と異なり柄がほとんど枝分かれしない。

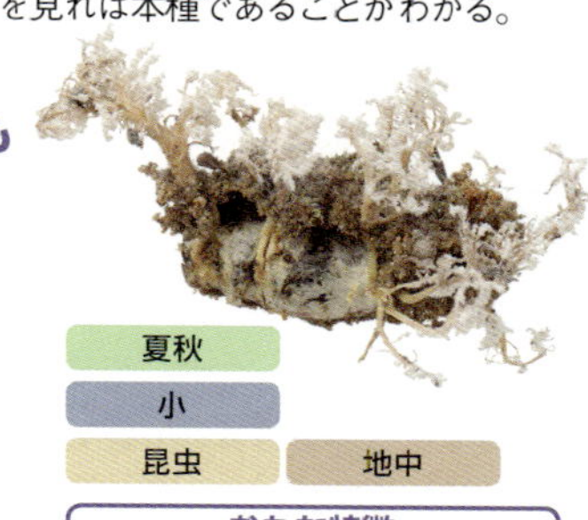

夏秋
小
昆虫
地中

おもな特徴

- 頂部は樹枝状に分枝し、白色の粉（分生子）に覆われる
- 多数の分生子柄束が生じる

刺激性の猛毒成分を含み、触れることすら危険

春～秋
中
猛毒
地面

カエンタケ

Trichoderma cornu-damae (MB) / *Podostroma cornu-damae* (IF)

ボタンタケ目ボタンタケ科（MB）/ ニクザキン科（IF）

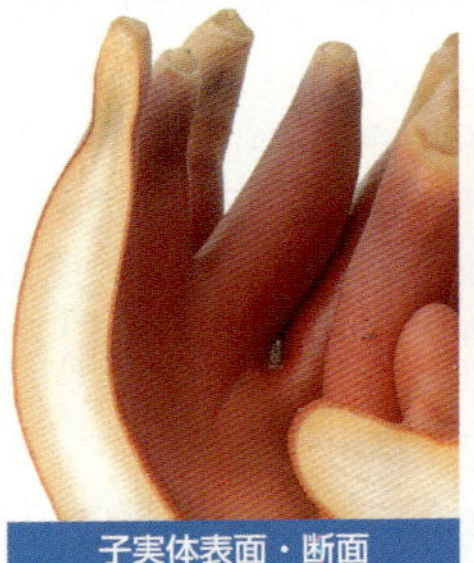

子実体表面・断面

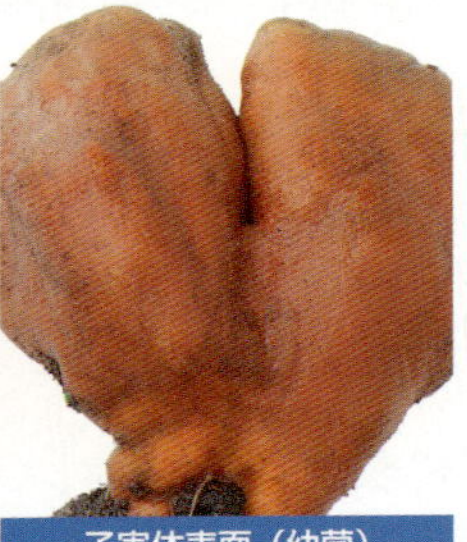

子実体表面（幼菌）

おもな特徴

- 全体は①黄色～赤色で指状～棒状または掌状②表面は光沢があり、白色の粉に覆われて見えることもある②質感はもろい
- ①しばしば多数叢生する②肉質はかたい③断面は白色に近い

皮膚刺激性の毒をもち、触れるだけでも危険な猛毒きのことして有名。稀なきのこであったが、近年西日本を中心に発生量が増加しており、東北地方からも報告されている。表面は鮮やかな赤色だが、断面は白色。「ベニナギナタタケ」(p.197) は本種に似るきのことしてしばしば挙げられる。両方を実際に目で見ると、色も形も質感もまったく異なることがわかるが、混同による中毒事例があるので注意を要する。冬虫夏草にも頭部が橙色系で形がよく似たものがあるので注意。

炭のような質感

一年中　中　地面

マメザヤタケ

Xylaria polymorpha

クロサイワイタケ目クロサイワイタケ科

おもな特徴

●全体は①黒色で指状、浅裂することや不規則形になることもある②表面は乾燥していて粗面

林内において、広葉樹の切り株の地際や材上などに生える。英名は「死人の指」。胞子は子座表面に埋まっている子嚢殻でつくられる。春に分生子という別の胞子ができると、子座表面は白い粉を吹いたようになる。

断面。肉は白色で、表皮直下に球形の子嚢殻が並んでいる（約10倍）

きのこのサイズの巨大なカビ

春～秋　小　枯れ木・倒木

マユハキタケ

Trichocoma paradoxa

ユーロチウム目マユハキタケ科

おもな特徴

●全体は①刷毛のような形②先端は綿くず状

照葉樹林のおもにタブノキの大木に群生。成熟すると紫褐色綿毛状の胞子を現し、立ち上がって数cmに達する。その形を化粧道具の「眉掃き」にたとえた。ユーロチウム目は非肉眼的な「カビ」が大多数だが、稀に本種のような大きなものがある。

和名が秀逸な稀少種

秋　大　地面

コウボウフデ

Pseudotulostoma japonicum

ツチダンゴ目（MB）/ユーロチウム目（IF）ツチダンゴ科

おもな特徴

●全体は①スッポンタケのようにな形②先端は綿くず状③基部につぼがある

日本特産種とされるめずらしい種。初め卵状で、地下または半分地上にのぞいているが、成熟すると青灰色の柄を伸ばす。頂部がふくらみ全体的な形は筆状だが、老成すると崩れる。表面は粉状で柄に条線があり、基部に菌糸束がある。

アミガサタケのなかま Morchellaceae チャワンタケ目アミガサタケ科

奇妙な形態でも美食家がよだれをたらす

チャワンタケ類は一般的に小型のものが多いが、アミガサタケ類は大型で、ハチの巣のような頭部と太い柄をもち、ほかのきのこが少ない春に発生することもあり目立つ。食用になるが生食は中毒する。「アミガサタケ属（*Morchella*）」のほか、「オオズキンカブリタケ属（*Ptychoverpa*）」、チャワンタケ型の「カニタケ属*（*Disciotis*）」、地下生菌で球状の「イモタケ属*（*Imaia*）」などもある。

重要な特徴

頭部はチャワンタケがたくさん集まったような構造。

オオチャワンタケ

1 頭部が卵形

pLR ＝ 6.3

頭部（傘）を構成するくぼみのひとつひとつが、チャワンタケの「子のう盤」に当たる。つまり、頭部は多数の子のう盤が集合した構造であり、これはほかにない特徴である。

内部は、上から下まで空洞。

断面

3 胞子が幅広い

pLR ＝ 5.3（15～20µm）

子のう菌の胞子は全体的に担子菌の胞子より大型になる傾向がある。筆者の集計データでは幅が 15µm を超える担子胞子は全体の 1% 未満であった。

4 子実体が大型

pLR ＝ 4.1（50～100mm）

子嚢菌全体で見ても、このサイズにおよぶのはほかに 2 科ほどしかない。

2 柄が太い

pLR ＝ 5.9（30～50mm）

子嚢菌のなかでも最大級の太い柄をもつ。このサイズに達するのは、ほかに「シャグマアミガサタケ属（*Gyromitra*）」と「ノボリリュウ属（*Helvella*）」の一部に限られる。柄の内部は頭部まで空洞。

5 柄表面が粉状

pLR ＝ 2.7

柄は平滑に近いが、しばしば粉を吹いたようになる。

アミガサタケ
通称「イエローモレル」。

トガリアミガサタケ
通称「ブラックモレル」。

補足説明

識別にあたっては、きのこをこわしたほうがわかりやすいときもある。たとえば「トガリフカアミガサタケ＊」は頭部の中ほどに柄とのつなぎ目があるが、これは断面を見ないとわからない。「フォルス・モレル（偽アミガサタケ）」とよばれるオオズキンカブリタケ属などとの識別にも切断が有用である。

春の野原のアミガサタケ

オオズキンカブリ

柄と頭部の接続部が上のほうにある。

断面

各種データ

全世界種数… 170種
国内種数……… 20種

サイズ マッピング

きのこ全体で見ると特殊ではないが、子嚢菌としては極めて大型。海外では採集した子実体の大きさコンテストも開かれている。

カラー パレット

アミガサタケは「イエローモレル」と「ブラックモレル」に分類されるが、図もそれを反映している。子実体が緑色を帯びるものもあり、北米では「ピクルス」「グリーニー」などとよばれているという。

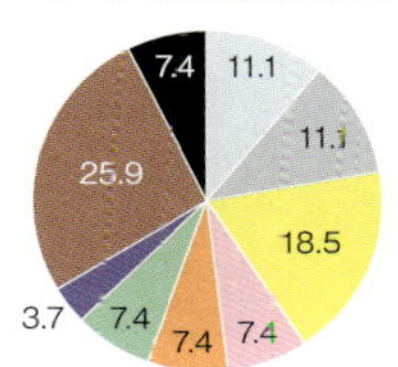

子実体

発生時期

発生時期が一番の特徴といってもよいかもしれない。チャワンタケのなかまには早春～春に発生のピークがあるものが多いが、小型なのであまり気づかれない。

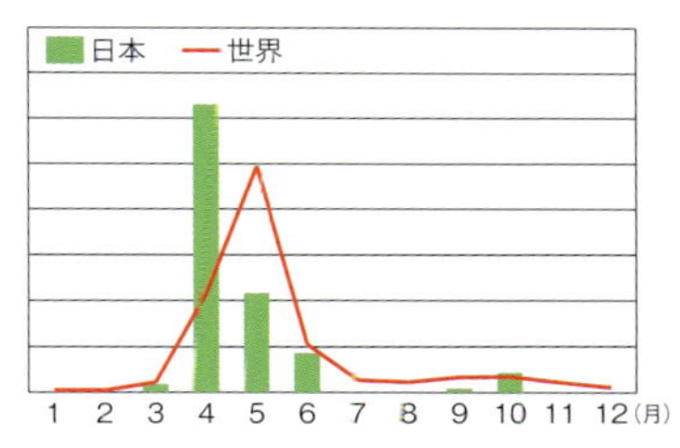

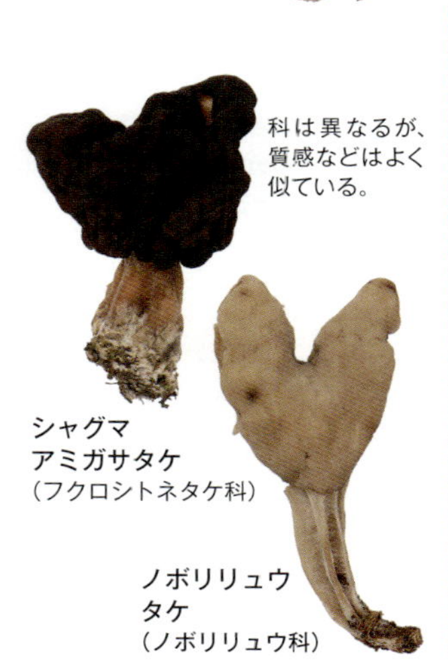

科は異なるが、質感などはよく似ている。

シャグマアミガサタケ（フクロシトネタケ科）

ノボリリュウタケ（ノボリリュウ科）

奇妙な形態だがお馴染みの春のきのこ

アミガサタケ

Morchella esculenta チャワンタケ目アミガサタケ科

春〜秋
中
注意
地面

頭部表面

頭部断面

柄表面

おもな特徴

- 頭部は①淡褐色で円錐形に近い②表面は網目状で内部がくぼむ③基部が柄に直生するか、あるいはわずかに隔生する
- 柄は①頭部より淡色で基部が太まる②基部付近に顕著なしわを生じる
- 頭部、柄とも内部は中空で白色
- 質感はもろい
- 生食は中毒する

アミガサタケのなかまは大きく「イエローモレル」と「ブラックモレル」の２グループに分けられるが、本種は前者の代表種である。ほかの大多数のきのこと異なり春に発生すること、ハチの巣状の頭部をもつことなどからアミガサタケ類であることは非常にわかりやすいが、このなかまには種類が多く、細かい分類は難しい。サクラの樹下の草地に多い。石灰質の環境を好むといわれ、コンクリートの周辺や灰の多い焼け跡にしばしば発生する。

ブラックの代表種、イエローより早く発生

トガリアミガサタケ

春〜秋
大
注意
地面

Morchella conica (MB) / *Morchella esculenta* (IF)

チャワンタケ目アミガサタケ科

頭部表面

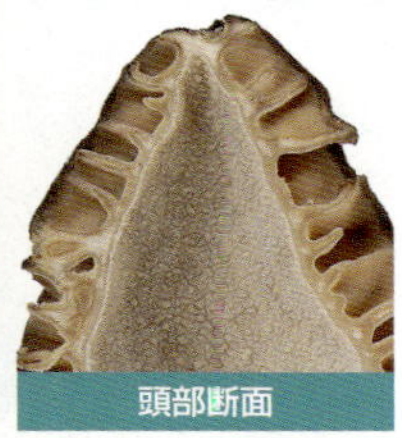

頭部断面

柄表面

おもな特徴

- 頭部は①灰褐色〜黒褐色で円錐形②縦方向の肋脈（ろくみゃく）がよく発達する
- 柄は白色〜淡黄色で基部がふくらみ、表面は粒状
- 頭部、柄とも内部は空洞で、内面は灰色で細かくひび割れる
- 生食は中毒する

本種は「ブラックモレル」の代表種である。「イエローモレル」の「アミガサタケ」(p.298) よりも発生時期が早く、いわゆる「春を告げるきのこ」のひとつ。一般的にはあまりきのこと関係をもたないイチョウの樹下に発生する性質がある。本種は頭部が尖り、頭部の最下部が柄に付着しない。2015 年の研究で北米産のものが複数種に分けられたが、日本産のトガリアミガサタケがそれらのどれに相当するかは、本稿執筆時にはまだ明らかになっていない。

頭部に走る白いすじがチャームポイント

チャアミガサタケ

春 / 中 / 注意 / 地面

Morchella esculenta var. *umbrina* (MB)/*Morchella esculenta* (IF)
チャワンタケ目アミガサタケ科

頭部断面

- 頭部は網目状。くぼみの内側（子実層面）は暗褐色
- 柄は淡色で基部が太まる
- 頭部、柄とも内部は中空で白色

「アミガサタケ」の変種とされ、よく似ているが、頭部の網目のくぼみ（子実層面）が暗褐色をしている。そのため肋脈（ろくみゃく）がアミガサタケより明瞭に見える。顕微鏡下では両者の差異は認識されない。

網目の数がほかのアミガサタケより明瞭に少ない

ヒロメノトガリアミガサタケ

春夏 / 大 / 注意 / 地面

Morchella costata チャワンタケ目アミガサタケ科

頭部断面（約0.5倍）

- 頭部はクリーム色～淡黄色、網目が大きい
- 柄は頭部と同色か淡色
- 頭部、柄とも内部は中空

深山のブナ帯などに発生する。頭部が尖り、網目が非常に広い（大きい）のが特徴。大きい割に重量感がなく、風船のようにスカスカの印象があり、アミガサタケ属（*Morchella*）のきのこのなかではわかりやすい。

揮発性の猛毒をもつので取り扱いは厳重注意

シャグマアミガサタケ

Gyromitra esculenta チャワンタケ目フクロシトネタケ科

春
中

猛毒
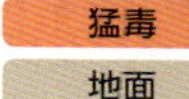
地面

頭部表面

頭部断面

柄表面

おもな特徴

- 頭部は①黒紫色でゆがんだ球形、サドル形、不規則な脳状形など、形態はさまざま②表面は著しいしわ状で、アミガサタケのような網目はない
- 柄は①頭部より淡色で太く短い②表面には顕著なしわを生じる③内部には不規則かつ複雑な腔所を含む
- 質感はもろい

春から初夏にかけて山地に発生する。紫褐色の頭部はでこぼこが多く、まるで脳のようである。有名な猛毒きのこで、いかにも毒々しい風貌をしている。北欧では毒を抜いて食用とし、水煮の缶詰としても売られている。同じグループの「オオシャグマタケ」は通常、本種より大型で、頭部の色がオレンジ色であることなどで識別可能。胞子を見ればさらに確実に識別できる。「マルミノノボリリュウ」とも類似するが、マルミノノボリリュウは和名の通り、胞子が広楕円形ではなく球形である。

勢いのある造形が昇る竜にたとえられた

ノボリリュウタケ

夏秋
中
地面

Helvella crispa チャワンタケ目ノボリリュウ科

全体の形を龍が天に昇る様子にたとえて名づけられた。頭部は、鞍形で、白色に近いものから黄褐色を帯びるものまである。柄の表面には彫刻刀で彫ったような深い溝がある。揮発性の猛毒成分を含むことが知られる。

柄が細長くつるんとするのが特徴

アシボソノボリリュウタケ

夏秋
中
地面

Helvella elastica チャワンタケ目ノボリリュウ科

和名の通りの細長い柄が最大の特徴。頭部はハートに近い鞍形で「ノボリリュウタケ」より濃色で、柄表面に縦方向の溝がほぼ入らない。柄の表面は細かい毛に覆われているが、頭部の下面に目立つ毛はない。

和名に反してノボリリュウのなかま

ナガエノチャワンタケ

夏秋
小
地面

Helvella macropus チャワンタケ目ノボリリュウ科

和名の通り、チャワンタケ類としては細長い柄をもつ。「椀」の外側（子嚢盤下面）はやわらかい毛に覆われ、胞子が紡錘形である点などで近縁種と識別可能。特定のカビ（ヒポミケス）に寄生されて白くなることもある。

春に発生する大型チャワンタケ類

オオチャワンタケ

Peziza vesiculosa チャワンタケ目チャワンタケ科

春、秋
中
地面

子実体表面・断面

子実体裏面・柄

おもな特徴

- 子嚢盤（「椀」全体）は淡褐色～褐色、ほぼ扁平な皿形～深い杯状。しばしば強く屈曲し、縁部はやや鋸歯状
- 子実層面（「椀」の内側）は無毛平滑
- 外面はやや粉状

和名の通り、チャワンタケ類のなかでもかなり大型になる。とはいえ、きのこ類全体で見れば平均的なサイズで、通常直径10cmを超えない。本種が含まれるチャワンタケ属（*Peziza*）のきのこのグループには「クリイロチャワンタケ」「ニセクリイロチャワンタケ」など、ほかにも似た種があり、肉眼的特徴のみでは同定がためらわれる。積もった落葉や藁の上に発生することが多いが、海外ではおもに糞や堆肥に発生するきのことして認識されているようである。

幸運のウサギの耳の下には菌塊が眠る

ミミブサタケ

夏秋

大

地面

Wynnea gigantea チャワンタケ目ベニチャワンタケ科

子実体表面

傘下面

おもな特徴

- 全体は、数個の子嚢盤（耳のように見える部分）が基部でくっつき、ほぼ直立した状態で束生している
- 子実層面（くぼみの内面）は紫褐色、外面は赤褐色
- 基部に大型でいびつな形の菌核（菌糸の塊）がある

里山の雑木林にも発生するが、稀なきのこで、見つけたらかなり幸運といえるだろう。子実体はしばしば「ウサギの耳」にたとえられ、英名も「Rabbit ears」だが、地面から多数が束になって生えている様子は異様である。息を吹きかけるなどの刺激を与えると、胞子を煙のように吹き出すことがある。基部を慎重に掘り返すと、長い柄が菌核とよばれる塊につながっている。近縁種の「オオミノミミブサタケ」はさらに稀で、胞子のサイズがずっと大きい。

デザートになる不思議なゴム質きのこ

オオゴムタケ

Trichaleurina tenuispora チャワンタケ目ピロネマキン科

夏秋

中

食

盤面

子実体外側表面

断面

おもな特徴

- 全体は①①黒褐色で初め球形に近いが、成熟すると上面がほぼ平らに開く②上面（子実層面）は浅くくぼみ、やや淡色③外面は細かい毛に覆われる
- 内部は白色～灰色のゼラチン質でゴムのような弾力がある
- 生の状態で食用にされる数少ないきのこのひとつ

一度見て、触れてみたら忘れないような、独特の形状と質感のきのこである。かなり腐朽の進んだ広葉樹の材上に発生する。断面は白色の寒天状で、ときに緑色を帯びる。本種が発生した材は黒色化してかたくなる。材の表面に「クマナサムハ」という毛状のカビがしばしば発生しているが、それは本種が無性生殖を行う状態。「ゴムタケ」は、黒色でゴム質という、本種に似た特徴をもつほぼ唯一の種だが、子実体のサイズが本種より通常小さく、より椀形で、断面が白色ではなく褐色の大理石模様である。

肉眼的には同種に見えてもかなりの種類がある

夏秋
小
枯れ木・倒木

アラゲコベニチャワンタケ

Scutellinia scutellata チャワンタケ目ピロネマキン科

4mm

実際の大きさ

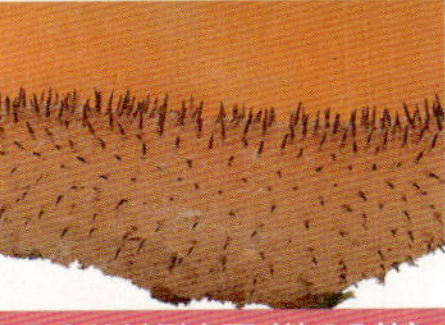

子実体外側表面（約10倍）

赤色の強いタイプ（約6倍）

子実体断面（約10倍）

おもな特徴

- 子嚢盤は①橙褐色の浅い皿形②子実層面（「椀」の内側）は無毛平滑③縁部には暗褐色の剛毛が密に生じるのが目立つ
- 子嚢盤の外面にも剛毛が散在する
- 子嚢胞子の網目模様が種の同定の手がかりになる

小型のチャワンタケとしては「ニセキンカクアカビョウタケ」と並び、非常にありふれたきのこのひとつ。ルーペでのぞくと、子実体の縁部からまつ毛のような剛毛が多数密生している様子がわかる。本種は一見、どこで遭遇したときも同じものに見えるが、実はこのなかまは複数種からなり、識別には顕微鏡を用いた胞子や剛毛の観察が必須である。全貌は未だ明らかでないが、これまでの研究では、おおむね地面に発生するグループと枯れ木などの材上に発生するグループに分かれるようである。

意外と知られていない「日本のトリュフ」

イボセイヨウショウロ

Tuber indicum (MB)/未掲載 (IF) チャワンタケ目セイヨウショウロ科

秋冬
小
食
地中

子実体表面（約2倍）

子実体断面（約2倍）

おもな特徴

●全体は①黒色の歪んだ球形②表面全体がピラミッド状の小型のいぼに覆われる③断面は白色および褐色の大理石模様

いわゆる「黒トリュフ」の一種。日本国内にも元から分布するが、あまり知られてこなかった。西洋に分布するトリュフとは別種であるが、特に芳香が劣るというわけではない。ごく一般的な雑木林の、遊歩道沿いなどの撹乱地に発生することがある。和名の通り、子実体表面がいぼに覆われるのが特徴で、断面はほかのトリュフ類と同じく大理石模様。トリュフ類の識別は肉眼的形態のみでは難しく、顕微鏡による胞子の観察やDNAの解析などが必要になることが多い。

フィールドできのこを探そう

きのこの形態は生育環境や成長段階によって大きく変化し、必ずしも典型的な状態ではありません。本書の写真と印象が異なることもしばしばあるでしょう。フィールドでの経験を重ね、ある種やグループの形態が取りうる範囲（変異幅）を正確に把握することが上達につながります。

注目ポイント① 基質

倒木や切り株などを分解して栄養を得ているきのこを「腐生菌（ふせいきん）」といいます。ここでは、その腐生菌が生えるもの（＝基質）に注目した、きのこの探し方を解説します。

●枯れ木・倒木などの材

有名なところではナメコやナラタケ、キクラゲなどがよく見られます。身近な環境では、タマチョレイタケのなかまをよく見かけます。少なくとも広葉樹と針葉樹がわかると、きのこの名前をつきとめるのに役に立ちます。樹種が判明すれば最良です。

●ウッドチップ

ヒトヨタケやフミヅキタケのなかまが大発生することがあるほか、カニノツメやイカタケのような一風変わったきのこが発生する可能性が高い場所です。身近にそのような場所があれば、定期的に観察を続けると、思わぬ出会いがあるかもしれません。

●落ち葉

ホウライタケやモリノカレバタケのなかまなど、小型の腐生菌が多く見られます。特定の植物の落ち葉に生えるチャワンタケ類もあります。

●ふん・堆肥

草食動物のなかでも、特にウシとウマのふんは、分解される過程でさまざまなきのこが見られます。ウサギやシカのふんからも、独特な小型菌が生えます。

観察方法と持ち帰り方①

きのこを見つけたら

森の種類や、何から生えているかを確かめます。写真を撮るのであれば、きのこだけではなく、環境も含めて撮影しておきましょう。特徴の多くは保存過程で失われます。できるだけその場でメモやスケッチをします。

柄の根もとも慎重に掘る

採集するときは、「つぼ」のような、柄の基部にある特徴を失わないように、根もとから掘ります。柄は地中の材や昆虫などにつながっていることもあります。

注目ポイント② 環境

森では腐生菌だけではなく、生きている樹木と栄養のやりとりをしている菌根菌(きんこんきん)が見られます。共生相手の樹木は、きのこによってだいたい決まっている場合と、幅広い場合がありますが、きのこと共生をしているのは、ブナ科、マツ科、カバノキ科の樹木が中心です。

●草地、芝生、庭園

きのこによっては日当たりを好む種もあります。シバフタケなど特有の腐生菌のほか、オニフスベやカラカサタケ、コムラサキシメジなども見られます。

●里山・雑木林

きのこ観察の入門に最適な身近なフィールドです。初夏にテングタケ、ベニタケ、イグチなどが発生し、真夏はいったん減って、秋に再びさまざまなきのこが生えてきます。そのような基本的な「流れ」がわかり、一年を通して 100 種以上を観察できます。

●シイ・カシ林（照葉樹林）

ブナ科のうち、葉に厚みがあるスダジイなどの常緑樹の森です。きのこの多様性が高く、雑木林との共通種も多いフィールドで、南方系の種が目立ちます。カンゾウタケ、マユハキタケなどの特有の種のほか、チャオニテングタケなどの稀菌も生息しています。

●ブナ林、ミズナラ林、シラカバ林

ブナとミズナラはブナ科、シラカンバはカバノキ科です。やや標高の高いところの森で、ブナ・ミズナラ林は、ホンシメジ、マイタケ、ツキヨタケなど知名度の高いきのこが発生する「きのこの宝庫」。シラカバ林はベニテングタケが生えることで有名です。

●亜高山帯針葉樹林

トウヒ、コメツガ、カラマツなど、やや寒冷な気候を好むマツ科の森です。低地とは、きのこの種ががらりと変わり、オオツガタケ、ヤマドリタケのような価値の高い食用菌も含むイグチやフウセンタケなどの大型の菌根菌が多数見られます。

●海岸クロマツ林

海岸の防風のためのクロマツ林では、早春のショウロ、晩秋のシモコシなどが有名です。しかし、手入れをされていないと、きのこの発生には適しません。

観察方法と持ち帰り方②

蒸らさない、他種と混ぜない

持ち帰るときは、直接ビニール袋に入れると、蒸れてすぐに傷むので、まず新聞紙やアルミホイルなどで包みます。顕微鏡観察を行うときは、種ごとに分け、胞子が混ざらないように気をつけます。

きのこを調べる①

同定の心得

生き物の名前を調べることを「同定」といいます。同定には手がかりとなる「形質」が必要です。形質とは、サイズ、色、形などの目に見える特徴、味やにおいなどの視覚以外の特徴、胞子や菌糸のような顕微鏡を使わないと確認できない特徴、果てはDNAの塩基配列まで、そのきのこがもつ「あらゆる情報」です。発生環境や発生時期、基質・宿主の種類、含んでいる化学成分なども形質です。正しく同定するためには、知識、経験、感覚を総動員して形質の情報を収集し、的確な判断を下す必要があります。

アプローチ1 図鑑を丹念に見る

最も簡単な同定方法は、図鑑と照らし合わせる、いわゆる「絵合わせ」です。しかし、たとえ信頼性の高い図鑑であっても、きのこが常に典型的な形で生えているとは限らないため、まったく見当外れの結果になることがあります。また、一冊の図鑑に掲載されているのは、何千種とあるきのこのごく一部でしかありません。本書の写真と見比べてある程度の推測を得たら、ほかの図鑑も調べたり、インターネットで画像検索をしたりしてみてください。

ある程度経験を積むと、絵合わせでは同定できないきのこが多数あることに気がつきます。そのレベルに達したら、今度は図鑑の文章をじっくり読んでみてください。それぞれの形質が、文章化されたときにどのような表現になるかを学ぶことが、さらなる上達につながります。

アプローチ2 SNSを活用

ブログやSNSの普及にともない、きのこの名前を簡単に尋ねることができる時代になり、驚くほどあっという間に「答え」が手に入ることもよくあります。ただし、ネットでの問い合わせは、基本的には写真をもとにした同定になるので、たとえば傘を上から撮った写真だけではなく、裏側の写真も添えるなどして、手がかりを増やします。

英語ができる方は、「Mushroom Observer」というWebサイトに投稿してみてください。ここは観察記録の作成、管理や同定結果の投票など、システム面が洗練されており、専門家も多い印象です。

ネット検索のコツ

和名に加え、学名でも検索すると世界中の情報が得られます。学名はふつうは2語からなり、前半が属名、後半が種小名です。まず属名で検索し、正解に近い画像から元のWebページで詳細を確認すると効率的です。ただし、インターネット上の写真は出所が明らかでないことが多く、誤同定の可能性も高いこと、日本産と同じ学名がついていても同一種とは限らないことに注意しましょう。

●学名の例（ヒラタケの場合）

Pleurotus	*ostreatus*
属名	種小名

きのこを調べる②

拡大して、すみずみまで観察しよう

マクロレンズをとりつけたスマートフォン。

きのこの形態は昆虫や植物などより単純で、観察すべき箇所はそれほど多くありません。そのため限られた箇所から可能な限り多くの情報を得たいところです。その手段のひとつが「拡大」で、これにより肉眼では気づきにくい特徴を発見できることがあります。孔口の形状やひだの縁取りなどはしばしば同定に用いられます。拡大して観察する習慣をつければ、それらの形質を見逃してしまう可能性を減らすことができます。この目的では従来はルーペが使われてきましたが、最近はもっと手軽に細部を観察できる手段があります。

●スマホにマクロレンズ

スマートフォンに取りつけ可能なマクロレンズを利用します。1000円程度の安価で手に入り、100円ショップでも売られています。拡大像がスマートフォンの画面に映るので、一度に複数人で観察することもでき、写真撮影も容易です。

●USB顕微鏡

パソコンに接続するUSB顕微鏡を利用します。筆者は量販店で購入した安価な小型のノートパソコンとともに野外に持ち歩き、採集したその場でUSB顕微鏡で使用しています。この方法で、たとえばシスチジア（ひだにある細胞の一種）なら、数十μmの大きさがあるので、色や形状などを観察できます。筆者は直径1mmもないような極小のきのこを好んで観察していますが、それらに興味をもつきっかけはUSB顕微鏡を使い始めたことでした。すでにきのこ観察の経験が長い人でも、世界が広がるようなワクワク感を味わえるので、こちらもおすすめです。

なお、これらの方法では数μmの胞子の形状までは、はっきり確認することはできないので、胞子の観察には顕微鏡が必須です。個人で購入するには高価ですが、学校や博物館で使わせてもらうことができるかもしれません。未経験の方もぜひチャレンジしてみていただきたいです。

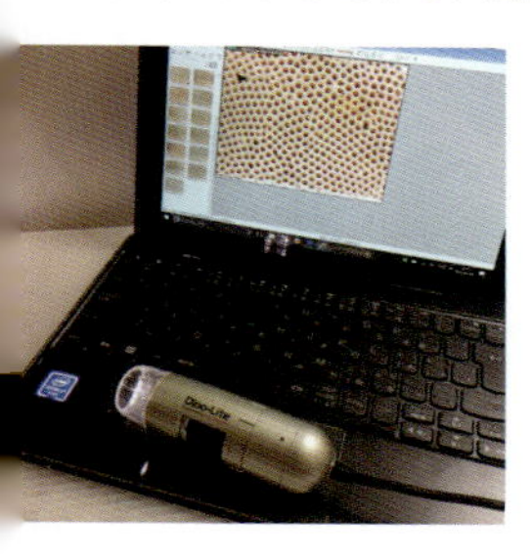

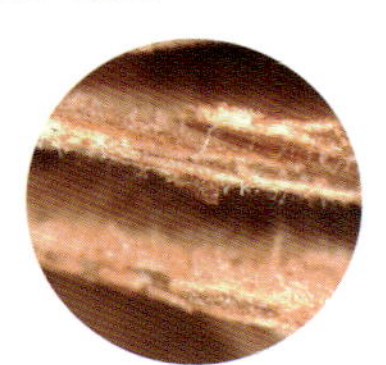

ひだの拡大写真

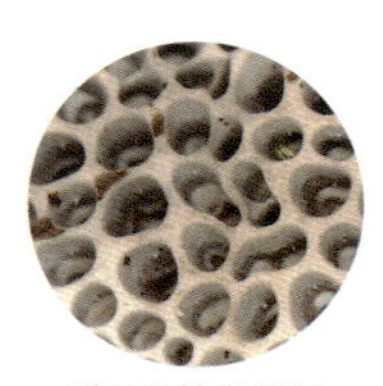

孔口の拡大写真

筆者が愛用しているDino-LiteシリーズのUSB顕微鏡とノートパソコン。この組み合わせで上のような拡大図が得られる。

きのこを調べる③

あきらめも肝心

きのこの場合、どれだけ努力しても種名にたどり着くことができないことはめずらしくありません。そもそも、まだ名前がついていない種の可能性もあります。そのようなとき、だいたい似ているからといって無理に種名を当てはめても、悪い結果しか生みません。自分が間違えて覚えてしまうというだけでなく、誤った名前が記録に残ってしまうと、あとから誤同定であったことを確かめるのは容易ではありません。標本として残されていればまだ幸運ですが、保存過程で相当量の情報が失われることがふつうなので、標本での同定の検証は困難だと思っておいたほうがよいでしょう。

誤同定をすると、本来その地域に分布しないはずの種名が目録に記されることもあり、それをもとに研究や保全（レッドデータブックの候補種選定など）が行われてしまうことにもなりかねません。

種名を決定できなくても、科や属など、上位の分類群までは確実である場合は、そこで留めておくことも重要です。たとえ「ベニタケ科の一種」としか書けなくても、標本として保存しておけば、後日、専門家などに詳しく調べてもらえるかもしれません。形質を記録した上で「ベニタケ科 sp.1」などのように仮の名前をつけてもよいでしょう。しかし、各自がつけた名前が不用意に広まると混乱の原因となることもあるので、十分注意しましょう。

あとがきにかえて——同定の未来——

きのこの同定は豊富な知識と経験を要する、手応えのあるチャレンジです。野外で見つけた未知のきのこを一生懸命に調べて、ようやく正体が明らかになったときの達成感を楽しみにしている人は多いと思います。

一方、生物学の多くの分野や、その他の応用研究では、対象の生物が正確に同定されていることがしばしば前提条件となります。すなわち、同定が「ゴール」ではなく「スタート」でなければ到達できない領域があるのです。そのような分野では、きのこの同定の困難さが、学問の発展を妨げる大きな要因になってきたのも事実です。

筆者は、同定に挑戦する楽しみはそのまま残しつつも、「正確な名前を知りたい」とき、すぐにその情報にアクセスできる未来を理想としています。今のところ、その実現には程遠いのが現状で、DNAバーコーディングのような有望な手法も、設備や費用などの面で非研究者には手が届かず、最先端の技術ですら、野外での迅速な同定には至っていません。筆者もフィールドで多くのきのこと向き合うなかで、紫外線や近赤外線を使った手法、ディープラーニングによる画像認識など、より画期的で優れた同定手法を目指し、多くの試行錯誤を繰り返してきましたが、まだまだ道半ばです。

本書をご覧になった方のなかに、この深遠なフロンティアに挑もうという志の高い方が現れることを期待しつつ筆をおきます。

中島淳志

おもなきのこのグループ分け

きのこは菌類に属しています。菌類のなかでも、目に見える大きさの子実体をつくるものを人間は「きのこ」として認識しています。

＊本書には掲載していないグループもあります。

門	綱	目	科
担子菌門	ハラタケ綱	ハラタケ目	ヒラタケ科、シメジ科、キシメジ科、オオモミタケ科、イッポンシメジ科、ハラタケ科、ナヨタケ科、ヒトヨタケ科、オキナタケ科、ヒドナンギウム科、フウセンタケ科、アセタケ科、モエギタケ科、ホウライタケ科、ツキヨタケ科、タマバリタケ科、ヌメリガサ科、ウラベニガサ科、テングタケ科、シロソウメンタケ科など
		イグチ目	ヒダハタケ科、オウギタケ科、イチョウタケ科、ヌメリイグチ科、イグチ科、クリイロイグチ科、ディプロキスティス科、ショウロ科、ニセショウロ科など
		ベニタケ目	ベニタケ科、サンゴハリタケ科、ニンギョウタケモドキ科、ミヤマトンビマイ科など
		キカイガラタケ目	キカイガラタケ科など
		コウヤクタケ目	コウヤクタケ科など
		タマチョレイタケ目	タマチョレイタケ科、ツガサルノコシカケ科、ハナビラタケ科、マクカワタケ科など
		イボタケ目	マツバハリタケ科、イボタケ科など
		タバコウロコタケ目	タバコウロコタケ科など
		スッポンタケ目	ツマミタケ科、アカカゴタケ科、スッポンタケ科など
		ラッパタケ目	ラッパタケ科、スリコギタケ科など
		ヒメツチグリ目	ヒメツチグリ科など
		キクラゲ目	キクラゲ科、ヒメキクラゲ科、アポルピウム科など
		アンズタケ目	アンズタケ科、カノシタ科、カレエダタケ科など
	アカキクラゲ綱	アカキクラゲ目	アカキクラゲ科など
	シロキクラゲ綱	シロキクラゲ目	シロキクラゲ科
子嚢菌門	フンタマカビ綱	ボタンタケ目	ボタンタケ科、オフィオコルディセプス科、ノムシタケ科、バッカクキン科など
		クロサイワイタケ目	クロサイワイタケ科など
	ズキンタケ綱	ビョウタケ目など	ヒナノチャワンタケ科、ビョウタケ科、ズキンタケ科など
	チャシブゴケ綱	チャシブゴケ目など	ウメノキゴケ科、キゴケ科、ハナゴケ科など
	ユーロチウム綱	ユーロチウム目	マユハキタケ科など
		ツチダンゴ目	ツチダンゴ科など
	テングノメシガイ綱	テングノメシガイ目	テングノメシガイ科など
	チャワンタケ綱	チャワンタケ目	チャワンタケ科、ピロネマキン科、クロチャワンタケ科、ツチクラゲ科、ベニチャワンタケ科など
	ヒメカンムリタケ綱	ヒメカンムリタケ目	ヒメカンムリタケ科など

●陽性尤度比（pLR）について

尤度は統計学の用語で、「もっともらしさ」の度合いのことです。本書では、きのこの形質のうち、種やグループを特定するのに、どの形質が最もその種やグループに当てはまるかをはかる指標として使っています。

【基本的な考え方】

①特定のグループであるとき、対象の形質をもっているならば、その形質は識別に有用。[感度]

②特定のグループでないとき、対象の形質をもっていないならば、その形質は識別に有用。[特異度]

データから①と②を計算した値を、それぞれ「感度」「特異度」といいます。たとえばイグチ類は大部分が管孔をもちます。そのとき、「イグチなので管孔をもつ」ことは、かなり当たっている、つまり「感度が高い」といえます。ところが管孔は、タマチョレイタケ目や、そのほかのグループにも広く見られるため、「イグチではないので、管孔をもたない」とはいえず「特異度は低く」なります。

pLRは「感度÷（1−特異度）」で計算され、感度と特異度がそれぞれ高いほど大きい値をとります。たとえばテングタケ科では、「つぼをもつ」のpLRが36.6と非常に大きく、このなかまをよくあらわしている形質と判断されますが、「ひだをもつ」のpLRは1.2で、識別にはほとんど役に立たないということがわかります。

なお、pLRの数値はデータの量や記載文からのデータ抽出の方法によって変化するので、本書で掲載した値が唯一とは限りません。データ抽出の具体的な方法を知りたい方は、筆者のWebサイト（http://mycoscouter.coolblog.jp/daikinrin/）で配布している「大菌輪CCCデータセット」をダウンロードしてみてください。

和名さくいん

本種に掲載しているきのこの名前を
50音順に並べてあります。

ア

カ

サ

タ

ナ

ハ

マ

ヤ・ラ・ワ

用語解説

アミロイド反応（はんのう）　顕微鏡で観察するとき、メルツァー試薬で胞子が青黒く染まることをアミロイド反応という。赤く染まるのは偽アミロイド反応（「デキストリノイド反応」ともいう）、ほぼ染まらないのは非アミロイド反応という。

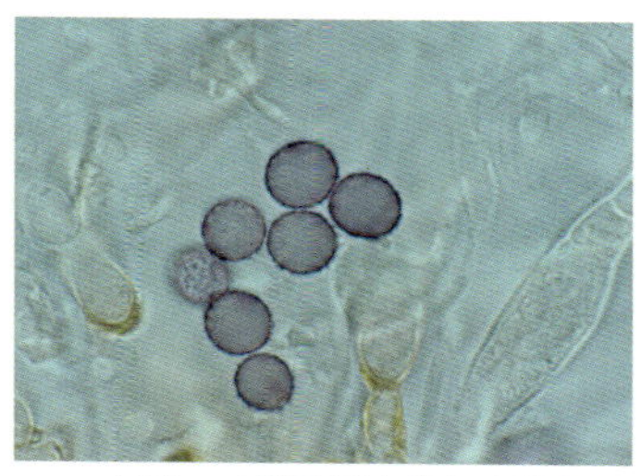

メルツァー試薬で青色に染まった胞子。この性質をアミロイドという。

アンモニア菌（きん）　動物が排泄をした跡や、死体が腐ってなくなった跡など、アンモニアが発生する場所に生えてくるきのこのこと。オオキツネタケなどがある。

寄生菌類（きせいきんるい）　生きている生物に寄生して栄養を得る菌類。植物に寄生するものが多いが、冬虫夏草のように動物に寄生するものもある。

菌核（きんかく）　菌糸が集まって、じょうぶな塊になったもので、生育に不適な環境に耐久するための構造といわれる。

菌根菌類（きんこんきんるい）　樹木と栄養のやり取りをして共生しているきのこ。

菌輪（きんりん）　きのこが輪を描くように生えた状態。

材（ざい）　枯れ枝や倒木、切り株などのこと。腐生菌類は材を分解して栄養を得る。

シスチジア　担子菌類の子実層表面にある細胞の一種。特徴のある形をしていることが多く、顕微鏡で観察するとき、種を同定する手がかりのひとつになることが多い。

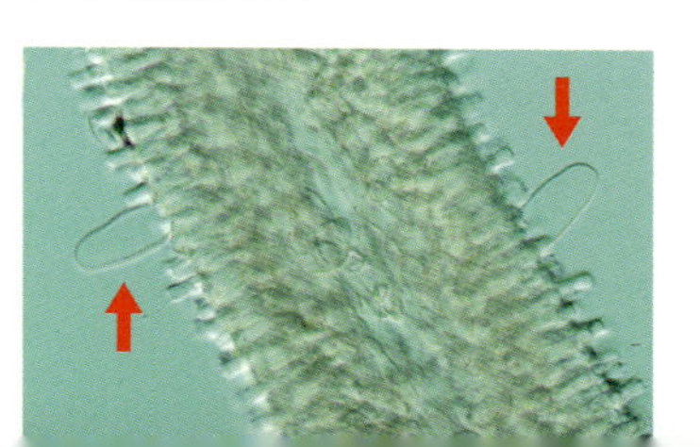

ひだの顕微鏡写真。ひときわ大きく見えているのがシスチジア。

肉（にく）　きのこの子実体の中の部分で、菌糸組織が詰まっているところ。

背着生（はいちゃくせい）　薄くて平らなきのこが、枯れ木などにべったりとはりつくように生える様子。

腐生菌類（ふせいきんるい）　枯れ枝や倒木、落ち葉などを分解して栄養を得ている菌類。おもに分解するものにより、木材腐朽菌、落葉腐朽菌、ふん生菌などに分けられる。

ふん生菌（ふんせいきん）　腐生菌類のうち、動物のふんに生える菌類のこと。肉食動物より草食動物のふんに多い。

胞子紋（ほうしもん）　積もった胞子がなした模様。胞子の色が明瞭にわかるので同定に有用。

紙の上に傘を伏せ、コップなどで覆ってひと晩程度放置すると胞子紋が採取できる。写真の右が胞子紋。

ほだ木（ほだぎ）　シイタケなどを栽培するときに使う木材のこと。

木材腐朽菌（もくざいふきゅうきん）　腐生菌類のうち、材を分解して栄養を得ている菌類のこと（→ p.151）。

落葉分解菌（らくようぶんかいきん）　腐生菌類のうち、おもに落ち葉を分解して栄養を得ている菌類のこと。

「大菌輪（だいきんりん）」について

菌類の果てしない多様性に挑む

本書の掲載種はきのこ全体のごく一部に過ぎませんが、「きのこ」というグループもまた、「カビ」や「酵母」などを含めた「菌類（菌界）」全体に占める割合はほんのわずかです。さらに、地球上には人類にとって未知の菌類が多数存在し、これまで約10万種が知られているのに対して、推定種数は約150万種ともいわれています。菌類は毎日のように世界のどこかから新種が発表され、分類も目まぐるしく変化し続けています。

分類学の研究者は新種の菌をおもに論文の形で公表するので、もし新しく発表された論文の全てに目を通すことができれば、菌類というグループ全体を見渡し、把握することができるということになりますが、それは非常に困難です。

また、菌類の情報は論文の学術的な情報に限りません。近年のスマートフォンやSNSの普及にともない、専門家でなくてもきのこの写真、採集地などの情報を手軽に全世界に発信できるようになりました。近年、さまざまな生き物の多様性研究に、このような手段を用いた一般市民の参画が期待されており（シチズンサイエンス）、きのこに関しても今後この流れが推進されるべきだと思います。ただ、そうなると日本中、世界中から発信される「きのこ情報」は途方もない量になり、やはり人間の目でひとつずつ追っていくのは物理的に不可能です。この一筋縄ではいかない「ビッグデータ」を扱い、有効活用するために、知恵を絞り、解析手法を確立する必要があるのです。

「大菌輪 Daikinrin」

http://mycoscouter.coolblog.jp/daikinrin/

日本語オンラインデータベース「大菌輪」

インターネット検索は確かに便利ですが、あるきのこの種に関する情報をまとめて手に入れたいと思ったときに、取捨選択して必要な情報を見出さなければなりません。現状、日本語で得られる情報は量的にも質的にも限られているので、より詳しく調べようとすると「言語の壁」も立ちはだかります。

そこで筆者は、種ごとに形態、生態、分布など様々な情報がまとまっている「図鑑」のような形式ですべての菌類の種をカバーし、日本語でそれらの情報にアクセス可能にできるようにならないか、と考えました。そのアイデアを形にしたものが「大菌輪」というオンラインデータベースです。

このデータベースには、ある種が掲載されているWebサイトの一覧、論文の一覧、記載文から抽出した形質の一覧など、数年をかけて少しずつ情報を追加してきました。なかでも最も力を入れているのが、非専門家にとってのアクセスが最も困難と考えられる「論文データ」の収集です。2013年から本稿の執筆時点で約4年になりますが、筆者は「毎日欠かさず3本ずつの外国語論文を読み、日本語でも検索しやすいように索引を付ける（インデクシング）」という作業を継続し、これまでに4,000本を超える論文を収録しています。今後は現在の内容をさらに充実させつつ、人工知能の学習用データセットなど、新しいコンテンツを提供する構想もあります。データの性質上、なかなか今すぐに万人の役に立つものにはなりませんが、百年後の誰かの役に立つことを目指して、この「理想宮」の建設を進めているところです。

【おもな参考文献】

「おいしいきのこ毒きのこハンディ図鑑」（著）大作晃一 / 吹春俊光 / 吹春公子（主婦の友社）
「oso 的キノコ写真図鑑」http://toolate.s7.coreserver.jp/kinoko/index.htm
「検証 キノコ新図鑑」（著）城川四郎（筑波書房）
「原色日本新菌類図鑑 1」（著）今関六也 / 本郷次雄（保育社）
「原色日本新菌類図鑑 2」（著）今関六也 / 本郷次雄（保育社）
「小学館の図鑑 NEO きのこ」（監修）保坂健太郎（小学館）
「新版北陸のきのこ図鑑」（著）池田良幸 /（監修）本郷次雄（橋本確文堂）
「冬虫夏草生態図鑑」（著）日本冬虫夏草の会（誠文堂新光社）
「日本菌類集覧」（著）勝本謙（日本菌学会関東支部）

【引用文献】

「Cho et al., 2015」10.5941/MYCO.2015.43.4.408
「Dentinger & McLaughlin, 2006」10.3852/mycologia.98.5.746
「Ge et al., 2010」10.1007/s13225-010-0062-0
「Guzmán et al. 2013」10.1615/intjmedmushr.v15.i6.90
「Harder et al., 2013」10.1016/j.funbio.2013.09.004
「Harrower et al. 2015」10.3897/mycokeys.11.5409
「Imamura, 2001」10.1007/BF02460961
「Kim et al.,2013」10.5941/MYCO.2013.41.3.131
「Kuo, 2009」http://www.mushroomexpert.com/russula.html
「Li, 2011」http://www.mycosphere.org/pdf/MC2_4_No7.pdf
「Liu et al., 2001」
http://smkx.hunnu.edu.cn/CN/article/downloadArticleFile.do?attachType=PDF&id=1035
「Luo et al., 2006」10.1128/AEM.72.4.2982-2987.2006
「Moukha et al., 2013」10.1016/j.funbio.2013.01.003
「Oda et al., 1999」10.1007/BF02465674
「Olsson et al., 2000」10.1017/S0953756200002823
「Pegler et al., 1998」10.2307/3761408
「Ushijima et al., 2012」http://ci.nii.ac.jp/naid/110009470742
「Zheng & Liu, 2008」http://www.fungaldiversity.org/fdp/sfdp/32-9.pdf
「安藤ら、2011」10.11556/msj7abst.55.0.10.0
「石川ら、2003」http://ci.nii.ac.jp/naid/40020001854
「今関、1952」https://www.ffpri.affrc.go.jp/labs/kanko/57-5.pdf
「大谷、1983」http://ci.nii.ac.jp/naid/110004697225
「小川ら、2014」10.11556/msj7abst.58.0_37
「糟谷ら、2015」10.11556/msj7abst.59.0_8
「広瀬、2007」https://core.ac.uk/download/pdf/56637023.pdf
「本郷、1951」http://www.jjbotany.com/getpdf.php?tid=3234
「山田ら、2012」http://ci.nii.ac.jp/naid/110009470740
「横山、2002」http://www.ippon.sakura.ne.jp/kaihou_ippon/no16/yoko/moegi.htm

監修者：**吹春俊光**（ふきはる・としみつ）
1959年生まれ。福岡県出身。京都大学農学部卒業。博士（農学）。千葉県立中央博物館勤務。専門は菌学。とくに動物の死体や糞尿分解跡から発生するアンモニア菌や糞生菌に注目して研究。著書に『きのこの下には死体が眠る』（技術評論社）、『おいしいきのこ 毒きのこハンディ図鑑』（主婦の友社）などがある。

著　者：**中島淳志**（なかじま・あつし）
1988年生まれ。神奈川県横浜市出身。修士（理学）。菌類学を専攻し、現在は医薬文献情報を扱う都内企業に勤務。中学時代から博物館に通い、野外で様々なきのこやカビを観察しつつ、菌類学の書籍や論文を濫読してきた。

写　真：**大作晃一**（おおさく・こういち）
1963年生まれ。千葉県流山市出身。オフロードバイクで野山を駆けめぐっていたとき、きのこに興味を覚える。以来、きのこの写真を撮り続ける。最近ではきのこの他に植物なども撮影し、図鑑に多くの写真を提供。好きなきのこはクチキトサカタケ。

本文デザイン　岡田貴正（ニシ工芸株式会社）
装丁デザイン　西田美千子
カバーイラスト　柴垣茂之
写真提供　小山明人　佐藤博俊　谷口雅仁
中島淳志　吹春俊光　フォトライブラリー　御巫由紀
編集協力　山田智子　北川公子
髙野丈（株式会社アマナ／ネイチャー&サイエンス）
編集担当　森田直（ナツメ出版企画株式会社）

しっかり見わけ 観察を楽しむ きのこ図鑑

2017年10月5日　初版発行

監修者　吹春俊光
著　者　中島淳志
発行者　田村正隆
発行所　株式会社ナツメ社
東京都千代田区神田神保町1-52　ナツメ社ビル1F（〒101-0051）
電話 03-3291-1257（代表）　FAX 03-3291-5761
振替 00130-1-58661
制　作　ナツメ出版企画株式会社
東京都千代田区神田神保町1-52　ナツメ社ビル3F（〒101-0051）
電話 03-3295-3921（代表）
印刷所　図書印刷株式会社

ISBN978-4-8163-6303-0　Printed in Japan